中国城市规划学会学术成果

空间规划改革背景下的小城镇规划

彭震伟 主编

同济大学出版社

图书在版编目(CIP)数据

空间规划改革背景下的小城镇规划 / 彭震伟主编.-- 上海：同济大学出版社，2020.12
ISBN 978-7-5608-9572-7

Ⅰ.①空… Ⅱ.①彭… Ⅲ.①小城镇—城市规划—研究—中国 Ⅳ.①TU984.2

中国版本图书馆 CIP 数据核字(2020)第 208982 号

空间规划改革背景下的小城镇规划

主编 彭震伟

责任编辑 丁会欣 **责任校对** 徐春莲 **封面设计** 陈益平

出版发行 同济大学出版社 www.tongjipress.com.cn
(地址：上海市四平路 1239 号 邮编：200092 电话：021-65985622)
经　销 全国各地新华书店
制　作 南京月叶图文制作有限公司
印　刷 启东市人民印刷有限公司
开　本 700 mm×1000 mm 1/16
印　张 22.75
字　数 455 000
版　次 2020 年 12 月第 1 版 2020 年 12 月第 1 次印刷
书　号 ISBN 978-7-5608-9572-7

定　价 88.00 元

会 议 背 景

2019年5月9日,《中共中央 国务院关于建立国土空间规划体系并监督实施的若干意见》(中发〔2019〕18号)印发。意见提出,到2020年,基本建立国土空间规划体系,逐步建立“多规合一”的规划编制审批体系、实施监督体系、法规政策体系和技术标准体系,初步形成全国国土空间开发保护“一张图”。到2025年,健全国土空间规划法规政策和技术标准体系;形成以国土空间规划为基础,以统一用途管制为手段的国土空间开发保护制度。到2035年,全面提升国土空间治理体系和治理能力现代化水平,基本形成生产空间集约高效、生活空间宜居适度、生态空间山清水秀,安全和谐、富有竞争力和可持续发展的国土空间格局。

意见提出,各地可因地制宜,将市县与乡镇国土空间规划合并编制,也可以几个乡镇为单元编制乡镇级国土空间规划。

意见提出,在城镇开发边界内的详细规划,由市县自然资源主管部门组织编制,报同级政府审批;在城镇开发边界外的乡村地区,以一个或几个行政村为单元,由乡镇政府组织编制“多规合一”的实用性村庄规划,作为详细规划,报上一级政府审批。

鉴于上述背景,为探讨当前小城镇发展理念创新与规划工作体系变革的方向和路径,于2019年12月7—8日以“空间规划改革背景下的小城镇规划”为主题,在湖南省益阳市召开了2019年中国城市规划学会小城镇规划学术委员会年会。会议由中国城市规划学会小城镇规划学术委员会主办,湖南城市学院承办,《小城镇建设》杂志协办。

会 议 主 题

年会主题：空间规划改革背景下的小城镇规划

具体议题：

（一）空间规划改革背景下小城镇发展理念创新

（二）空间规划改革背景下小城镇规划方法探索

（三）空间规划改革背景下小城镇治理与机制创新

（四）乡镇级国土空间规划探讨

（五）小城镇的公共服务与基础设施提升

（六）小城镇的生态资源保护与风貌营造

（七）小城镇的历史文化保护与发展

（八）小城镇发展和规划的地方实践

（九）小城镇发展与规划的国际经验

（十）小城镇规划的新技术探索

（十一）小城镇发展与乡村振兴战略

（十二）小城镇与城乡融合发展

（十三）其他议题

举 办 单 位

主办单位：中国城市规划学会小城镇规划学术委员会

承办单位：湖南城市学院

协办单位：《小城镇建设》杂志

编　委　会

益阳会议工作委员会

序

改革开放40多年来，中国经历了世界历史上规模最大、速度最快的城镇化过程。其中，小城镇发展构成了中国特色城镇化发展的重要模式与路径，并且在协调城乡关系、促进城镇化发展中起着重要的推动作用。但是，作为城乡规划体系组成部分的小城镇规划，在调控城镇与乡村空间资源实现城镇发展目标，引导与干预城镇空间发展过程的同时，也存在着空间约束性不强，各类空间性规划自成体系、互不衔接，规划的科学性和严肃性不够等问题，并严重影响到城镇化的发展质量。如在小城镇的镇域层面，是“多规”最直接发生冲突的地域空间平台，小城镇总体规划和小城镇土地利用规划在规划理念与目标、规划标准与技术方法、规划实施手段与管控措施等方面，都存在着突出的矛盾，从而严重限制了小城镇的科学发展。

2019年5月9日，《中共中央　国务院关于建立国土空间规划体系并监督实施的若干意见》（中发〔2019〕18号）印发，提出要在突出生态文明建设的基础上建立国土空间规划体系，逐步建立“多规合一”的规划编制审批体系、实施监督体系、法规政策体系和技术标准体系，初步形成全国国土空间开发保护“一张图”。在当前构建的“五级三类”国土空间规划体系中，乡镇是最低一级也是重要的行政区划基础单元，是各级国土空间总体规划传导的终极空间平台，并与城镇开发边界以外的村庄有着最紧密的联系。因此，国土空间规划体系建设对小城镇规划具有更重要的意义。

总体而言，空间规划的改革对小城镇规划提出了如下要求。首先，小城镇规划应建立在全域统筹的发展框架之下，积极对应和改革小城镇政府的事权职能，有利于小城镇国土空间资源保护、开发、利用和治理的有序开展。其次，国土空间规划要坚持“生态优先、绿色发展”的理念，而小城镇是最基层的自然资源资产管理的政府层级，具有重要的自然资源资产和生态保护的职能；小城镇规划是国土空间规划“生态优先、绿色发展”理念的有效落实主体，既要体现出对全域自然资源各类要素的精准管控，也要体现在小城镇的产业发展、各类公共服务与市政基础设施布局以及与镇域范围内的生态空间、农业空间、城镇空间等的协调统筹布局安排。最后，小城镇规划要发挥对镇域辖区范围内村庄建设底线要素的刚性管控，指导乡村的振兴发展和村庄有序建设，同时，也有利于国土空间规划真正实现全域、全要素的管控和密切衔接。

中国城市规划学会小城镇规划学术委员会结合国家建立国土空间规划体系的规划工作体系变革背景，以“空间规划改革背景下的小城镇规划”为主题举行了2019年年会，来自全国相关高等院校、科研院所、规划设计机构以及小城镇规划管理部门的400多位代表参加，研讨和交流的议题涉及空间规划改革背景下的小城镇发展和镇村规划、小城镇发展展望与规划技术探索、城乡融合发展与乡村振兴战略、小城镇的生态保护与历史文化、小城镇的设施提升与风貌优化等。年会共有应征投稿的论文161篇，经过国内小城镇发展与规划领域专家的严格审查，遴选出23篇具有较高学术质量的优秀论文，收录到本书中。全书包括空间规划改革背景下的小城镇发展、空间规划改革背景下的镇村规划、小城镇的生态保护与历史文化、小城镇的设施提升与风貌优化四大主题。这些论文均聚焦空间规划改革背景下的小城镇发展与规划方法研究，其中既有小城镇发展理念的转变与路径探索，也有不同地域小城镇全域规划、空间规划、特色规划等不同模式的规划编制技术与方法的实践探讨。通过这些论文，可以看到，在国土空间规划体系的指引下，小城镇规划编制出现了不同类型、不同模式和不同方法。我们衷心希望年会聚焦“空间规划改革背景下的小城镇规划”主题的研讨和本书的出版，能为我国小城镇在空间规划改革背景下的规划编制改革与创新提供一些可借鉴的经验，并希望能够引起学术界与实践界更深入的研究与交流。

彭震伟

中国城市规划学会小城镇规划学术委员会主任委员

同济大学建筑与城市规划学院　教授　博士生导师

2020年9月15日

目录
CONTENTS

三、小城镇的生态保护与历史文化

四、小城镇的设施提升与风貌优化

一、空间规划改革背景下的小城镇发展

空间治理背景下乡村发展路径的转型与创新*

曾　鹏　任晓桐　李晋轩
（天津大学建筑学院）

【摘要】 空间治理的目的在于实现经济、社会、环境的共同发展与空间均衡，进而达成城乡一体、生态宜居、治理有效的高质量发展。当前，我国乡村发展中普遍存在着保护发展失衡、区域发展失调、城乡发展失策、治理主体失位等现实困境。文章通过梳理空间治理的政策背景，明晰空间治理的指导思想、价值取向、总体目标和实施手段，指出空间治理理念对乡村发展提出的可持续、合理性、均衡性、精细化等新要求。在此基础上，针对乡村发展的现实困境与新要求，进一步提出“平衡开发保护关系、完善区域镇村系统、推进城乡融合发展、协同乡村治理主体”的乡村转型发展路径。

【关键词】 空间治理　乡村　发展路径　转型　创新

1　引言

党的十九大以来，乡村振兴战略与新型城镇化战略构成城乡发展的“双向引擎”[1]，共同引导我国进入城乡关系剧烈变革、镇村体系快速发展的关键时期，将城乡融合塑造为新时期镇村发展的主题[2]。同时，在国家治理体系与治理能力现代化的改革时期，生态文明建设倒逼城乡空间进入减量提质、区域协调的新阶段。在此背景下，乡村作为城乡区域社会经济发展的重

---

* 本文原载于《小城镇建设》2020 年第 8 期。
基金项目：国家自然科学基金面上项目“城镇化政策演进与京津冀乡村空间网络变迁的响应机制研究”（编号：51978447）；国家自然科学基金面上项目“基于 GIS—CA 情景模拟的京津冀地区存量工业空间转型更新机理研究”（编号：51678393）。

要支撑本底，成为实现城乡融合发展与治理现代化的关键因素。

长期快速的城镇化带来我国城乡发展的不均衡。传统乡村发展过程中，存在诸多基本性冲突，如保护发展失衡、区域发展失调、城乡发展失策和治理主体失位等。面对各类乡村衰败问题，乡村发展转型日益成为学术界关注的热点。近年来，城乡规划学、社会学、经济学、人文地理学等不同学科领域的学者围绕乡村的发展动力[3-6]、转型机制[7-9]、类型模式[5],[10-12]等方面，开展了较为系统深入的研究，得出多元丰富的结论。其中，有关乡村发展路径转型的研究多从乡村个体层面切入，聚焦于经济配置效率、空间结构布局、社会主体利益、乡村功能演化等方面，部分地忽视了乡村区域的整体发展路径，未能全面考虑社会经济环境发展所带来的不同时代诉求与不同治理方式。随着国家大力推进空间治理体系及治理能力现代化，乡村发展的宏观环境发生了根本性改变，有必要重新审视“空间治理”对我国乡村发展的重要指导意义[13]。本文从空间治理的指导思想、价值取向、核心目标和治理手段四个角度剖析其对乡村发展的要求转变，结合我国乡村发展的现状困境，提出乡村转型发展路径，以期对乡村发展提供可行的路径参考。

2 我国乡村发展的现实困境

2.1 开发保护失衡

在快速城镇化发展时期，传统的乡村发展往往以发展为第一要务，而将生态保护放在次要的位置。追求建设规模扩张和经济产值增长的过程中，普遍存在过度开发、盲目开发，以及粗放利用等问题[14]，缺少对生态保护底线思维的强制管控，从而使得乡村地区出现建设用地低效蔓延、乡村景观环境污染破坏、乡村生态空间挤压割裂等问题[2,15]，难以实现可持续的发展目标。建设用地的迅速扩张、生产结构的突变调整，以及城市方式的盲目复制等现象，使乡村空间的形态、结构和功能都发生了剧烈的变化，造成了乡村的生态空间、生活空间和生产空间彼此之间功能冲突、联系薄弱、用地矛盾突出等问题[16]，破坏了均衡的乡村“三生”空间体系。进入生态文明建设时期，在乡村发展过程中平衡开发保护关系、协调“三生”空间布局是乡村发展的基础[18]。

2.2 区域发展失调

我国乡村发展水平在区域之间具有较大差距，主要表现为东中西部的乡村经济水平差异和南中北方的乡村社会结构差异[18]。此外，一个区域内部也存在割裂与混乱的失调问题。一方面，传统的乡村发展多聚焦单一节点"就乡村论乡村"[2]，容易忽视乡村之间的联动合作，反而产生恶性的同质化竞争，使乡村之间的系统性合作与区域联盟发展受到抑制；另一方面，乡村发展还容易脱离乡村所处的区域环境格局，忽视乡村发展的区域整体性与系统层级性效应，使乡村难以实现真正的发展。乡村不是孤立存在的，乡村所处的区域环境条件、区域体系结构，以及乡村与区域的互动方式共同塑造了乡村的可持续发展方式，不应脱离其区域环境而片面定位。

2.3 城乡发展失策

长期以来，受制于二元土地制度框架以及割裂的发展观，我国城乡关系已逐渐失策。在快速城镇化时期，城乡发展具有强烈的"城市目标导向"[9]，乡村逐渐沦为城市向外蔓延以及疏解外溢功能的承载地，其发展路径越来越依赖中心城市。割裂的城乡发展状态限制了城乡要素的自由流动、阻碍了城乡公共资源的合理配置，使得城乡发展呈现出显著的依附性、不平衡性。同时，农民非农化带来了"人走房空"的现象[9]，随着农民进城人数的迅速增加，逐渐形成乡村连片废弃和闲置农房[15]，并最终产生了大规模"空心化"的乡村衰败问题[2]。总的来看，失策的城乡关系严重阻碍了乡村发展，并造成了乡村发展的诸多问题。

2.4 治理主体失位

随着治理现代化体系的构建以及乡村振兴战略的深入展开，乡村治理环境已发生深刻变革，传统的乡村治理理念、方式、主体和结构都不再能够契合现代化的空间治理要求。我国乡村现行的治理结构虽然为"以乡镇政府为代表的国家权力"和"以村支两委为代表的自治权力"的二元权力体系[19]，但政府控制的国家权力仍处于主要支配地位，乡村自治权力受到过度挤压，处于半缺位状态。随着村民主体意识的觉醒以及社会各界组织团体参与意识的增强，以往“自上而下”单一乡村治理主体的有限性凸显，僵化的基层行政治理模式无法满足多元治理主体的利益诉求表达与决策监督参与。因此，亟须协同各方权力主体的利益资源，寻求相互博弈中的乡村治理平衡点。

3 空间治理背景下的乡村发展

3.1 空间治理的政策背景

自 2011 年起，我国城镇化率突破 50%，进入从高速发展阶段转向内涵提升和品质优先的城镇化“下半场”[20]。在 2013 年党的十八届三中全会决定提出“推进国家治理体系和治理能力现代化”的宏观背景下，“十三五”规划建议明确指出，“建立由空间规划、用途管制、领导干部自然资源资产离任审计、差异化绩效考核等构成的空间治理体系”。“空间治理”的战略思想正式提出后，获得了学界的广泛响应，成为深度影响我国乡村发展的重要思潮之一。

相关研究指出，相比于“管理”，“治理”是以“决策过程中的上下结合过程”替代“自上而下的行政命令过程”[20]，围绕“政府、企业、居民、社会组织”等多元利益主体的协商式管控方式[21]。作为推进国家治理现代化的重要组成部分，空间治理内在地包含了“土地资源整理、环境综合整治、拆除违法建设、城乡有机更新”等多种方式，被认为是在高质量发展阶段下，对全域、全要素、全过程的空间资源进行可持续开发和有效保护的一系列管控手段。

空间治理现代化的推进，不是将规划与管理工作变得更加细化、深化、刚性，而意味着思维与方法的深层次转变[20]，要厘清管控思路、明确发展目标、并找准治理着力点。在从高速发展转向高质量发展的当下，“生态文明建设”成为空间治理的指导思想、“以人民为中心”成为空间治理的价值取向、“城乡融合发展”成为空间治理的核心目标、“空间规划改革”成为空间治理的治理手段，它们共同为现代化乡村发展提出新的时代要求。

3.2 空间治理对乡村发展的新要求

乡村空间，涵盖了国家庞大治理体系网络中的若干节点和单元。乡村空间的有效治理是实施“绣花针式管理”的具体层面之一。完善乡村空间治理，不仅有助于实现“高质量发展”的战略要求，亦是提高国土空间“精治、共治、法治”水平的重要实践支撑。为此，有必要进一步考察当前空间治理的“指导思想、价值取向、核心目标、治理手段”四方面特征对乡村发展的要求，针对不同特质的乡村空间采用差异化的空间治理策略(图 1)。

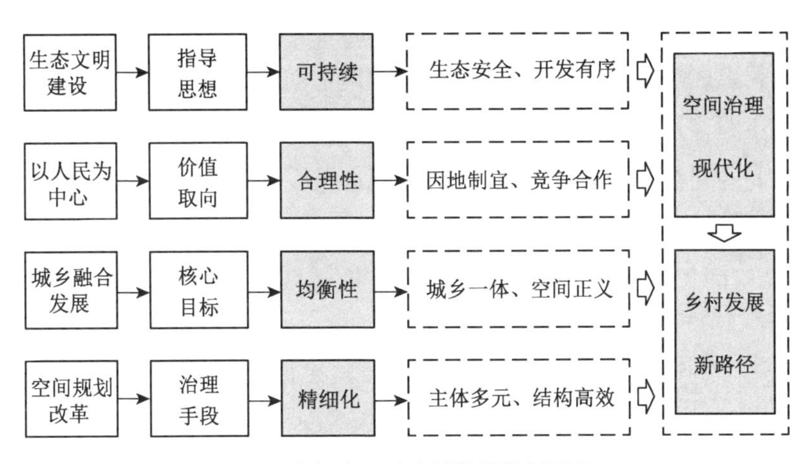

图 1　空间治理对乡村发展的新要求

3.2.1　“生态文明建设”提出“可持续”新要求

党的十八大以来，生态文明理念贯穿国土空间开发保护的全领域与全过程，成为指导我国城乡建设的重要思想[22]。生态文明建设以强调人与自然的和谐共生、缓解空间资源开发与保护的矛盾、实现城乡系统的良性循环与全面可持续发展为终极目标，贯彻落实生态文明建设是当前空间治理的重点任务。作为自然资源的重要承载地，乡村成为践行生态文明建设的关键空间领域，其发展需要符合生态文明理念，充分展现可持续性[23]。例如，在严守生态底线的基础上建构乡村的保护开发秩序与“三生”空间网络，全面推进乡村生态环境的保护、治理、修复与发展。

3.2.2　“以人民为中心”提出“合理性”新要求

我国正处在城乡发展的转型时期，治理对象由物质环境逐渐向价值需求转变，体现出新时期城乡发展的人本转向[24]。城乡发展的核心是人，以人民为中心成为规划建设的出发点与实现美好人居的有力依托。以人为本的价值取向更关注乡村发展的合理性，要求乡村在“自存”和“共存”两个维度平衡发展。在乡村发展过程中，应立足乡村自身的资源禀赋和特色价值，并延伸考虑乡村与周边区域的关系，综合城乡建设不同参与主体的价值取向、行为偏好与利益需求，因地制宜、差异化地发展乡村。

3.2.3 “城乡融合发展”提出“均衡性”新要求

我国正处于城乡关系剧烈变革的时期，城乡融合发展是调整城乡关系、促进乡村发展的关键，城乡融合成为新时期空间治理的总体目标以及乡村发展的主题背景[2]。乡村发展离不开城乡关系的整体语境[25]，要统筹考虑城乡之间的利益协调与协同合作，通过促进城乡之间要素自由流动与资源合理配置，从系统的、区域的视角来研究乡村发展。可以通过协调公共利益、强调空间正义、均衡城乡发展等方式推动城乡融合，实现均衡的乡村发展。

3.2.4 “空间规划改革”提出“精细化”新要求

作为新时期的空间治理手段[26]，空间规划改革超越了单纯对“规划技术层面”的变革，而涉及空间治理中的更多方面。空间规划改革建立在治理结构的整体完善之上，其中最关键的包括“协调纵向的央地分工以实现规划传导”，以及“清晰横向的部门事权以达成合理分工”两个层面。基于全局统筹的战略高度、整体最优的发展角度，通过纵横两个层面的空间规划改革，乡村需实现从“确立规则”到“划定职权”再到“保证实施”的全过程精细化治理。

4 乡村发展路径的转型与创新

依托空间治理中“指导思想、价值取向、核心目标、治理手段”等方面的现代化改革，有必要同步开展乡村发展路径的转型与创新，即通过平衡开发保护关系转变乡村发展方式，提高乡村发展的可持续性；通过完善区域镇村系统协调区域互动格局，加强乡村发展的合理性；通过推进城乡融合发展维护城乡空间正义，增强乡村发展的均衡性；通过协同多元治理主体优化乡村治理体系，实现乡村发展的精细化（图 2）。基于“困境—要求—路径”研究逻辑提出的乡村发展新路径，有助于化解乡村发展的现实困境、响应空间治理的新要求，并有力推进乡村发展价值的实现。

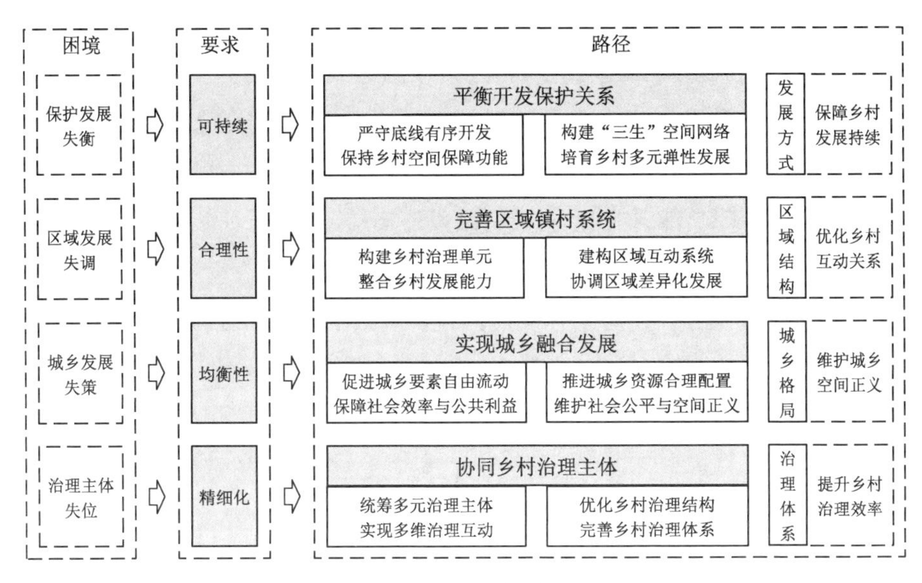

图 2　乡村发展转型路径

4.1　平衡开发保护关系

生态文明建设是国家可持续发展的根本大计，构成了乡村发展的指导思想，协调好开发与保护的关系、方向和程度是乡村发展得以存续的关键。未来的规划发展应调整传统思路，理清发展诉求与保护管控的内在矛盾逻辑[18]，深化乡村发展方式改革，建立开发保护的平衡格局。在空间治理现代化改革的背景下，伴随着新理念、新要求、新发展模式的不断涌现，在严守空间管控底线、集约利用乡村空间、有序开发乡村资源、保持乡村空间保障功能的基础上，构建乡村“三生”空间网络[16]、整合优化乡村“三生”空间布局、强化乡村“三生”空间联系、创新乡村多功能发展路径，是实现乡村可持续发展的必由之路。

4.1.1　严守底线有序开发，保持乡村空间保障功能

保护是开发的基础，开发是保护的目的，二者共同支撑乡村的可持续发展。乡村的生态环境问题归根结底是发展过程中资源过度开发、城市盲目扩张和土地粗放利用等造成的[27]。底线约束是乡村可持续发展的首要逻

辑，只有对乡村资源空间进行基于生态价值理念的合理空间管控、优化配置、有序开发以及集约布局[28]，并结合城镇化发展进程，匹配市场机制与政策引导，防止利益导向驱动的乡村发展，才能达到更优的国土资源使用效率和生态空间格局[29]。通过乡村地区的空间治理，对乡村生态系统进行整体保护、有序开发、综合治理以及全面修复[17]，可以提高乡村生态系统弹性，完善乡村空间保障功能，构建乡村可持续发展格局。

4.1.2 构建三生空间网络，培育乡村多元弹性发展

基于乡村“三生”空间融合发展的逻辑，以网络化的结构组织增强乡村“三生”空间的功能耦合与互动联系，延伸培育乡村功能的多元发展形态[30]，有助于达成乡村地域空间的综合效益最大化。通过构建“三生”空间网络和推进功能多元发展，可以激活发展动力、响应发展诉求、拓宽发展路径，实现乡村空间所承载活动的多维度互动。构建“三生”空间网络的手段主要包括对乡村“三生”空间的土地布局、功能结构和配置格局进行优化调整，形成以生态空间为基底、生产空间为联系、生活空间为节点的从点到面、从轴线到网络的乡村“三生”空间网络体系[16]。在此基础上，强化乡村“三生”空间关系、培育乡村多元弹性发展，在时间和功能层面复合利用乡村空间，如使空间在不同时段兼具不同功能，或探索乡村生态功能与文化、休闲旅游、健康养生等功能的深度融合[7]。

4.2 完善区域镇村系统

乡村不是孤立存在的，乡村处于外部区域的整体发展格局之中。可以通过梳理乡村资源禀赋、统筹利益主体需求、构建乡村治理单元等方式，协调区域互动关系、完善区域镇村系统，并提高乡村发展的合理性，响应空间治理的价值取向。乡村发展需要在契合自身内部的资源基础与发展能力的基础上，依据特色化和差异化的关联性原则与周边乡村形成发展单元，并以乡村单元为基础结构[11]，挖掘乡村单元在区域分工结构中的精准定位，通过不同方式参与到更大区域的分工格局之中，形成竞争合作、良性互促、优势互补的区域镇村系统。

4.2.1 构建乡村治理单元，整合乡村发展能力

单个的乡村由于势单力薄，只靠其自身发展往往无法达到最优效果，通

过构建联结乡村地区的治理单元可以整合乡村的优势资源，扩大其发展效益。乡村治理单元不仅仅是资源统筹单元，还是功能组织和治理协同单元[2]。乡村治理单元的构建可以有效完善区域乡村结构、促进区域合理化发展。对内，可以整合乡村基础资源，优化内部结构，确定主体功能，强化单元发展能力，形成有机互通的空间关联体；对外，可以精准把握自身发展路径，与其他单元进行联系互动，探索最优化的区域乡村单元结构。构建乡村治理单元是在识别和研判乡村发展潜力的基础上，突破乡村传统的行政和等级束缚，综合考虑乡村与周围乡村之间的耦合关系，动态协调区域内多个村庄的发展方向和功能模式。

4.2.2 建构区域互动系统，协调区域差异化发展

区域发展的协调高效有赖于每个乡村治理单元都依据自身潜力匹配其在区域内部的定位、承担相应的区域职能，同时在彼此之间形成多主体联动与多利益协调的良性关系。合理化的乡村发展诉求要求建构区域互动系统，来保障乡村优势资源和本源价值的有效发挥，以及协调区域空间结构和多元功能的差异化发展。通过建构区域互动系统，探索集约高效的区域镇村体系布局，可以促进多个乡村治理单元以分工合作、优势互补、竞争互促的逻辑在区域内进行统筹层面上的联动协同发展，从而保障区域内部乡村之间的差异化协调，实现最优发展。建构区域互动系统应在识别乡村发展潜力的基础上，跳出乡村本身，从区域的、系统的视角综合统筹各个乡村治理单元[2]，以因地制宜、中心带动、互动联系的方式形成优势互补的差异化发展区域结构。

4.3 实现城乡融合发展

乡村发展离不开城市，城乡是不可分割的互利共生连续统一体，城乡关系格局是认识乡村发展的基本面[2]，城乡融合发展成为空间治理的总体目标，以及实现乡村均衡性的重要路径。在当下以都市圈为城镇化推进主体的新时期，如何促进城乡要素自由流动与推进公共资源合理配置，是协调城乡关系、切实推进乡村振兴战略的可持续发展路径。因此，应当立足城乡对等的融合发展理念[25]，突破乡村传统的等级束缚，通过完善共享化的城乡要素交流网络来协调公共利益，构筑一体化的城乡公共服务设施网络来强调

空间正义，实现均衡的城乡互动关系，使乡村更好地融入城乡整体发展格局。

4.3.1 促进城乡要素自由流动，保障社会效率与公共利益

乡村是开放的地域空间系统，难以在封闭的条件下发展完善，需要与外部环境通过信息交流与物质交换形成相互渗透的有机整体。要素是经济发展和产业升级的基石，推进要素在城乡之间双向良性循环，发挥市场的决定性作用，提高资源要素的利用效率和运行效率，有利于保障不同主体的利益诉求与城乡社会的公共利益，从而促进城乡区域的整体发展。因此，城乡资源要素的双向自由流动是实现城乡均衡、融合发展的关键。城乡要素的自由流动有赖于破除城乡二元割裂壁垒，健全城乡融合发展机制，搭建城乡要素双向流动的渠道，使人才、土地、资金、技术、信息等要素实现双向自由流动、平等交换和良性循环。

4.3.2 推进城乡资源合理配置，维护社会公平与空间正义

城乡公共资源投入差距明显，乡村地区的基础公共服务设施是明显的发展短板。城乡公共资源的合理配置是通过均等化匹配城乡公共服务来保障城乡居民的基本生活需求，直接关系到社会公平与空间正义的实现。因此，现代化的城乡基础设施是保障城乡生活品质的基础，一体化的城乡公共服务设施网络是实现城乡等值发展的前提，均等化的城乡公共服务是推进城乡融合发展的保障。城乡资源的合理配置应以城乡区域为整体单元，通过加大对乡村的公共资源投入，推动公共服务向乡村延伸、社会事业向乡村覆盖，构筑城乡一体化的基础公共服务设施网络，促进城乡资源要素的均衡配置与公共服务的普惠共享，从而实现公共资源在城乡间公平分配。

4.4 协同乡村治理主体

乡村是国家治理的基本单元，乡村治理是国家治理体系完善与空间规划实施的支撑和保障，通过空间规划改革协同乡村治理主体是落实空间治理内容与促进乡村发展品质性的重要内容。新时期的空间治理对乡村发展提出了治理主体多元、治理结构完整和治理能力现代化的要求，优化提升治理体系和治理能力需要综合乡村多元治理主体、优化乡村治理方式，重构乡村治理结构、完善乡村治理体系。协同乡村治理主体，构建与乡镇事权高度

匹配的规划管控体系，是为了更好实现对乡村地区的管控与治理，共同推进乡村良好发展。

4.4.1 统筹多元治理主体，实现多维治理互动

乡村治理主体从政府一元向社会多元的转变，是对乡村发展需求变化做出的响应。乡村多元治理是以不同主体为依托，强调协同合作和共同参与的一种多向治理关系[31]。多元主体的治理方式有助于打破政府单一治理的有限性，借助市场的力量，充分发挥村民的主体性，通过各个主体的协同合作形成优势互补，共同推进乡村治理体系的全面优化。面对基层行政的僵化，应采取“自上而下”和“自下而上”配合协调、均衡发展的措施[19]，使参与乡村治理的多元主体之间协同互动。除政府外的多元主体包含市场、企业、社会团体、民间组织、农村精英以及普通村民等，通过多元主体的协同建设[32]、协同管理以及协同受益，可以有效引导乡村公共权力和资源合理配置，并依靠多方监督，加强乡村治理的服务保障属性。

4.4.2 优化乡村治理结构，完善乡村治理体系

乡村治理结构的优化作为推进乡村治理体系和治理能力现代化的重要抓手，实现了空间治理效率的提升。新的空间规划体系使得空间治理从分散割裂、交叉重叠管控转变为全域统筹管控[33]，从层级化的管理结构转变为网络化的系统协调，重构了不同层级政府之间的事权关系。乡村治理结构的优化调整能够有效促进城乡要素自由流动和平等交换，促进城乡公共资源合理配置，实现自然资源资产高效管控，其治理成效可提升乡村发展水平，进而推进治理体系和治理能力的现代化发展。优化乡村治理结构应转变乡镇政府职能，突出其执行性与务实性[34]，构建起与乡镇事权高度匹配的规划管控体系，探索重构适应现代化治理要求的乡镇事权体系；并使乡村治理结构与乡村规划、乡村管理形成合力，共同完善乡村治理体系。

5 结语

长期以来，乡村地区是社会发展的焦点，也是城乡融合发展的薄弱环节。本研究以空间治理现代化为目标，针对当前我国乡村发展的现实困境

提出“平衡开发保护关系”“完善区域镇村系统”“实现城乡融合发展”“协同乡村治理主体”四条乡村转型发展新路径，以响应空间治理的“指导思想、价值取向、核心目标、治理手段”四方面同步转变。在未来的乡村发展中，建立起生态可持续、区域均衡、城乡互动、治理协同的乡村空间体系，将有助于消解空间治理现代化与乡村发展的内在矛盾，最终实现精细的空间治理与融合的乡村发展。

参考文献

[1] 李国祥.乡村振兴战略村镇化与城镇化双轮驱动[J].中国合作经济，2017(10)：19-20.

[2] 刘彦随.中国新时代城乡融合与乡村振兴[J].地理学报，2018，73(4)：637-650.

[3] 龙花楼，屠爽爽.乡村重构的理论认知[J].地理科学进展，2018，37(5)：581-590.

[4] 张京祥，申明锐，赵晨.乡村复兴：生产主义和后生产主义下的中国乡村转型[J].国际城市规划，2014，29(5)：1-7.

[5] 龙花楼，李婷婷，邹健.我国乡村转型发展动力机制与优化对策的典型分析[J].经济地理，2011，31(12)：2080-2085.

[6] 王艳飞，刘彦随，李玉恒.乡村转型发展格局与驱动机制的区域性分析[J].经济地理，2016，36(5)：135-142.

[7] 龙花楼，屠爽爽.论乡村重构[J].地理学报，2017，72(4)：563-576.

[8] 曹智，李裕瑞，陈玉福.城乡融合背景下乡村转型与可持续发展路径探析[J].地理学报，2019，74(12)：2560-2571.

[9] 朱霞，周阳月，单卓然.中国乡村转型与复兴的策略及路径——基于乡村主体性视角[J].城市发展研究，2015，22(8)：38-45，72.

[10] 张富刚，刘彦随.中国区域农村发展动力机制及其发展模式[J].地理学报，2008，63(2)：115-122.

[11] 乔晶，耿虹.CAS 理论视角下大都市地区镇村关系的类型识别——以武汉市为例[J].上海城市规划，2019(5)：1-7.

[12] 杨园园，臧玉珠，李进涛.基于城乡转型功能分区的京津冀乡村振兴模式探析[J].地理研究，2019，38(3)：684-698.

[13] 张京祥，陈浩.空间治理：中国城乡规划转型的政治经济学[J].城市规划，2014，38(11)：9-15.

[14] 林坚，刘松雪，刘诗毅.区域——要素统筹：构建国土空间开发保护制度的关键[J].中国土地科学，2018，32(6)：1-7.

[15] 罗小龙，许骁."十三五"时期乡村转型发展与规划应对[J].城市规划，2015，39(3)：15-23.

[16] 曾鹏，朱柳慧，蔡良娃.基于三生空间网络的京津冀地区镇域乡村振兴路径[J].规划师，2019，35(15)：60-66.

[17] 左为，唐燕，陈冰晶.新时期国土空间规划的基础逻辑关系思辨[J].规划师，2019，35(13)：5-13.

[18] 贺雪峰.南北中国：从村庄社会结构看中国区域差异[M].北京：社会科学文献出版社，2017.

[19] 张艳娥.关于乡村治理主体几个相关问题的分析[J].农村经济，2010(1)：14-19.

[20] 本刊编辑部."城市精细化治理与高质量发展"学术笔谈[J].城市规划学刊，2020(2)：1-12.

[21] 杨伟民.必须重视城市空间发展与治理[N].中国城市报，2019-08-12(016).

[22] 杨保军，陈鹏，董珂，等.生态文明背景下的国土空间规划体系构建[J].城市规划学刊，2019(4)：16-23.

[23] 仇保兴.生态文明时代乡村建设的基本对策[J] 城市规划，2008(4)：9-21.

[24] 梁鹤年."以人为本"国土空间规划的思维范式与价值取向[J].中国土地，2019(5)：4-7.

[25] 张英男，龙花楼，马历，等.城乡关系研究进展及其对乡村振兴的启示[J].地理研究，2019，38(3)：578-594.

[26] 孟鹏，王庆日，郎海鸥，等.空间治理现代化下中国国土空间规划面临的挑战与改革导向——基于国土空间治理重点问题系列研讨的思考[J].中国土地科学，2019，33(11)：8-14.

[27] 王洪波，汤怀志，郧文聚.基于三生融合视角的城市绿色发展路径研究[J].中国发展，2019，19(4)：50-53.

[28] 龙花楼.论土地整治与乡村空间重构[J].地理学报，2013，68(8)：1019-1028.

[29] 吴燕.新时代国土空间规划与治理的思考[J].城乡规划，2019(1)：11-20.

[30] 李玉恒，阎佳玉，刘彦随.基于乡村弹性的乡村振兴理论认知与路径研究[J].地理学报，2019，74(10)：2001-2010.

[31] 辛璄怡，于水.主体多元、权力交织与乡村适应性治理[J].求实，2020(2)：90-99，112.

[32] 杨婷.“共同缔造”思路下村庄振兴路径探索——以武汉市巴山寨村为例[J].小城镇建设,2020,38(4):11-18.

[33] 许景权.基于空间规划体系构建对我国空间治理变革的认识与思考[J].城乡规划,2018(5):14-20.

[34] 黄建红.三维框架:乡村振兴战略中乡镇政府职能的转变[J].行政论坛,2018,25(3):62-67.

中部地区小城镇空间规划思考:以湖南省为例*

曾志伟[1]　刘　彬[2]　方　程[3]
(1 2 3 湖南城市学院建筑与城市规划学院
1 数字化城乡空间规划关键技术湖南省重点实验室)

【摘要】 构建大中小城市和小城镇协调发展的城镇格局是新型城镇化时代的重要内容。过去,中部地区小城镇发展基础落后,在新时期小城镇空间发展面临新机遇。湖南省小城镇空间格局呈现等级规模格局明显、沿交通干线空间集聚性强、特色小城镇分布集中、生态空间格局分明四大特征。结合国土空间规划新要求,应从优化区域小城镇规模等级空间格局、分层引导特色产业空间、双重目标导向生态空间等方面,对湖南省小城镇空间规划格局体系优化。

【关键词】 中部地区　小城镇　空间规划　湖南省

1　引言

党的十九大报告提出以城市群为主体构建大中小城市和小城镇协调发展的城镇格局,加快农业转移人口市民化。小城镇在我国城镇体系和城乡经济发展中具有承上启下的功能,是促进城乡协调发展最直接有效的途径,是就近就地城镇化的重要载体[1]。小城镇服务于乡村地域,农民教育、就医、购物、休闲等日常活动80%集中在小城镇。小城镇是连接城乡区域的社

---

* 本文原载于《小城镇建设》2020年第8期。
基金项目:湖南省教育厅一般课题"基于'居住场势理论'的乡村居业模式研究"(编号:18C0854);益阳市社科联课题"益阳市休闲农庄与乡村游憩地空间格局及优化路径"(编号:2019YS019)。

会综合体，其发展质量对于构建村镇有机体[2]、推动乡村振兴具有重要意义[3]。乡村振兴战略、特色小镇建设以及国土空间规划改革背景下，如何进一步通过小城镇发展形成城乡无障碍的社会经济联系，有必要再次对小城镇空间规划与发展进行审视与思考。国土空间规划是融合统一主体功能区规划、城市规划和土地利用规划的新型空间规划，是城市未来可持续发展的空间蓝图[4]。小城镇空间规划需要承接区域国土空间协调发展的战略性、方向性、引导性、约束性及控制性要求。中部地区是地处中国内陆腹地的传统农区，正处于城镇化的持续发展期，城镇空间规划仍然是指引小城镇建设的行动纲领。湖南省作为中部大省，2015 年依靠各级政府大规模行政区划调整来推动城镇化，2019 年湖南省城镇化率达到 57.22%，与全国平均水平60.60%还存在3.38%的差距[5]，小城镇空间规划面临机遇和挑战。文章将结合湖南省小城镇空间发展问题及分布特征对空间规划与发展提出相关对策，并结合当前国土空间规划背景，对小城镇空间规划的规划层级应对展开讨论。

2　小城镇空间规划研究概述

目前对小城镇空间研究主要关注空间分布特征、空间结构特征、区域“小城镇群”、城镇空间形态变化的“空间演进”等方面。小城镇是区域城镇体系中的重要组成部分，是复杂的空间系统，我国小城镇在“西北疏、东南密”的总体格局特征下，具有团块集聚性与空间结构差异性[6]。如浙江省小城镇空间结构特征具有层级性特征，其人口等级结构呈梯度性与分化布局并存的双重特征[7]。不同视角下小城镇不同类型空间重构、转型等逐渐受到关注，特色小城镇更多地关注产业空间布局、生态空间与文化空间的多重考虑[8]。

针对中部地区小城镇空间规划的研究较少，研究内容主要包括城镇化进程特征与成因、多元化发展模式、中心镇建设、未来发展模式道路思考等方面[9-12]。中部地区城镇发展一方面需要破解城镇化进程中存在的异地城镇化、城市经济内生动力匮乏、城镇体系发展失衡等一系列共性特征[7]，另一方面还需积极应对当前新的机遇和挑战。中部地区小城镇发展对策应考虑科学有序的城镇规模等级、全球化与逆全球化同步趋势下的产业结构优化、城镇特色与品质的彰显、新生代农民工返乡置业需求等。湖南省小城镇的研究曾在2000年前后全国推进小城镇发展、湖南省行政区划调整的大背景下出现了一段高热期，主要集中在发展模式、小城镇建设与规划的整体对策等内容[13-15]；近年来更多的是结合低碳、生态发展理念，以小城镇旅游、产业、公共设施与基础设施为研究对象，或分析行政区划调整下的负面影响[16-17]。不难判断，中部地区、湖南省小城镇必将伴随着城镇化趋势、产业结构优化、人口结构调整等经济社会发展的变化做出空间规划应对。

3 中部地区小城镇现状与空间规划机遇

3.1 小城镇发展基础较薄弱

中部地区较东部地区而言，一直存在较大差距，2019年东部地区、中部地区生产总值分别为48.09万元、19.26万亿元(图1)。城镇居民可支配收入方面，中部地区也一直落后于东部地区(图2)；2015年，中部地区城镇数量7 180个，规模低于东部地区(图3)。中部地区城镇发展还存在产业弱、资源与设施缺乏、生活成本高等方面的问题，其原因在于小城镇发展受到资金、技术、人才等不足方面的制约，小城镇吸纳就业人口的能力较弱等。进入21世纪，在全球化与城镇化进程中，中部地区劳动力外流现象明显，经历了近十年的

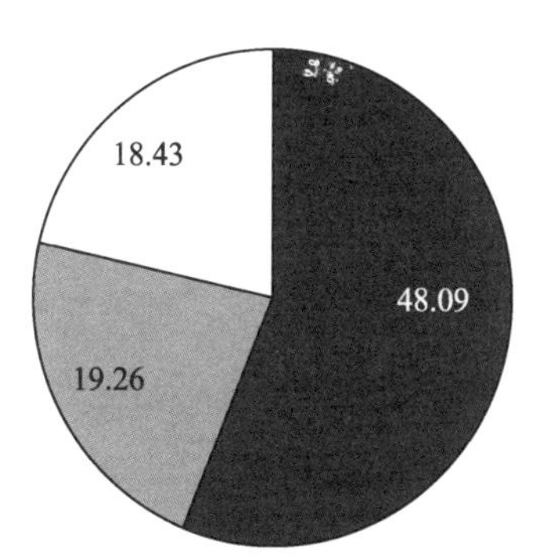

图1 2019年东、中、西三区地区生产总值

数据来源：中国统计年鉴2019。

“中部塌陷”[18]。中部地区大部分小城镇的现有发展水平不能解决农村农业劳动力的转移，是导致农业劳动力外流的重要原因。小城镇人口还存在一定的季节性或者短期波动高峰，例如节假日的回流高峰，这给小城镇带

来短期繁华的同时,也因各项设施不足而引起交通拥堵、能源供应不足、垃圾处理等方面的问题。

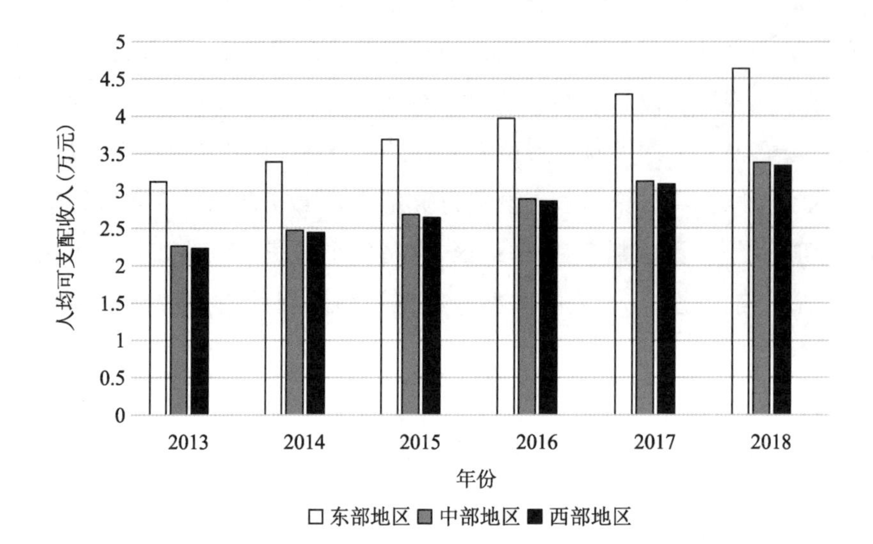

图 2　近六年东、中、西三区城镇居民人均可支配收入

数据来源:中国统计年鉴 2019。

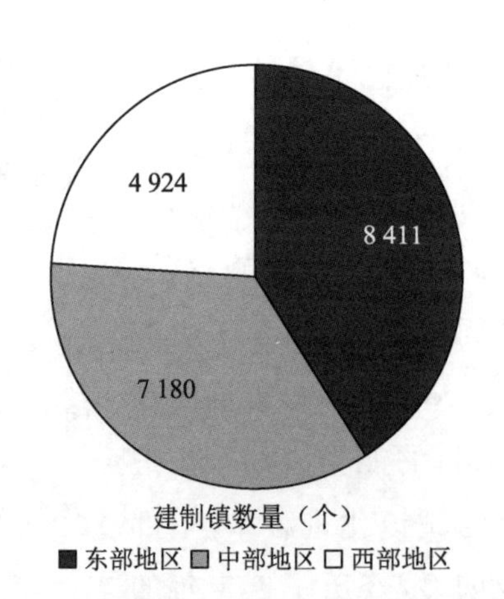

图 3　2015 年东、中、西三区建制镇数量

数据来源:中国村镇建设报告 2015。

3.2　小城镇空间发展面临新机遇

我国经济已步入高质量发展、均衡性发展阶段，拓展新的增长空间、发挥城镇化潜力是转变经济发展方式、优化经济结构和增强经济增长动力的重要抓手。近年来，中部地区城镇人口呈现出一定的回流趋势。《2018 年农民工监测调查报告》显示，该年农民工总量增速比上年回落 1.1 个百分点。2019 年湖南民生调查数据显示，连续 4 年以来湖南省外出务工人员呈现回落趋势，特别是外出省外增幅回落明显，省内从业人员呈现提高趋势。农民工增速回落反映了省内经济发展态势良好，另一方面就近就业人口的增加将为小城镇的发展带来新的产业发展机遇。相关调查显示，同一个乡镇外出务工人员往往集中在同一行业，随着农民工返乡增多，一些小城镇集中了一大批同一行业的熟练工人，从而具有承接产业转移的优势[19]。另外，数字技术、农业改革、城乡交通等为中部地区等欠发达或贫困地区带来了新的空间发展机遇，整体经济发展形势为中部地区实现就地城镇化提供了现实可能性。

4　湖南省小城镇空间格局特征

4.1　小城镇空间等级规模格局明显

小城镇是城镇等级规模体系中的重要环节，以乡（镇）行政区为基本单元。2015 年对湖南省内 306 个优先发展的小城镇进行分类研究发现，按人口规模划分，湖南省城镇空间等级规模可分为小型集镇（2 000～5 000 人）、中型镇（5 000～10 000 人）、大型镇（10 000～30 000 人）、特大型镇Ⅰ型（30 000～50 000 人）和Ⅱ型（50 000 人以上）五种。其中常住人口50 000 人以上的镇宜按城市标准进行建设管理。湖南省特大型集镇Ⅰ型有 33 个，特大型集镇Ⅱ型 41 个，大型集镇 232 个。根据其空间分布可知，湖南省特大型Ⅰ型和Ⅱ型城镇集中分布于长株潭城市群、洞庭湖生态经济区周边城市，以及湘中城市，湘西地区、湘东南地区各市州县内沿主要交通干线散布有少量特大型Ⅱ型城镇，大多为该县中心镇（图 4）。

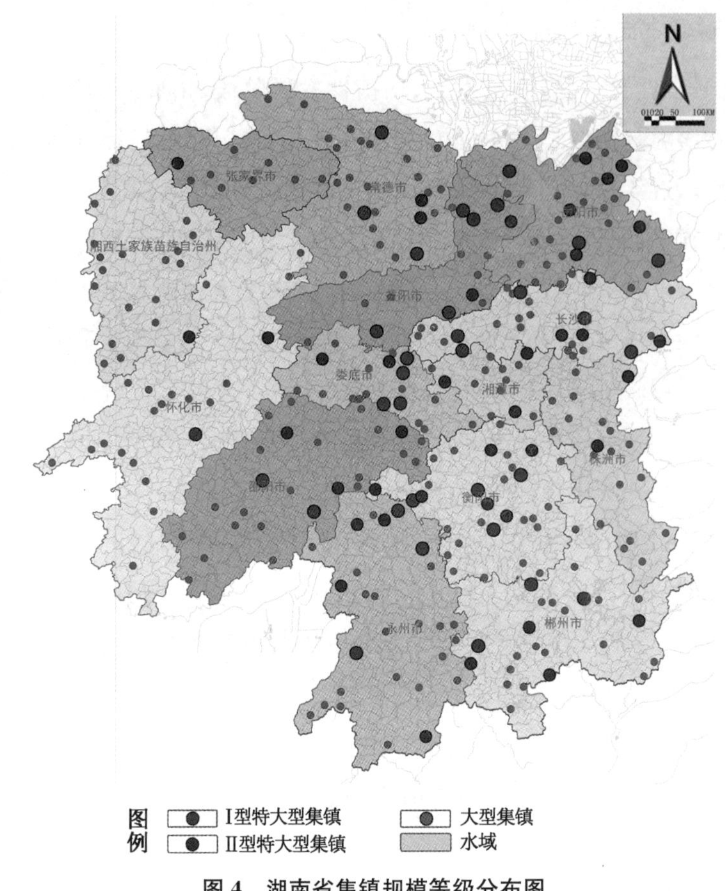

图 4　湖南省集镇规模等级分布图

4.2　小城镇沿交通干线空间集聚性强

湖南境内形成了高速公路、国省道、县乡村道的路网体系，并由 7 条国道、62 条省道构成了省内路网基础。国省道交通对小城镇发展促进作用大，早年的城镇均依托国省道交汇处形成并逐步壮大，传统的“马路经济”城镇逐步演化为相对集中的园区经济。不断优化的国省道道路等级质量、干线公路服务区配套等为小城镇发展提供了一定的设施基础。逐步开展的国省道改线工程也较大程度缓解了小城镇内部交通压力。当前，湖南省内小城镇主要沿 G106、G107、G319、G320 以及 S207、S209 分布，线性特征明显，由此也形成了众多交通重镇(图 5)。国省道交通对小城镇内部空间格局也存在较大的引导作用，同时也是大部分小城镇产生交通问题的源头。

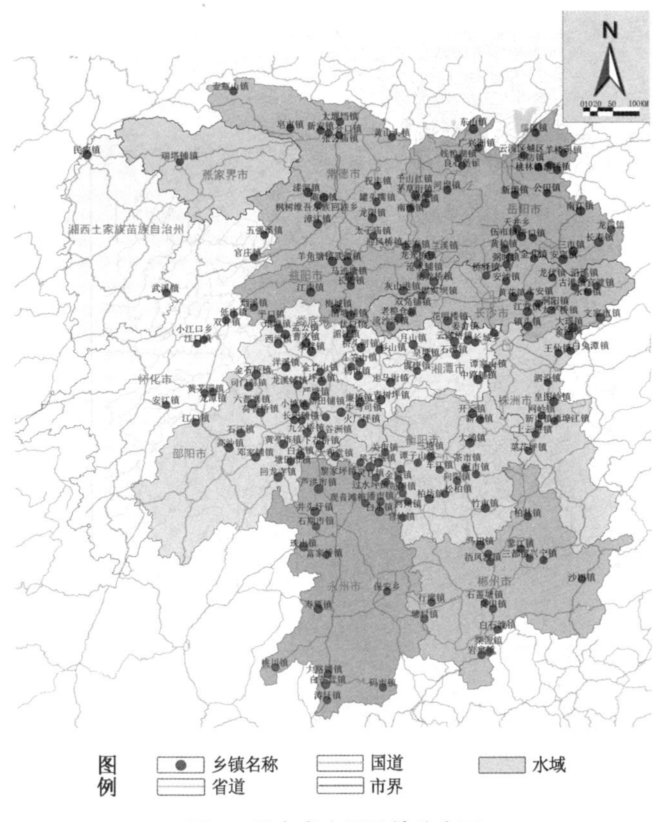

图 5　湖南省交通重镇分布图

4.3　特色小城镇空间分布相对集中

特色小城镇因地域特征突出、资源优势独特、特色产业相对集中、建筑风貌与景观格局等历史文化保存相对完整为特征而区别于其他一般乡镇[20]。湖南省内特色镇空间分布受地域特征影响明显，湘北环洞庭湖地区特色镇分布最为密集；其次，为以娄底为中心、益阳-长沙-湘潭三市交界的湘中地区分布较为密集；再次，更多地散布于湘西、湘南地区（图 6）。由此湖南省内形成了一定规模的特色城镇群落，如湘江古镇群，包括靖港古镇、铜官古镇、乔口镇等，均位于长沙湘江北段的望城境内，是独一无二的湖湘文化群落，境内各镇相距 10 公里以内。湘西境内分布的特色镇如保靖县吕洞山镇、泸溪县浦市镇、花垣县双龙镇、龙山县靛房镇等，受到地形地势影响，交通不便，距离县城中心达 30～100 公里不等。

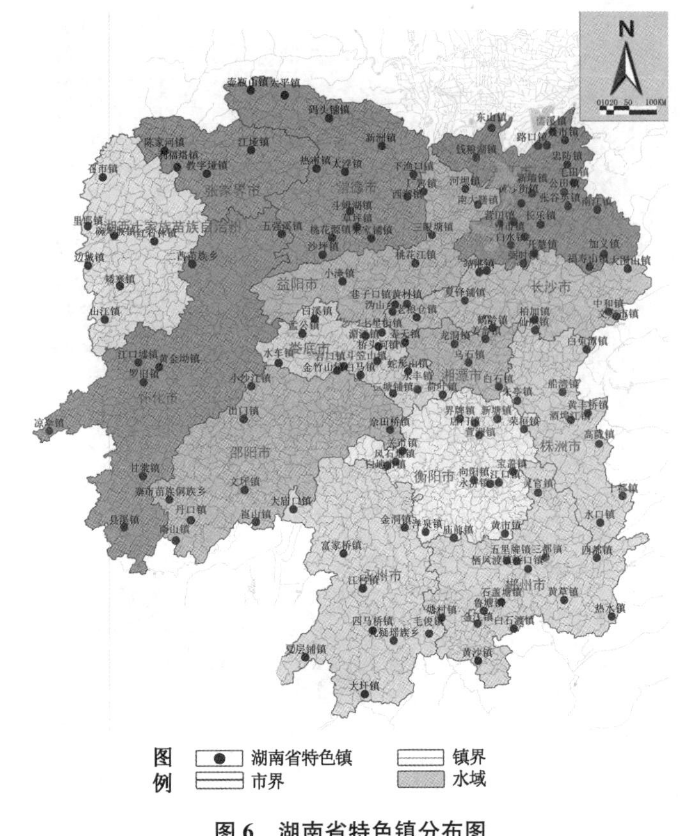

图6　湖南省特色镇分布图

4.4　生态空间地域差异明显

生态文明时代无法继续以过度消耗能源和资源、损害生态环境为代价，无序扩张将制约小城镇发挥后发优势。湖南省具有“一湖三山四水”的生态空间格局，洞庭湖平原湿地与农业生态保护区、环洞庭湖丘陵农业生态保育区、幕阜山地常绿阔叶林生态保护区、罗霄山地常绿阔叶林生态保护区等十大生态环境区构成了全省的生态本底，同时也产生了不同地域类型的小城镇生态空间。应在统筹山水林田湖草系统的整体要求下，针对湖南省山地型、平原型、丘陵型等不同地域类型小城镇梳理生态空间基底、明确生态空间格局。农业生态空间的保护还关系到湖南省农业生产，在湖南省小城镇迅猛发展的1998—2002年间，新增建设用地中65%为良田沃土[21]。当前人口压力与资源环境制约背景下，湖南省小城镇发展需要进一步协调耕地资源、生态资源等保护与建设用地的集约利用。

5　湖南省小城镇空间规划的格局体系优化思考

5.1　优化区域小城镇规模等级空间格局

小城镇空间格局不仅应维系生态格局要求，考虑土地生态安全，还需优化小城镇规模等级空间格局，壮大小城镇作为连接城乡区域社会经济综合体的能力。经研究，城镇在规模等级差异化下呈现不同的经济发展水平、资源可及性等，极大程度地影响了农民工家庭的迁移吸引力或团聚能力[22]。面对当前整体经济发展、农民工回流等机遇，湖南省应进一步优化小城镇空间格局。一方面，稳定长株潭城市群、洞庭湖生态经济区周边城市以及湘中城市内特大型Ⅰ型和Ⅱ型小城镇发展。另一方面，在“交通强国”建设契机下，湖南省作为首批建设试点有望破除交通瓶颈，应依托省内交通水平不断提升与完善的契机，推动湘西地区、湘东南地区各市州县内特大型Ⅱ型小城镇发展，改变省内小城镇等级规模空间分布不均衡的局面。

5.2　分层引导小城镇特色产业空间规划

加强省域产业空间整合。依托湖南省地域内产业垂直分工体系，构建省内小城镇产业水平分工体系，加强小城镇产业集群发展。长株潭城市群内小城镇的城镇化水平、产业发展阶段、科技水平等均高于其他地区小城镇，应着力于提升产业特色、完善功能配套。环洞庭湖生态经济区、大湘西地区、大湘南地区以增强农业综合生产能力为目标，以发展现代农业为抓手，推进农产品深加工和其他非农产业发展。环洞庭湖生态经济区应依托平原水网地域特征与大地农业景观资源，结合休闲观光等方式，提升农产品的附加值。大湘西地区、大湘南地区应注重特色农产品生产加工“手工化、限量化、定制化”，还应传承具有民族文化特色的传统产业。

推动产业自我创新升级。培育特色产业是带动欠发达地区经济发展的重要举措，也是小城镇发展的重要驱动力。推动小城镇发展模式向特色化与创新化方向转型升级，是当前欠发达地区小城镇发展的一条现实路径。在特色小城镇建设热潮中，湖南省以多维度指标遴选出富有代表性的小城镇，从文旅、康养、影视等角度创新发展模式。另外，立足湖南省大湘西、大湘南、大长沙的三大主题旅游板块格局，加强区域整合，形成各具特色、协同发展的小城镇旅游产业空间。

5.3 双重目标导向小城镇生态空间规划

当前是城乡空间“多元共生”的时代，小城镇是城乡融合与城乡要素的集聚点。小城镇生态空间规划需要从城乡融合与生态景观营造双重目标进行综合思考。从东部地区城镇空间发展趋势来看，受交通、产业等影响小城镇空间连绵态势明显[23]。宏观的城乡融合视角下，有必要依托整体生态空间，明确保护红线，明确城镇建设空间边界。湖南省已明确“一湖三山四水”的生态保护空间格局，区域小城镇生态空间规划需进一步根据生态安全的空间分异，形成契合不同生态环境区的生态空间规划。微观的城镇生态景观营造视角下，内在的文化空间是日渐重要的空间要素，文化空间与生态景观空间具有较强的关联性，二者的有机融合是小城镇空间发展的内在逻辑。另外，城镇生活社区空间也注重与生态景观空间的衔接，“三生”融合的生活社区是典型趋势之一。

6 结语及讨论

小城镇是当前乃至未来很长一段时间内需要持续关注的空间范畴，其发展与建设不仅关系到广大人民群众的生活质量，还关联到城镇等级结构的宏观格局、城乡融合的实现等。中部地区小城镇的良性发展关系到中部地区整个城镇格局的健康与可持续发展。湖南省小城镇空间格局在等级规模、特色小城镇空间以及生态空间等方面均具有一定的特征，应从优化等级空间、分层引导特色产业空间、结合城乡融合与生态景观的双重要求营造生态空间。

国土空间改革背景下，小城镇发展应适应新的规划体系与管控要求，当前“五级三类”的国土空间规划体系下，小城镇空间规划一方面应宏观考虑区域小城镇空间体系规划，另一方面则是小城镇内部空间规划思路与方法应对。

（1）区域小城镇空间体系规划

区域小城镇空间体系受到地域环境制约、区域产业发展、区域基础设施引导等影响，如特色产业集群下的特色小城镇集群、公路网与城际交通站点等引导下的城镇发展轴等。因此，市县国土空间规划中有必要考虑区域小城镇空间体系在等级结构、特色小城镇空间、整体生态空间、小城镇级区域配套设施空间等的系统布局。针对湖南省区域小城镇空间特征，有必要在新一轮的国土空间规划中考虑小城镇空间体系规划，以此形成更加有序的城镇等级空间。同时，区域小城镇空间体系规划应以发展阶段判定、产业空间集聚特征分析、地域生态环境保护价值分析、城镇可持续发展分析等相关分析与研究为基础进行。

（2）小城镇内部空间规划

首先，应在落实上位市县国土空间规划要求的基础上规范小城镇空间规划编制，适应湖南省新型城镇化发展的战略性要求，编制能用、好用、管用的小城镇空间规划。其次，应明确小城镇空间规划类型与深度。在上位市县国土空间规划要求下，结合国土空间开发保护的总体格局、规划分区和控制线、绿色空间网络与山水格局、城乡居民点格局等国土空间格局优化内容体系，根据小城镇发展明确居住、产业、设施、公共空间等各项空间布局，分层传导达到指导小城镇规划设施的深度。最后，小城镇内部空间规划应加强分区管控遵循城镇中心建成区内“详细规划＋规划指引”，城镇中心建成区外“详细规划＋规划指引”“约束指标＋分区准入”的分区管控要求。

参考文献

[1] 彭震伟.小城镇发展作用演变的回顾及展望[J].小城镇建设，2018，36(9)：16-17.

[2] 刘彦随.中国新时代城乡融合与乡村振兴[J].地理学报，2018，73(4)：637-650.

[3] 彭震伟.小城镇发展与实施乡村振兴战略[J].城乡规划，2018(1)：11-16.

[4] 中共中央，国务院.关于建立国土空间规划体系并监督实施的若干意见[EB/OL].(2019-05-23)[2019-05-23].http://www.gov.cn/zhengce/2019-05/23/content_5394187.htm.

[5] 中华人民共和国国家统计局.中国统计年鉴2019[M].北京：中国统计出版社，2019.

[6] 王雪芹，戚伟，刘盛和.中国小城镇空间分布特征及其相关因素[J].地理研究，2020，39(2)：319-336.

[7] 王岱霞，王诗云，吴一洲.区域小城镇空间结构解析与优化：以浙江省为例[J].浙江工

业大学学报(社会科学版),2020,19(1):47-53.
[8] 李志强.特色小城镇空间重构与路径探索——以城乡“磁铁式”融合发展为视域[J].南通大学学报(社会科学版),2019,35(1):50-57.
[9] 聂洪辉.中部地区城市化道路与新生代农民工返乡置业——兼论小城镇模式的概念变化[J].中共福建省委党校学报,2015(8):96-102.
[10] 孙元元,杨刚强,江洪.中部地区小城镇建设的城乡统筹发展[J].宏观经济管理,2014(10):33-36.
[11] 裴新生.我国中部地区城镇化进程的特征及成因初探[J].城市规划,2013,37(9):22-27,45.
[12] 郭小燕.统筹城乡视角下中部地区多元城镇化模式研究[J].城市发展研究,2009,16(7):23-27.
[13] 杨刚,陈国生.湖南省农村城市化问题成因及对策研究[J].中国人口·资源与环境,2005(6):71-74.
[14] 汤放华,曾志伟,易纯.湖南省小城镇发展机制、模式与对策研究[J].城市发展研究,2008(3):5-6,11.
[15] 罗文,陆林.对湖南小城镇建设的思考[J].经济地理,2003(4):491-494,507.
[16] 刘豫萍,罗小龙,殷洁.行政区划调整对小城镇发展的负向影响——以湖南省华容县沿江乡镇为例[J].城市问题,2015(11):4-9.
[17] 张汉文,马颖.湖南省低碳小城镇发展战略研究[J].中国集体经济,2014(24):42-43.
[18] 中华人民共和国国家统计局.中国统计年鉴 2016[M].北京:中国统计出版社,2016.
[19] 李小建.中国中部农区发展研究[M].北京:科学出版社,2010.
[20] 赵晖,等.说清小城镇:全国 121 个小城镇详细调查[M].北京:中国建筑工业出版社,2017.
[21] 中华人民共和国国家发展和改革委员会.关于加快美丽特色小(城)镇建设的指导意见[EB/OL].(2016-10-08)[2020-02-18].http://www.fdi.gov.cn/1800000121_23_73411_0_7.html.
[22] 邓楚雄,李晓青,龚黎君.湖南省小城镇建设合理用地探析[J].热带地理,2005(1):23-27.
[23] 谷莎菲,白萌.城市规模等级对农民工核心家庭团聚状况的影响[J].城市问题,2018(5):92-103
[24] 刘碧含,彭震伟.大都市地区小城镇群的空间演进及其机理研究——以上海市奉城地区为例[J].上海城市规划,2019(5):8-15.

空间规划背景下乡村振兴核心要素发展特征研究

——以西昌市乡村振兴规划为例*

周学红[1]　聂康才[2]
（1. 四川省国土空间规划研究院　2. 西南民族大学城市规划与建筑学院）

【摘　要】 乡村振兴是解决我国“三农”问题的重大发展战略。乡村振兴规划是落实乡村振兴战略的行动指南，是以实现乡村“产业兴旺、生态宜居、乡风文明、治理有效、生活富裕”为目标，以国土空间规划为指导，以村庄聚落为载体，统筹落实城镇开发边界外国土空间资源配置的综合性的新型规划。农业产业转型、乡村人口重构、地域空间功能转型、居住形态演变是乡村振兴规划编制的核心要素。本文以四川省凉山彝族自治州首府西昌市为例，探讨了乡村振兴规划核心要素发展特征并提出规划编制建议。

【关键词】 国土空间规划　乡村振兴规划　核心要素　发展特征　西昌市

1　引言

乡村泛指农村，是指以农业产业为主的人类聚居形式，主要表现为村落或乡村聚落。中国已有近百年的乡村振兴实践历程。当前，中国特色社会主义进入了新时代，社会主要矛盾已经转变为人民日益增长的美好生活需要和不平衡不充分发展之间的矛盾。为了有效化解城乡发展不平衡的矛盾，习近平总书记提出：“以共同富裕为目标，走更高质量、更有效益、更加公平、更可持续且符合市场经济要求的农村新型集体化、集约化发展道路。”乡

---

* 本文原载于《小城镇建设》2020年第5期。

村振兴成为新时期新的历史使命与责任担当。[1]党的十九大报告强调，必须始终把解决好“三农”问题作为全党工作的重中之重，坚持农业农村优先发展，实施乡村振兴战略。[2]乡村振兴规划作为落实乡村振兴战略的重要纲领，是以农民为本，以乡村聚落为载体，以国土空间规划为行动指南，以农业产业兴旺、农村人居环境改善、农民生活方便舒适为核心的综合性的新型规划，目前尚未形成统一的规划标准。在新的发展形势下，乡村振兴规划如何按照“产业兴旺、生态宜居、乡风文明、治理有效、生活富裕”的总要求，充分结合地方实际并体现“因乡制宜、因村施策”的原则，以国土空间规划为指导，以土地利用为基础，以农业产业发展为核心，真正实现“让农业成为有奔头的产业，让农民成为有吸引力的职业，让农村成为安居乐业的美丽家园”，更好地发挥乡村振兴规划的引领指导作用，需要在地方实践中不断探索总结。

“小规模、组团式、微田园、生态化”是四川省在新型城镇化工作推进过程中对于新农村综合体建设的典型经验总结。2018 年 9 月，结合“小组微生”新村建设经验与特点，四川省委农工委、省发展改革委、省住房城乡建设厅等 8 部门在四川省委、省政府印发的《四川省乡村振兴战略规划（2018—2022 年）》的指导下，联合印发了《关于开展乡村振兴规划试点工作的通知》，明确了四川省乡村振兴规划的目标、期限及编制内容要求并提出了构建“1 + 6 + N”的县域乡村规划体系的要求，确定在西昌市、崇州市等 22 个县市区和成都市郫都区唐昌镇、自贡市自流井区漆树乡等 30 个乡镇开展乡村振兴规划试点。在“1 + 6 + N”县域乡村规划体系中，“1”是指县域乡村振兴总体规划，是战略性和纲要性的规划，是县域乡村振兴工作空间落实和建设时序的总体安排；“6”是指乡村空间布局、乡村产业发展、宜居乡村建设、乡村生态环境、乡村基础设施和公共服务设施建设、古镇古村落古民居和古树名木保护 6 个专项规划，是总体规划的具体深化和落实；“N”是指各类年度实施方案及重点镇（特色镇）乡村振兴规划和重点村（特色村）建设规划，有条件的村可组织编制村土地利用规划等，指导施工图设计和实施的空间落实，最终形成“城乡融合、区域一体、多规合一”的乡村振兴规划体系。

2018 年 10 月，依据《国家乡村振兴战略规划（2018—2022 年）》和《四川省乡村振兴战略规划(2018—2022年)指导意见》,按照“抓重点、补短板、强弱项”的乡村振兴规划试点工作要求,结合西昌市旅游资源特色,西昌市人民政府增加了乡村旅游发展专项规划内容,按照“1 + 7 + N”的规划编制体系,启动了《西昌市乡村振兴规划(2018—2022年)》的编制工作。

2 西昌市乡村振兴规划编制实践

西昌市位于四川省西南部,是凉山彝族自治州的州府,距省会成都约570公里,幅员面积2 655平方公里(图1)。全市辖37个乡镇,6个街道办事处,40个社区居民委员会,231个村民委员会,1 809个村民小组。

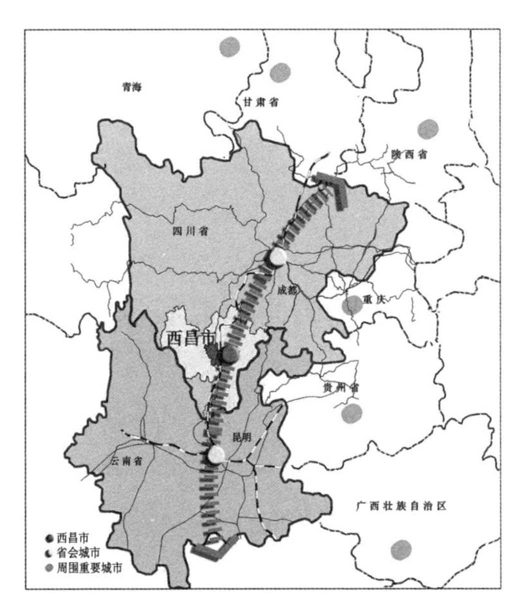

图1 西昌市区位图

图片来源:西昌市城市总体规划(2011—2030年)。

2017年,全市地区生产总值481.44亿元,城镇化率58.92%。西昌市乡村地区风貌独特,以安宁河谷为轴,以邛海、泸山为核心,形成“海、谷、山、塘、田、林”独特的景观特色。现状乡村人口分布的主要特征是城郊和河谷人口分布较密、村庄规模较大,山区人口布局分散、村庄规模偏小。县域乡村振兴规划“1+7+N”体系基于对西昌现状乡村人居环境、空间布局、产业发展、生态环境、基础设施和公共服务设施建设以及古镇古村落古民居等历史文化保护方面存在的主要问题进行了全面的分析，在保护泸山、邛海等自然山水环境及古镇古村等历史文化遗存的基础上，提出了乡村振兴的总体目标。根据西昌市乡村人口流动趋势及空间分布特征分析，基于西昌乡村人口规模与产业发展基础，提出了优化乡村空间布局与乡村等级、规模和职能结构体系路径，按照“城郊融合类、聚集提升类、特色保护类、撤并重组类、发展待定类”五种模式，基于“区域统筹、适度超前”的原则，确定了不同发展模式的村庄在道路交通、供水排水、能源供应、通信环卫和防灾减灾等各类基础设施建设的规模与标准，并以构建宜居宜游的“乡村生活圈”为核心，对县域乡村教育、医疗、商业、文体等公共服务设施提出了全面系统的优化策略，对乡村人居环境整治，包括垃圾治理、污水处理、厕所改造和村容村貌整治等工作提出了规划指引并建立了乡村振兴项目库，明确了不同项目的类型、建设规模、时间计划和实施建议，为西昌市乡村振兴工作的开展提供了规划指导。

3　乡村振兴规划核心要素发展特征研究

2019年5月，《中共中央　国务院关于建立国土空间规划体系并监督实施的若干意见》正式发布，作为国家空间发展的指南、可持续发展的空间蓝图，各类开发保护建设活动的基本依据，国土空间规划“五级三类四体系”的构建对乡村振兴规划编制提出了新的要求。为了与西昌市国土空间规划体系有机融合，也为了更好地指导西昌市村庄规划，在西昌乡村振兴规划编制实践中，需要进一步强化“生态优先、绿色发展；因乡制宜、因村施策”的原则，强化规划的可实施性与可操作性。乡村振兴规划编制需要在国土空间规划背景下进一步聚焦核心内容，面向实际，重点解决以下四个问题：①西昌乡村产业发展的可行性。重点研究乡村地域的经济、社会、产业发展路径，结合产业发展在国土空间上予以落实。②西昌乡村土地利用的经济性。重点研究乡村土地资源的合理配置，在有效保护永久基本农田的基础上合理发挥各类用地的经济效益。③乡村空间体系建构的合理性。重点研究乡村人居环境及用地布局、完善乡村基础与公共服务设施、构建新型乡村聚居体系、保护乡村历史文化资源、整治乡村环境卫生等。④乡村生态环境保护的有效性。重点研究乡村生态环境的保护与修复等内容。要有效解决这些重点问题,笔者认为关键要理清农业产业转型、乡村人口重构、乡村地域空间功能转型与居住形态转型四个核心要素的发展特征。

3.1 乡村农业产业转型发展特征

乡村振兴的关键在于产业振兴,产业振兴的关键在于现代农业的规模化发展,而现代农业规模化发展的关键在于农业转型升级。

从西昌农业产业发展现状分析,特色水果、花卉、蔬菜产业优势突出,但农业产业仍表现出传统农业"小而全"的生产方式特征。种养业结合不紧密,中低产田面积较大,"粮经饲"结构不合理,没有形成农业产业发展的全产业链。受资源环境制约,耕地数量减少,质量下降,农业面源污染严重,农业转型升级进展缓慢。农业兼业化、农民老龄化趋势明显,"谁来种地""如何种地"问题突出。西昌乡村振兴产业发展规划的核心就在于紧紧围绕西昌农业产业转型特征分析,构建现代农业生产体系与经营体系,推进农业由增产导向转向提质导向,通过农业创新力、竞争力、全要素生产率的提高助推农业质量、效益与整体素质的提高[4],促进"一二三"产业联动发展,构建符合西昌产业发展特色的现代乡村产业空间体系,实现乡村生活富裕。

研究实践表明,伴随着新型城镇化的发展及乡村振兴的推进,农业产业的发展将呈现以下转型发展特征:①农业产业的基础性作用将会进一步加强。②农业产业在整个国民经济中的比重将逐渐降低,衡量产业兴旺的指标将由农产品比重的提升逐步转变为产品质量的提高。以西昌市蔬菜产业发展为例,从 2018 年至 2022 年,蔬菜用地面积总量减少,而产量则会逐年增长(表 1)。③农业产业的边界渐趋模糊,"一二三"产业的融合将更加明显。农村生产要素市场发展提速,要素流转与配置效率得以提高。④农业产业的规模进一步扩大,产出效率将进一步提高。集体经济组织或农业规模化经营主体将成为未来农业产业发展的主导。⑤农村集体经济呈现出日益活跃的多种合作形式及规模化的发展模式,为推动农村集体经济实现方式创新提供了实践背景。⑥农村地域的新兴产业类型出现，产业类型更加多样化。农副产品加工业与乡村旅游业的发展逐渐会成为乡村产业主导类型。

表1　西昌市蔬菜产业年度发展目标

年份	面积（万亩）	产量（万吨）	产值（亿元）	其中：基地建设（万亩）	
				高二半山秋菜	设施蔬菜
2018	16.2	59.3	6.7	2.7	1.33
2019	14.8	60.5	6.1	3.2	1.36
2020	15.1	61.7	6.2	4.5	1.39
2021	15.4	62.9	6.3	4.6	1.42
2022	15.7	64.2	6.4	4.7	1.45

资料来源：西昌市乡村振兴农业产业发展规划。

3.2　乡村人口重构特征

当前，我国正处于新型城镇化加速发展时期，在新型城镇化与乡村振兴双轮驱动的进程中，乡村人口向城市流动是产业城镇化发展的必然结果[5]。在新一轮国土空间规划体系建构过程中，坚持“以人民为中心”，在各种功能空间的结构性布局中强化自然资源与各项人类功能活动之间的协调性匹配，实现国土空间规划从城到乡的全方位协同中，乡村人口分布重构特征与流动趋势的研判尤显重要。

西昌市传统乡村人口分布主要呈现河坝低山村组聚集为主，山区散点为辅的典型空间分布特征。以村为单元来分析总人口空间分布，呈现明显的西疏东密格局，尤其是河谷和环邛海地区乡镇数量较多、人口密度较大（表2）。

表2　西昌市现状人口分布特征

统计内容	城郊乡镇	河谷乡镇	山区乡镇	比例
村庄密度（个/平方公里）	0.2245	0.1475	0.0395	5.7∶3.7∶1
行政村平均规模（人）	2 297	1 960	1 202	1.9∶1.6∶1
村组平均规模（人）	270	240	194	1.4∶1.2∶1

资料来源：西昌市宜居乡村建设规划。

乡村振兴战略实施后，受户籍政策、农业产业、生活环境、社会心理、文化习俗等因素的影响，传统的乡村人口由“候鸟式”流动开始逐步向迁徙式流动转变，乡村人口从农村向城市的单向流动状况逐步过渡形成城乡人口的双向流动[6]。基于西昌市乡村人口构成现状特征分析，笔者认真研判了现阶段西昌城乡人口流动趋势及分布特征，从高山、二半山到安宁河谷平坝区，西昌市乡村人口主要向山区河谷区域流动，表现出明显的以产业园、田园综合体等项目为核心的点状聚集模式、沿安宁河谷优质生产区及重要交通廊道为轴的线型聚集模式和沿邛海周边环状聚集模式的三种集聚特征(图 2)。

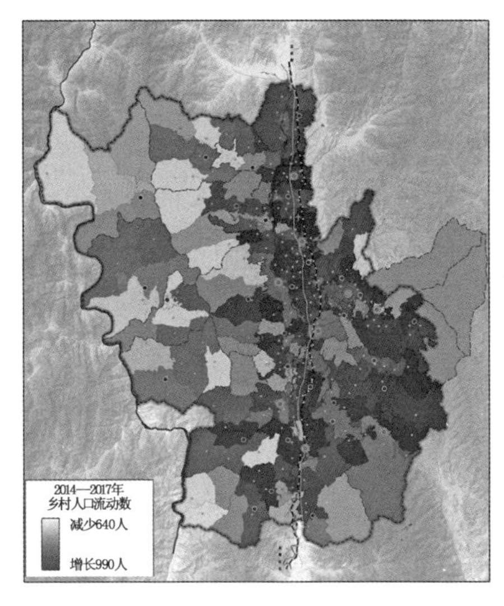

图 2　西昌市人口流动分布特征图

图片来源：西昌市宜居乡村建设规划。

西昌实践研究表明，新型城镇化发展的客观规律必然导致乡村人口总量减少，而乡村振兴战略的实施则有助于实现乡村人口素质与结构的逐步优化。基于国土空间规划土地利用协调匹配的需要，未来一段时期内，乡村人口重构会呈现以下典型特征：①在一定时期内，人口流动主向仍会以乡村向城市流动为主。但随着乡村振兴战略的推进，乡村环境也会吸引越来越多的城市居民到乡村定居，相应地伴生部分城市人口向乡村流动，乡村人口结构会出现自然更替与重构。②乡村人口的整体素质会随着城市人口的迁入而逐步提升。③乡村人口的职业构成会随着人口重构而发生变化，居住工作在乡村的人口中不再是纯粹的农民，会有农业经理人、职业农民、设计师、艺术家、教师、农业工人、园艺师、作家等从业人员进入乡村定居工作。

3.3　乡村地域空间功能转型特征

在国土空间结构体系中，要素流动和技术扩散是影响空间资源配置的核心，也是地域空间功能转换的本质。作为经济社会和自然属性都具有一定规律性的地理空间，城市与乡村发挥着不同的职能并通过相互统筹协调实现人类社会的共同发展。作为承载历史文化与乡愁记忆的重要场所，乡村地域空间除承担传统的农业生产功能外，还拥有城市地域空间无法替代的乡土文化功能，这种功能特征会随着历史文化名镇名村保护、农耕文化的传承和乡村康养旅游业的发展而逐渐显现出来。

在西昌市乡村振兴专项规划研究中，笔者以乡村地域空间功能转型为核心，认真分析了西昌市的乡村资源特色，以特色农业产业为基础，在西昌“一廊两片两核多组团”的市域文化遗产保护结构的基础上，结合乡村地区文化遗产分布情况，形成“一廊两核两区”的市域乡村文化遗产保护格局，构建以“康、健、乐、寿”为主题的乡村休闲农业圈与乡村旅游带。通过对西昌市民族文化、农耕文化、湿地文化、知青文化、林盘文化、南方丝绸之路文化、驿站文化、红色文化、碉楼文化、传统民俗文化的深度挖掘，构建以文物古迹、传统村落、民族村寨、传统建筑、农业遗迹和灌溉工程遗产等物质文化与非物质文化为一体的乡村文化遗产保护体系，结合“乡村生活圈”的构建，以旅游配套设施的逐步完善来引导西昌市乡村传统农业生产功能的加速转型。

实践研究表明，新时期我国乡村振兴已进入乡村地域空间综合价值追求的新阶段。功能转型特征主要表现为：①农产品生产和供给侧结构调整的需求日趋强烈，乡村地域从生产功能进入“为维持和保护人的生命而追求生态环境价值”的“生命和环境农业”阶段；②在工业化、城镇化加速推进过程中，人们的乡土情结浓厚，乡村地域农业生产功能逐步向观光、旅游、休闲方向拓展，蕴涵在农业和农村地域传统的社会、文化生活价值得以重视；③除第一产业外，乡村地域空间多种产业融合，乡村地域将承担起“一二三”产业融合的空间载体功能，农业产业价值呈现出多元化发展特征（图3）。

3.4 乡村居住形态演变特征

乡村居住形态与城市居住形态不同。乡村居住形态与农业生产密切相关，具备居住性、生产性和生态性等特点[7]。农村住宅分散而独立，更加自主与个性，农民一般会亲自参与建设的全过程。农村住宅不仅要满足起居饮食生活居住功能，还要为农民的生产经营提供便利，需要较大的储藏空间、晒台等配套空间，以单家独院为单位的居住形态更加完整，以旅游配套

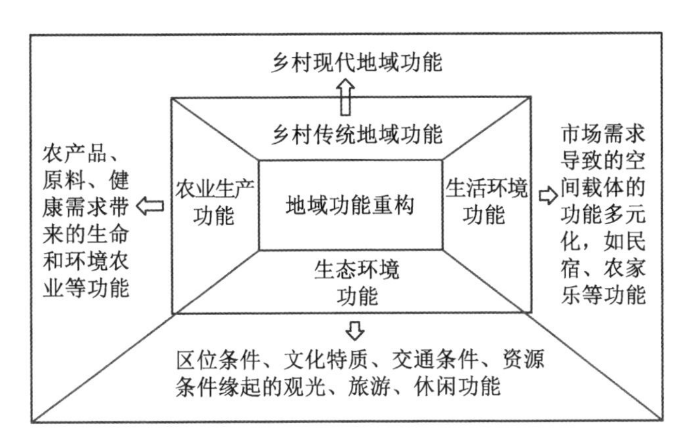

图 3　乡村地域功能重构图

为基础的民宿需求量剧增。作为法定规划，村庄规划是国土空间规划体系中乡村地区的详细规划，是开展国土空间开发保护活动、实施国土空间用途管制、核发乡村建设项目规划许可、进行各项建设等的法定依据。为了更好地与村庄规划相协调，乡村振兴规划需要认真分析农村住宅形态演变特征，才能准确把握村庄实际，指导乡村空间布局。

西昌市乡村人口大量聚集在河谷地带及环邛海周边，高山、二半山区乡村人口逐步外迁，部分乡村凋敝，聚居呈现明显的"空心化"现象。在乡村振兴规划中，宜居乡村建设规划不仅要分析现状原住民居住空间形态特征，还要充分考虑新的产业发展背景下，农业经理人、职业农民及其他进入乡村的新的社会群体的居住需求及原住民居住空间新的功能需求，根据不同村庄确定不同的发展模式，构建符合地方发展实际的多元化的乡村居住空间体系。

实践研究表明，乡村居住形态演化特征主要表现为：①传统乡村形态的村宅必然会有一部分因乡村人口外迁而逐渐自然灭失；②土地政策的调整将吸引不同职业的群体进入乡村，人口职业构成的变化会导致居住主体属性的多样化和乡村居住形态的多样化；③基于对乡村良好的生态、人文环境等要素的利用，乡村必然会出现脱离或部分脱离农业生产与农村生活的新的居住形态并呈现出个性化的特征。原生型居住形态减少，再生型居住形态产生并发展，如创意农坊、家庭农居、休闲农园等（表 3）。

表 3　乡村居住形态演变特征

时期	人口构成	乡村居住形态特征
农业化时期	农业人口	以一层原生型农宅为主,多沿河、交通干道或耕作的土地自发形成,居民点间的距离以耕作半径决定,基础设施与公共服务设施缺乏,空间布局无明显特征,乡土生活气息浓厚
工业化初期	农业人口为主,外出务工人口增加	出现多层结构农房,居住服务功能混杂,布局分散,基础设施与公共服务设施不完善,居住环境品质低
工业化中期	农业人口为主,外出务工人口回迁	新村聚居点出现,居住形态呈现出点、线、面相结合的聚集特征,基础设施与公共服务设施逐步得到改善,人居环境逐步优化,居住环境品质有所提升
生态化时期	农业人口为主,城乡双向人口迁移	传统村宅部分灭失,居住主体属性多样化导致乡村居住形态多样化,原生型居住形态减少,再生型居住形态产生并发展,如创意农坊、家庭农居、休闲农园等

资料来源:西昌市宜居乡村建设规划。

4　结语

西昌乡村振兴规划编制实践表明,乡村农业产业转型特征、人口重构特征、地域空间功能转型特征与居住形态演变特征的分析与运用是乡村振兴规划的核心内容,也是乡村振兴规划融入国土空间规划体系的核心要素。中国乡村地区发展条件差异巨大,发展需求不同,发展阶段也不同,基于核心要素特征分析的乡村振兴规划不宜用统一的技术标准来衡量,应建立适应差异化发展的技术方法体系[8],并结合各地乡村振兴规划编制实践进行定期评估与维护。一个好的乡村振兴规划成果应是基于产业、人口、功能、形态等要素的发展特征分析,根据地方乡村发展实际制定的深层次的导向型规划。规划应推动城乡融合发展,优化乡村布局,将编制的相关规划综合起来,形成区域一体化发展的乡村振兴战略规划体系[9]。在编制乡村振兴规划的过程中,应始终坚持科学精神,注重主观的价值需求与客观的发展规律的结合,将客观理性与时代发展主观价值有机结合,才能制定出既体现

“以人民为中心”的规划原则，又符合我国乡村客观发展规律、顺应时代价值要求的科学合理的规划。

参考文献

[1] 张杨.程恩富.壮大集体经济、实施乡村振兴战略的原则与路径——从邓小平“第二次飞跃”论到习近平“统”的思想[J].现代哲学，2018(1)：49-56.

[2] 习近平.习近平在中国共产党第十九次全国代表大会上的报告[R/OL].(2017-10-28)[2019-12-05].http://politics.people.com.cn/n1/2017/1027/c1001-29613459.html.

[3] 四川省委农工委，四川省发展改革委，四川省住房城乡建设厅，等.关于开展乡村振兴规划试点工作的通知[Z].2018.

[4] 四川省委农工委，四川省发展改革委，四川省住房城乡建设厅，等.关于四川省县域乡村振兴规划编制的指导意见[Z].2018.

[5] 西昌市人民政府，中国城市规划设计研究院.西昌市城市总体规划(2011—2030年)[Z].2011.

[6] 西昌市人民政府，中国电建集团成都勘测设计研究院，四川省国土空间规划研究院，等.西昌市乡村振兴规划(2018—2022年)[Z].2019.

[7] 殷江滨，李郇.中国人口流动与城镇化进程的回顾与展望[J].城市问题，2012(12)：23-29.

[8] 王勇.我国新型城镇化模式转变：从单向发展走向双向的衡[J].西安交通大学学报(社会科学版)，2014，34(3)：94-99.

[9] 李永芳.我国乡村居民居住方式的历史变迁[J].当代中国史研究，2002(4)：49-57，126.

[10] 张尚武.城镇化与规划体系转型——基于乡村视角的认识[J].城市规划学刊，2013(6)：19-25.

[11] 程珊.基于乡村振兴背景下的“四位一体”规划方法研究与实践[J].小城镇建设，2019，37(4)：99-108.

从中心镇到小城市

——来自小城市培育试点义乌佛堂镇的报告*

傅　铮　瞿叶南　戴晓玲　李　佳
（浙江工业大学设计与建筑学院）

【摘要】 当前中国的城市化进程发展到一个新的阶段，农业转移人口的市民化成为重点议题。在城镇化体系中，中心镇与特大镇对推动就近城镇化、吸纳新的城市人口具有重要作用。笔者团队对浙江省小城市培育试点考核优秀案例义乌佛堂镇进行了详细调查，在镇区抽取居民与访客进行问卷调查与访谈，分析其人口属性、居住地点分布与行为认知的交错关系，发现在实现就地城镇化目标以及公共空间建设方面，佛堂镇均取得了显著的成就。以 sDNA 技术建立街道空间网络模型，与当前 POI 兴趣点的分布进行可视化比较，讨论城市生长的自组织状况。在实证分析的基础上，提出建立一个具有吸引力与活力小城市所应该在功能空间布局上改进的要点。

【关键词】 小城市培育　佛堂镇　农业转移人口市民化　人的城镇化　街道空间结构　自组织

1　研究背景与问题

2014 年，国家制定新型城镇化规划（2014—2020），引导人口和产业由特大城市主城区向周边和其他城镇疏散转移。从我国城市化发展目标看，当

* 国家自然科学基金，项目批准号：51878612，项目名称：浙江中心镇的形态演化机制与空间格局优化方法研究——紧凑、活力与弹性生长。

前城市承载了7.7亿人口，未来还要转移3亿农业人口进入城镇。小城镇作为中国城镇化的主要载体，扮演着承接城市辐射、带动农村发展的承上启下角色。然而，小城镇的吸引力和人口截留作用尚且存在较大问题。经历40余年的扩张，尽管其数量从1978年的2 173个增加到了目前约3.5万个，小城镇与城市的数量之比达到了19∶1，但小城镇与城市的人口比仅约1∶3，经济产出比则更低。

值得注意的是，我国小城镇人口差异极大。最大的镇建成区人口超过40万人，最小的镇建成区人口却只有100多人。从整体上来看，绝大部分小城镇人口规模较小，建成区不足1万人的建制镇占72%，2万人以下的约占90%，3万人以上的镇仅占5%[1]。在这种背景下，现有案例研究大多讨论的是小型城镇。以《说清小城镇——全国121个小城镇详细调查》为例，该书的调查对象主要是人口规模在2万人以下的建制镇。

人口规模超过10万的建制镇接近于小型城市的规模，它拥有着与小型城镇大不相同的发展模式与规律。从疏散大城市人口，吸纳更多的农村人口和外来人口在城镇就业和定居的双重目标看，具有一定规模的中心镇或者说特大镇起到了非常关键的作用。党的十九大提出“以城市群为主体，构建大中小城市和小城镇协调发展的城镇格局”，也强调了小城市在整个城镇化体系中的重要性。

我国国土空间大，人口密度高，但城市数量偏少。将有条件的县城和重点镇发展成为中小城市，这既符合城乡聚落演变的客观规律，也是彰显城镇规模效应的内在要求。浙江省自2007年启动中心镇培育工程，确定了141个省级中心镇。2010年，浙江省住房和城乡建设厅发布通知，公布了各（地）县市省级中心镇共计200个的名单。2010开始第一轮小城市培育试点，在其中挑选出27个进行培育；2014年、2016年启动了第二、三轮培育试点，试点对象从27个增加到43个；2017年，公布第三批小城市培育试点镇名单，共有26个乡镇进入试点（包括省级重点生态功能区范围的县城）。而就在2019年8月16日，国务院批准名列首批27个小城市培育试点镇的苍南县龙岗镇撤镇设市，这是第一个达成小城市培育目标的试点镇。

我国的《镇规划标准》(GB 50188—2007)，把在县域城镇体系规划中的各分区内，能够在经济、社会和空间发展中发挥中心作用的镇称为“中心镇”。在经济概念上，它具有较强的综合辐射能力，是一定区域内具有较强的社会经济带动作用的建制镇，为带动一定区域发展的增长极核。[2]从2000年开始，中心镇逐渐成为城镇建设的重要议题。2010年4月28日，中央主管部门召开会议，确定在浙江、广东、山东等省的25个经济发达镇开展行政管理体制改革试点工作，包括设置“镇级市”的试点。2016年，国务院《关于深入推进新型城镇化建设的若干意见》指出，应赋予镇区人口10万以上的特大镇部分县级管理权限，允许其按照相同人口规模城市市政设施标准进行建设发展。国内众多从“镇”到“市”的蜕变正在从构想走向现实。[3]

学术界对中心镇小城市化的重要意义具有共识性理解。一方面，它适应了东部发达省份城市化的需要——由集中型城市化向分散型城市化转型。有选择地推进中心镇小城市化，有利于为城市区域化发展提供新空间，为县域经济增长提供新载体，为新农村建设提供新突破。[4]另一方面，它可以化解我国大中小城市结构不合理的问题。把中心镇(特大镇)作为新生城市培育的重要切入点，有利于城乡一体的协调发展，对于促进就近就地城镇化、实现基本公共服务均等化、提升制造业水平和刺激投资和消费的需求等方面具有重要作用。[5]

由于中心镇在我国行政区划以及相关行政层级中依然是建制镇，只拥有不高的管理体制与权限，造成“责大事多”“镇大权小”“人多钱少”的局面。因此，在现有特大镇与中心镇的研究中，大多聚焦于制度、经济等维度，而对承载了经济社会过程的物质空间形态有一定程度的忽视。[6-7]

区别于以上研究，本文在抽象统计指标与经济指标外，特别关注“人的城镇化”议题。在现行的统计资料中，要把城镇建成区(镇区)的数据从城镇行政区(镇域)的数据中抽取出来，十分不易。而要了解人的城镇化进程中，特定群体的认知信息，也需要一手实证调查。本文从小城市培育对象的镇区建成区，采访居民与访客，以结构式问卷记录他们的人口信息、迁居情况、城市认知与日常行为方式。之后，结合POI兴趣点分布与街道空间网络模型分析，以综合性的数据收集来回答问题：经过近十年的建设，义乌佛堂镇在达成小城市培育目标方面，具体取得了哪些成就？

2 案例简介

在2017年度小城市培育试点考核中，43个试点单位名列前茅，其中11个试点单位为考核的优秀单位。而在考核成绩为优秀的其中10个乡镇中，共有8个分布在杭州及周边地区，仅义乌市佛堂镇和温岭市大溪镇不处于“杭周”。[8]

据此我们推测，随着中心城市的不断发展，产业结构的不断调整，杭州、上海这样的中心城市的一部分产业倾向于向周边城镇转移，周边城镇易受中心城市的辐射影响。而义乌佛堂镇在培育试点考核中取得了优异的成绩，却不处在省会城市杭州及其周边地区。这一特殊性引起了笔者团队的关注，试图对其规划发展及公共设施建设等情况进行调查研究。

佛堂镇位于浙江省义乌市南部地区，处于金华与义乌的交界地带。镇域面积134平方公里，下辖6个工作片、56个行政村、7个社区，户籍人口8.2万，常住人口22万，是义乌市第一大镇。佛堂镇属于义乌市西南地区的文化经济中心，其无论是建成区面积、经济综合实力还是人口数都在义乌除主城区外位列第一。2010年4月，佛堂镇被中编办、农办等六部委确定为全国25个“经济发达镇行政管理体制改革”试点之一，同年12月，又被列为全省首批27个小城市培育试点之一。佛堂镇区以义乌江为界，大部分镇区位于义乌江以南。江北以居住区为主，有少量工业。江南则又被佛堂大道划分为义南工业区和中心城区，其中佛堂古镇位于中心城区(图1)。

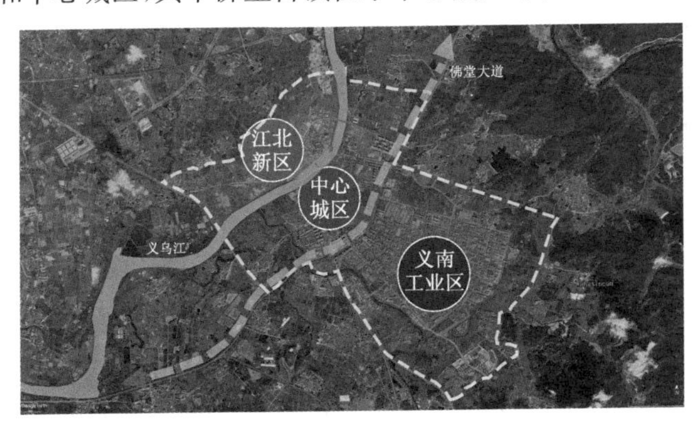

图1 佛堂分区

3 调查方法

我们采取一手调查和二手调查两种方式。在二手调查中，通过查阅相关文献与规划资料获取信息，但这些信息多数是针对镇域范围的，于是为了寻求佛堂镇镇区范围内的信息开展一手调查，主要通过实证调研和问卷调研两种方式。

在实证调研中，根据《义乌市佛堂镇小城镇环境综合整治规划》中的功能格局划分"南业北居，北部拓展"，将调查人员分成三组，以东阳江和佛堂大道为分隔，自北向南分别调研江北新区、中心城区、义南工业区。根据规划列出的重点整治项目"'1234567'工程"，在这三个区中分别选出具有代表性的、列入重点整治项目的地点，进行详细的实证调查。

江北新区在佛堂镇总体规划中属于拓展部分，主要发展居住和工业组团。主要调查的是现有江北工业区和整治项目"两道环线"中的江滨路改造与蟠龙路延伸、"三大圈层"一江两岸三桥整治（包括历史区域佛堂古民居苑）。

中心城区是镇中的生活区，其中包含古镇、老镇、新镇片区。根据规划，我们主要调查整治项目"一片核心"古镇步行街区、"两道环线"大成路和渡磬南路的改造与佛堂大道和蟠龙路的景观提升、"三大圈层"竹园市场的更新和新落成的下市市场、"四个入口"南入口宝龙广场的建设、"五条街道"（渡磬路、大成路、建设路、朝阳路、双林路）。

义南工业区与中心城区以佛堂大道为界，主要调查其中两家具有代表性的企业（浙江红雨医药用品有限公司、浙江蓝宇数码科技股份有限公司）、公司内高技术人员居住的人才房、能够为工业区中的居民职员提供配套设施的场所（佛堂风情夜市、乌皮塘公园、义乌市佛堂智创园），以及邻近工业区的剡溪村。

在问卷调研中，主要采取的是非概率抽样法中的配额抽样。根据佛堂镇人口的性别、年龄、职业、生活方式等构成的不同，规定不同的调查人数，保证调查样本的多样性与特性，使样本对总体具有代表性。在面对某些稀有人物特征的样本时（比如来自特定村镇的样本），我们采取雪球抽样的方法，通过请调查对象提供线索，从而扩充相关的稀有样本量，完善采样数据。问卷调研主要选取的地方有江北工业区、古镇步行街区、公交站、义南工业区公司及工厂、人才房等(图 2)。

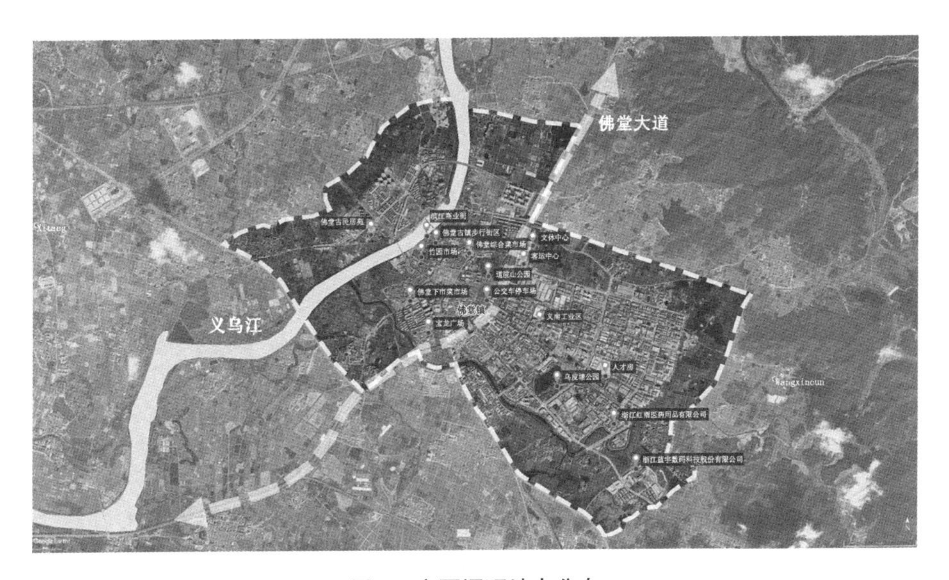

图 2　主要调研地点分布

4　问卷数据分析

通过发放问卷，一共收到有效问卷 80 份。其中，居民问卷 53 份，访客问卷 27 份。受访者的男女比例比较均衡(男性 53%，女性 47%)，受访地点主要集中在中心城区和义南工业区。受访者年龄以青年(18～34 岁)与中年(35～59 岁)人群为主。当地也存在一定的老年人口(大于 60 岁)，但由于当地老年人口音较重，交流上存在障碍因此样本数量较少(6 份)。此外，调研对于各种学历(图 3)、各

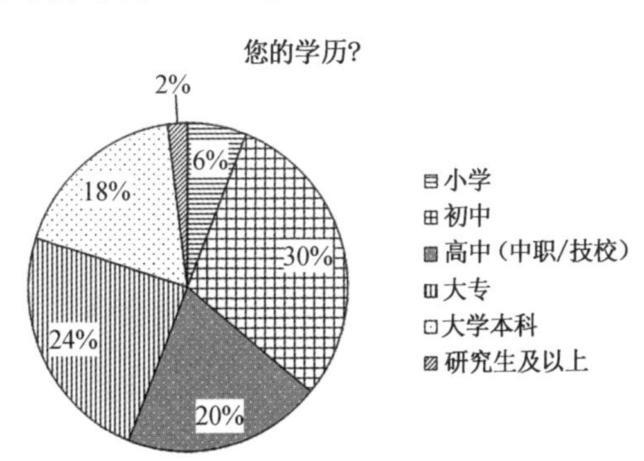

图 3　受访者学历

种职业(图 4)、各种收入水平(图 5)的人群样本也都有涉及,具有一定的多样性。

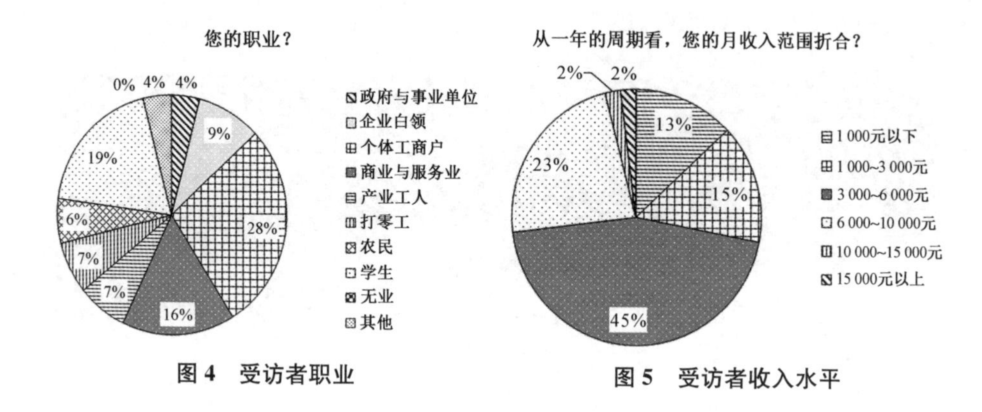

图 4　受访者职业

图 5　受访者收入水平

4.1　总体认知

问卷收集了使用者四个方面的总体认知,分别是:对小城市培育计划的了解情况、对佛堂物质空间环境的评价、定居地选择决策的决策因素以及对美好小城市特征构成的认识。对居民与访客总体认知的异同进行了提取与分析。

4.1.1　对小城市培育计划的了解情况

对于浙江省小城市培育计划的认知情况,居民与访客的调研结果类似。在浙江省政府大力推行小城镇的培育计划的背景下,大部分人对于计划都有所了解,在受访的 80 人中共有 7 人对于培育计划很了解,能口述相关的考核指标,三分之二的人听说过小城市培育计划或者有一般的了解。可见自 2010 年浙江省实行小城市培育计划以来,小城市培育计划已深入一部分人的人心。但调查结果显示仍有四分之一的人完全没有听说过小城市培育计划。其中,老年人口、外来的农村户口的居民、个体工商户中这部分人群的比例较高。

4.1.2　对佛堂物质空间环境的评价

对佛堂宜居度的总体评价,居民中选择“比较满意”与“很满意”的人占到了 84%(图 6),而来访者中选择“比较满意”与“很满意”的人占 74%(图 7),两类人群中均没有人认为佛堂“糟糕,不宜居”。由此可见,人们对于佛堂近年来的建设成果认可度较高，有较高的自豪感。在对佛堂认可度的进一步调查中发现三成的居民对于佛堂是很认同并且感到自豪的，六成的居民是比较认可的，仅 3 人对此是犹豫的。由此可见，居民对于佛堂的自豪感是确实的。

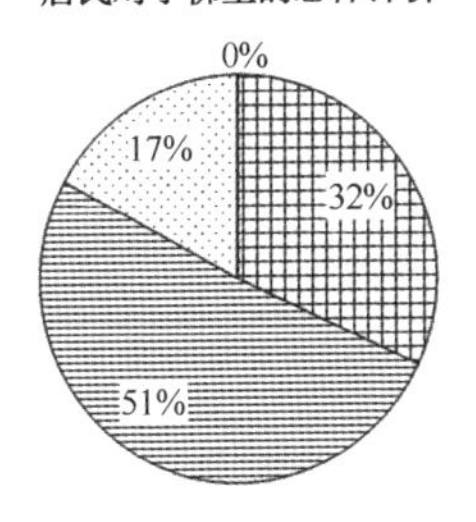

图 6　居民对佛堂的总体评价

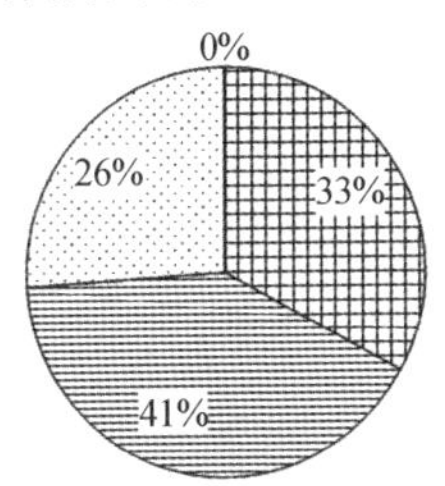

图 7　访客对佛堂的总体评价

对于佛堂镇公共空间与绿地的布局评价，访客与居民的调查结果类似，认为“很好”与“比较好”的人都占到了 75%左右，没有人觉得“很差”。同时与对佛堂的总体评价结果类似，居民的评价会更高一些，与访客相比，选择“很好”的人占比更大。

对于公共设施的质量与布局满意程度，居民中选择“很好”“比较好”的比例占到了 83%（图 8），而访客中选择“很好”“比较好”的比例占 63%（图 9），两类人群中均没有人选择“很差”。这说明佛堂对于公共设施的建设符合大部分人的期待值，但居民与访客的满意度差距比较大，说明佛堂在对

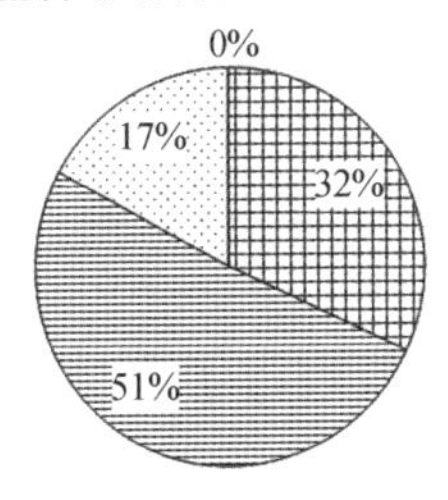

图 8　居民对佛堂公共服务设施的评价

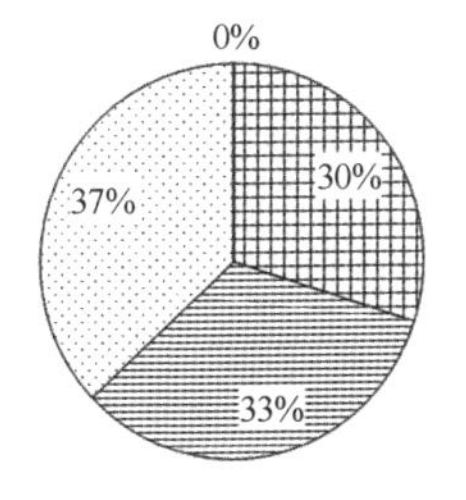

图 9　访客对佛堂公共服务设施的评价

内的公共服务设施的建设上是很完备的，得到了绝大多数居民的认可，但在对外的公共服务设施的建设上还需加强。这里，对外的公共服务设施可能是一些功能上对外设施，也可能是空间上处于访客经常去的一些地方的设施。在之后公共服务设施的布局建设中，政府应加强对这方面的考虑。

4.1.3 定居地选择的决策因素

由于本研究关注小城市在接纳新的城市化人口中所起到的作用，我们还对受访者在选择定居地时的考虑因素进行了调查。给出四个选项：经济方面（房价、收入、机遇）、生活成本方面（成本、出行、生活方式和节奏、乡愁）、社会保障方面（教育、医疗、福利）、环境方面（交通、绿化、生态）。让受访者根据心中的重要程度按1～5分打分，从而能通过对各个因素的量化，判断其重要度高低。

居民的53份样本叠加总分为792分，访客的27份样本叠加总分为408分。将其都进行满分为100分的归一化处理，即可进行两个人群的对比。居民在选择居住地时，考虑最多的是环境方面的因素（归一化总分为26.3分），其次是经济方面的因素（25.6分），最后为生活和社会保障方面的因素（分别为24.2分、23.7分）。访客方面在选择居住地时，考虑最多的是生活方面的因素（总分为26.0分），其次是环境和社会保障方面的因素（分别为25.5分、24.8分），最后是经济方面的因素（23.8分）。

2017年，佛堂经历了一次城镇环境的综合整治。其效果显著，88%的人认为与两年前相比佛堂的街道步行环境有了改善。此外，值得注意的是，在调查工业及旅游业对居民生活造成的影响时，超过六成的居民认为两者对自己的生活没什么影响，三成的居民认为有正面的影响。可见佛堂的社会属性比较融合，没有很强的社会矛盾，居民对于旅游业和工业的包容度较高。

4.1.4 美好小城市特征的构成

我们还对受访者心目中美好小城市的特征构成进行了调查，给出了六个选项供受访者打分：就业机会与收入、住房价格和品质、公共服务设施的完备与品质、城市历史与文化、相对于大城市的出行便利不拥堵、相对于大城市的慢节奏与轻松气氛。居民的53份样本叠加总分为1 055分，访客的

27 份样本叠加总分为 586 分。同样进行满分为 100 分的归一化处理。居民的结果排序为:就业与收入(20.4 分)、相对于大城市的出行便利不拥堵(20.2 分)、住房价格和品质(19.4 分)、公共服务设施的完备与品质(19.3 分)、相对于大城市的慢节奏与轻松气氛(19.1 分)、城市历史与文化(18.6 分)。访客的结果排序为:住房价格与品质(17.7 分)、公共服务设施的完备与品质(17.2 分)、相对于大城市的出行便利不拥堵(17.1 分)、就业机会与收入(16.6 分)、相对于大城市的慢节奏与轻松气氛(15.9 分)、城市历史与文化(15.5 分)。

两类人群的判断有一个共同的特点,即"相对于大城市的慢节奏与轻松气氛","城市历史与文化"这两项都给了低分。这说明在当前,人们对建设美好小城市的主要关注点还在与和自身生活、利益直接相关的因素。马斯洛需求等级认为,在低等级需求(就业、经济收入等)没有得到满足时,高等级的需求不会出现。这或许是这两项得分较低的内在原因。我们把高收入人群提取出来进一步分析,他们对城市历史与文化选项的评分相对较高。

4.2 居民调查

4.2.1 本地居民与迁居居民

对于居民的调查主要分为两类,第一类是一直拥有本地户口的居民,第二类是迁居居民,其中包括非本地户籍常住人口。从小城市培育的目标看来,第二类应是我们关注的重点。

受访的居民中有 53%是从小就生活在佛堂的,剩下的 47%是从外地搬迁过来的。通过受访者在此定居前的情况与户籍情况的交叉分析,我们发现本地户口的居民中,八成左右是土生土长的佛堂人,其余的两成居民是从外地迁来的(图 10)。而所有从外地迁来的居民中,有 20%取得了本地户口(12%本地农村户口,8%本地城镇户口)(图 11)。可见小城市培育计划下的佛堂镇吸引了大量外来人口的迁移,其中的一部分人转变为佛堂人。

再对这 47%的外地迁居居民进行进一步的调查,发现自 2010 年佛堂镇入选首批小城市培育试点以来已过去了近十年,在这十年三轮的小城市培育过程中,每一轮培育期内都有外地居民迁居到佛堂,时间分布上比较均匀(图 12)。这些受访者中 40%是从比佛堂更高级别的一二三线城市搬迁过来的,40%是从比佛堂更低级别的小城镇或者农村搬迁过来的。

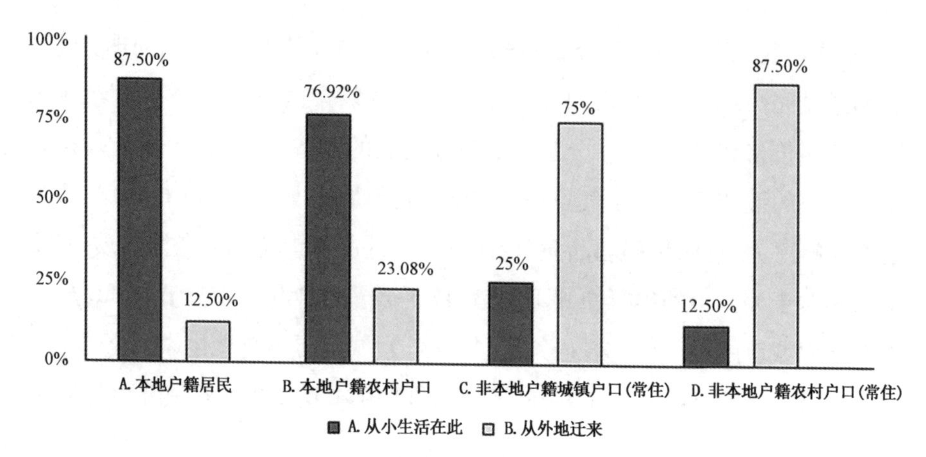

图 10　居民此前的定居情况与户籍情况交叉分析

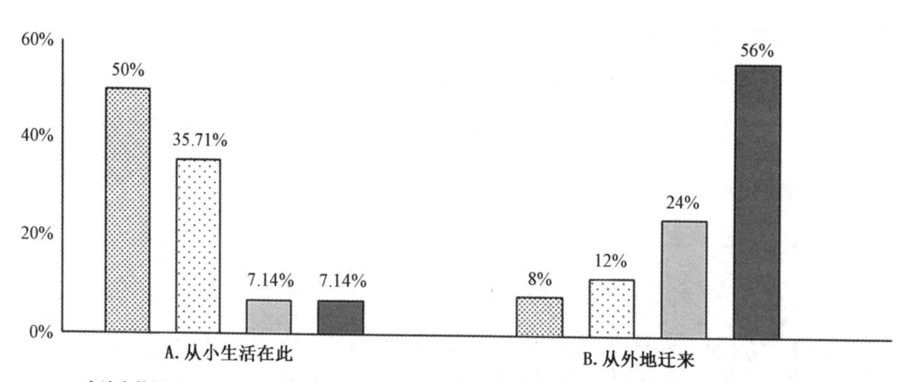

图 11　居民户籍情况与此前定居情况交叉分析

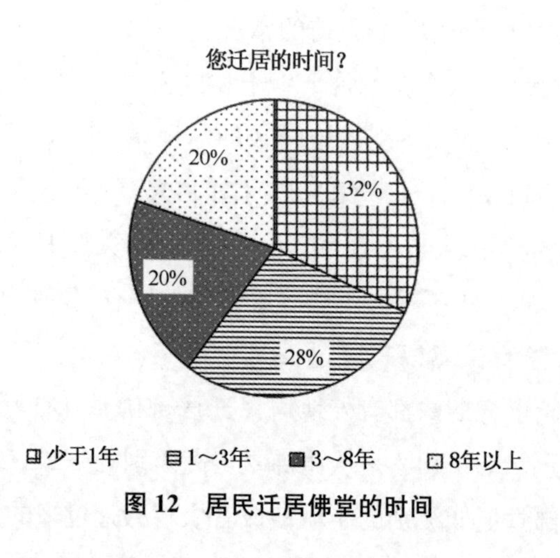

图 12　居民迁居佛堂的时间

在问卷中，我们收集了被访者居住地的类别，是中心城区、工业区，还是外围城区。通过居民户口情况与居住地分类的交叉分析发现：本地城市户口居民、本地农村户口居民、外来城镇户口居民住在中心城区的比例均远大于居住在其他区域的比例，而外来农村户口的居民居住在义南工业区的比例却大于居住在中心城区的比例（图 13）。

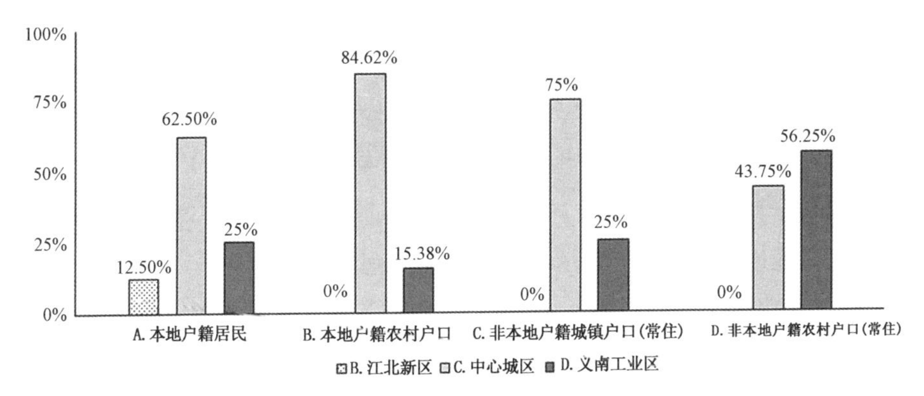

图 13　居民户籍情况与在佛堂的居住地交叉分析

图 14　住宅区、村、工厂企业的 POI 分布

通过查看居住空间分布与工厂企业分布的 POI 兴趣点可视化图纸（图 14），发现中心城区的居住空间多于义南工业区，且义南工业区的居住空间大多靠近工厂布置，但超过一半的非本地户籍农村户口居民仍居住在义南工业区。

通过进一步的访谈我们得知，这部分居民大多为外来的务工人员，且为工厂的员工。由于经济实力较弱，无法支持他们在房价较高的中心城区定居，他们大多选择住在工厂提供的员工宿舍内。也有部分工厂企业的高级技术人员，住在由企业提供的人才房内。而本地户口的居民和外地城镇户口的居民，经济实力较强，大部分选择居住在生活设施更加完善的中心城区。一方面农村转移人口，进城落户，说明义南工业区很好地承担起吸纳外来人口的任务，有效达成了小城镇培育的目标。但另一方面，外来的常住人口作为小城市培育计划的目标人群，应得到重点关注。这提醒政府，应加快对义南工业区公共服务设施的建设，提高这一部分人的生活品质。

通过居民在佛堂的居住地与对于城市宜居满意度的交叉分析，以及居住地与对于城市公共设施布局与质量的满意度的交叉分析，发现中心城区居民的满意度(分别为87%、88%)均高于义南工业区的居民(分别为70%、81%)。这很可能是由中心城区的公共服务设施相较于义南工业区功能与布局上更加完善所造成的。在公共服务与商业服务设施的POI可视化图纸(图15)中，发现公共服务设施在中心城区的分布的确更密集。义南工业区没能很好地融入中心城区，与中心城区存在割裂的情况。

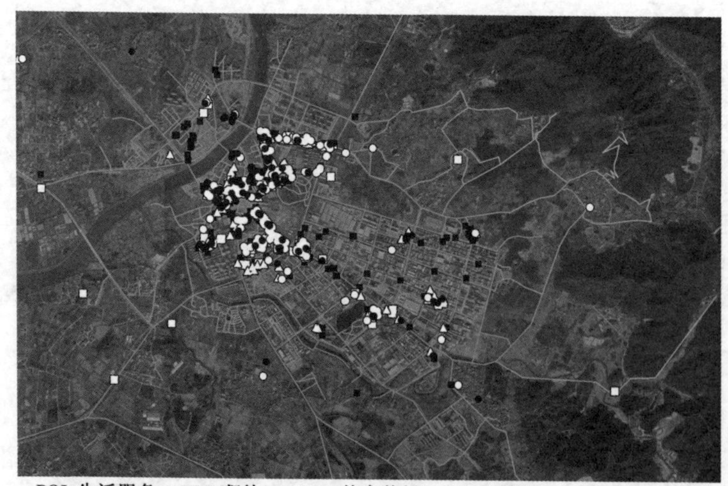

○POI_生活服务 △POI_餐饮 □POI_体育休闲 ■POI_购物 ●POI_医疗健康

图15　公共服务与商业服务设施的POI分布

4.2.2 交通与出行

在调查样本中，居民中65%的被访者家庭都拥有1辆及以上的汽车，并且另有11%的家庭近期有购车的打算。这个结果显示出中心镇与其他小城镇的差异。在普通规模的小城镇中，汽车拥有率要低得多。人与车的矛盾目前并不激烈但正在出现，34%的居民觉得小汽车的增加对公共空间的使用没有干扰，58%的居民认为有一定的干扰但并不大。

居民上班、上学最多的交通方式仍为自行车或电瓶车(37.7%)，其次为步行(28.3%)，接下来才是自驾或打车(24.5%)，使用公共交通的仅7.6%。且84%的居民在上班路上花费的时间都不超过30分钟。这一方面反映了佛堂的经济水平较高，大比例的家庭都能拥有汽车。另一方面也说明佛堂公共交通建设的不完善，但城市范围较小，人们仅借助自行车或电动车甚至步行就能到达自己的目的地。

4.3 访客调查:三类访客画像

在针对访客的问卷调查中，我们一共收集到有效样本27份。其中每天来的访客有6人，定期来(包含一个月2～3次与一个月1次)的有9人，偶尔来(包含第一次来与为偶尔来玩)的访客有12人。

4.3.1 每天来的访客

在来访者中，发现了6名每日来的访者。这类群体的信息虽少，但查看样本的属性，发现这6个样本有很大的差异，出现了四种职业，企业白领与个体工商户各2人，商业与服务业员工和务农各1人。这些样本的采集点分布在工业区以及中心城区菜市场。

(1) 综合分析

在每天来访的人群中，各种收入阶层皆存在，可以看出每日来访却不住在佛堂镇与收入及经济情况并无直接关系。此外，有2人来自义乌市区，有2人来自佛堂周边的村庄，还有2人来自更远的地方。他们从事着性质不同的工作，有着不同的需求，但是同时不选择居住在佛堂镇可能与佛堂镇的环境设施建设有关。

通过访谈发现，在菜市场工作的周边村民多数通过自行车或电瓶车上下班，而在工业区工作的员工则会优先选择自驾车或打车。在佛堂工作的人多数不选择公交出行，并在访谈中透露出其对公交交通建设不完善的遗憾。

(2) 工业区访客分析

义南工业区靠近义乌市，总体上表现为外向型经济，来办事的人特别多。由 POI 图(图 16)可知，工业区分布着大量工厂，对人口吸纳能力强，对佛堂镇具有引领作用，是规划中大力发展的区域。但这里居住点相对较少。通过问卷发现，义南工业区的员工中，有许多人不住在佛堂而是住在义乌，每天通勤于城镇之间。为什么不选择住在佛堂呢?

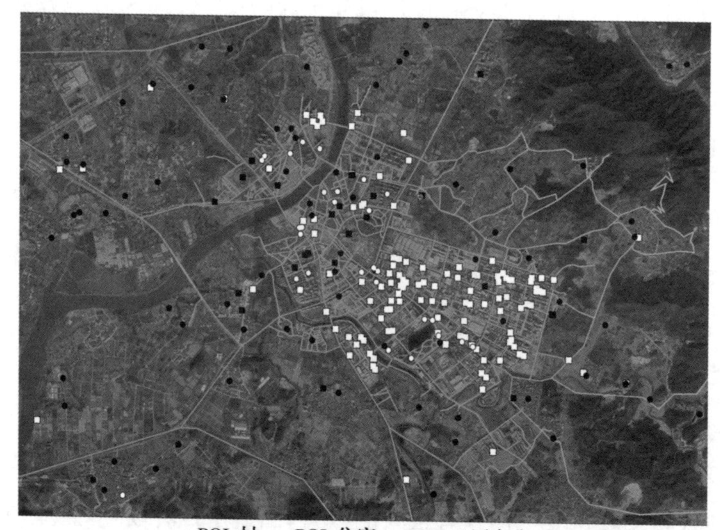

图 16　工厂企业、住宅区、村、学校的 POI 分布

一名每日来访的被访者回答道："工业区缺少提前规划，现在建造的设施不科学不系统，缺少诊所、住宿、饭店等基本生活配套设施，对就近居住的工作者来说，生活上会有诸多的不便。"从实地调查看，工业区存在街道尺度过大，环境建设落后，缺少服务设施与公共交流场所等问题(图 17)。如果要吸引更多的外来人口到小城市定居，工业区的公共服务设施需要做得更好。政府在对生活区与工作区进行规划时，应当考虑功能的适度混合，为在工作区上班的居民提供便利。

子女教育是另一个重要因素。通过访谈得知，周边大城市的教育资源

图 17　工业区街景

好于佛堂，员工的子女们在义乌市能接受更好的教育。与此同时，虽然教育设施在佛堂镇并不缺乏，但多数集中在中心城区，工业区分布较少，工业区的教育设施无法跟上人口需求。另一方面，工业区员工的工作繁忙，没有时间照顾子女，而家中老人们也不愿意来佛堂这个外地城镇照顾小孩。

从员工的汽车拥有率看来（根据走访两个企业的口头访谈，拥有比例大概在 2/3），佛堂工业区有一大批收入不低的员工，但由于工作时间的限制，过远的学校资源（主镇区）是无法支撑他们的子女在佛堂就读的。通过合理的教育资源布局，解决工业区职工下一代的就读难，是解决骨肉分离社会问题的重要前提。就业和居住区块怎样布局既能使两大类土地利用各不干扰，又不会造成严重的职住分离问题，这不仅是佛堂发展应当重点考虑的议题，也是大多数新兴城市、工业区普遍面临的需求，应当予以重视和继续深入研究。

(3) 菜市场访客分析

通过问卷调查发现，位于中心城区的菜市场有许多人来自周边的乡村，他们是佛堂每日访客的重要组成部分。中心城区周边乡村分布较多，城区中的大量人口与服务设施吸引周边乡村的村民前来寻求就业机会。本文捕捉到的 3 名每日来访的访客，住在佛堂周边村庄，分别通过自行车、电动车、自驾车来出行。

这 3 名佛堂的访客都是菜场的经营者，其中 2 人对菜市场内的环境感到满意。另 1 人是因综合菜市场翻新而被迫搬到下市菜市场，觉得下市菜市场的地理位置不如综合菜市场好，相比以前客流量减少了许多，且租金上升许多，令他感到不满。

笔者团队走访了正在翻新的综合菜市场外的自营商铺，以及下市菜市场。多数经营者表示，销量并不是很好。综合菜市场外自营商铺的铺主表示，因菜市场整改使得人流量减少，销量不如以前。同时城管管理严格，不让在店铺外摆摊，也在一定程度上影响了销量。下市菜市场外的水果店店主表示，店铺开在菜市场外，销量不如市场内大，租金也偏贵。然而公平地说，城镇风貌整治虽然给菜场经营者带来了不便，但还是提供了收费低廉的早市场地给周边的农民做自产自销的场所。由于整治工作推进得较快，替代场地的管理与布局还需要在将来做一定的优化调整。

图 18　下市菜场内景

图 19　下市菜场外景

4.3.2　定期来的访客

一个月 2～3 次与一个月 1 次的来访者被归为定期来访者，一共记录到 9 人。其中，有 2 人由于工作需要前来佛堂，5 人因为出差来访，1 人是走亲访友。教育与娱乐类别的人数较少，分别只有 1 人，可看出佛堂镇的教育与娱乐设施尚不成气候。

4.3.3　偶尔来的访客

在来访者中，发现了 12 名偶尔来访者(包含第一次来与为偶尔来玩)。在这些人中，选择为来访目的为工作与出差的有 4 人，选择医疗为其来访的目的有 2 人，来访目的是娱乐的 1 人，来访目的是旅游的 2 人。可以看出，在偶尔来访的访客中，工作与游玩都会成为访客的目的，医疗也成为访客前来的目的，可能是由于医保的原因。

5 POI 兴趣点布局与街道网络结构的对照分析

位于大城市郊区的新城生长具有较强的不确定性[9]，如果城镇形态与功能布局的演化符合街道空间结构的自组织规律，将具有更强的活力与韧性。

5.1 街道网络结构分析

佛堂的生长受到义乌市的辐射，与大城市郊区新城有一定的可比性。为了捕捉它的街道空间网络结构，本文采用英国卡迪夫大学开发的 sDNA（空间设计网络分析）工具进行建模[10]。其分析的两个度量如图 20 和图 21 所示，分布为全局选择度以及 1200 米半径选择度。在一定程度上说，它们反映了各个街道段佛堂镇车行出行被通过的几率高低（全局选择度），以及步行出行被访问的可能性大小（1200 米半径选择度）。颜色越暖，街道段越可达。

图 20　全局选择度

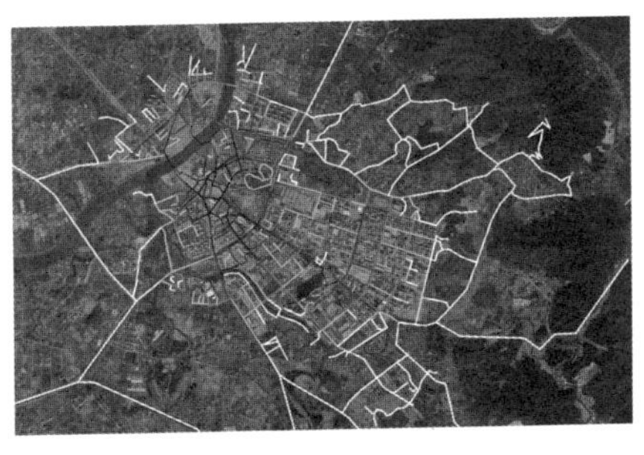

图 21　1200 米半径选择度

把两种街道空间网络结构与商业服务 POI 图进行对照（图 15），发现商业服务居多选择在整个镇区内的可达性较好的街道段设置。在新区的五条放射性大道中，朝阳东路在空间等级上显示为最高级，它也是商业服务最密集的大道。可见，商业服务的分布点符合街道空间的自组织规律，可达性较好的区域更易被商业服务的功能所占据。

5.2 夜市与临时摊贩位置分布

2017 年义乌市佛堂镇小城镇环境综合整治规划文本中，记录了当时调查获得的流动摊贩与临时夜市的位置(图 22)。把这些位置与计算获得的街道空间结构进行比较发现,形成临时夜市的街道段大部分在全局可达性上具有一定的优势。而 1200 米半径范围内可达性较高的区域并没有形成临时摊贩与夜市。从访谈发现,这些地点的光顾人群遍布生活区与工业区,服务半径较大。因此,空间自组织选点是符合空间结构的特质的。

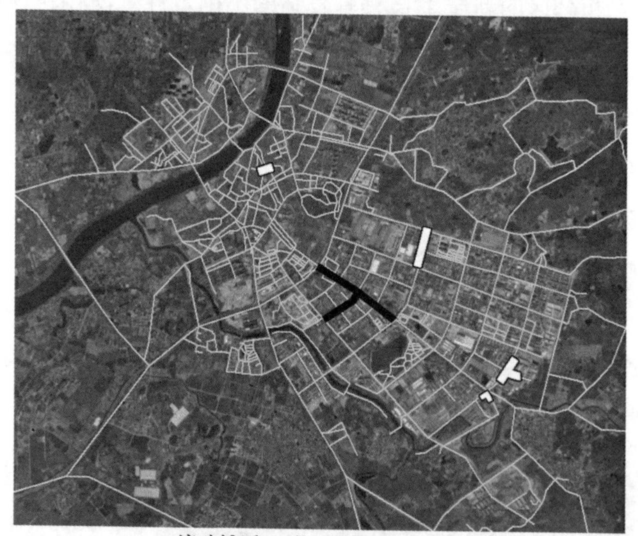

● 流动摊贩 ○ 临时夜市

图 22 流动摊贩与临时夜市的分布(改绘)

图 23 流动摊贩

6 结语

从佛堂案例调查发现，该镇虽然不处于“杭周”，但它的成功，无论从产业转移、人口迁移等方面来说都离不开义乌都市圈的辐射作用。在浙江省，小城市培育计划考核中的佼佼者，始终离不开周围大城市的辐射影响。

作为小城市培育对象考核优秀案例，佛堂近年来的确吸纳了不少农业转移人口。其中的部分外来者获得了佛堂本地的户口，成功地在佛堂安顿下来。义南工业区在吸纳外来人口中扮演着重要的角色。但相较于中心城区，这个区块的公共服务设施密度较低，尤其缺乏临近的儿童教育设施。如何才能更好地发展建设工业区，把每天来访的工作人员转变为定居者，是政府应当思考的问题。

从空间分析看，佛堂的功能布局基本符合空间自组织规律。在接下来的建设中，应该继续尊重这一规律，使具有不确定性的新城生长能够充满活力，并兼具韧性。

致谢：浙江工业大学设计与建筑学院汤以文、柴致远同学对问卷设计做出贡献，倪统快、朱筱雨、陈雯、项语霄同学进行了现场调查与问卷数据收集，陈毅峰数据分析师为论文数据处理提供支持。

参考文献

[1] 赵晖，等.说清小城镇——全国 121 个小城镇详细调查[M].北京：中国建筑工业出版社，2017.

[2] 王士兰、游宏滔、徐国良.培育中心镇是中国城镇化的必然规律[J].城市规划，2009(5)：69-73.

[3] 徐靓，尹维娜. 小城镇从“镇”到“市”发展路径——对浙江首批 27 个小城市培育试点镇研究小结[J]. 城市规划学刊，2012(7)：216-222.

[4] 朱东风. 中心镇小城市化的理论分析与江苏实践的思考[J]. 城市规划，2008，243(3)：69-74.

[5] 黄勇，董波，沈洁莹，等. 特大镇培育为新生中小城市的初步设想——以浙江特大镇为例[J]. 城市发展研究，2016，23(8)：8-13.

[6] 王景新，庞波. 就近城镇化研究[M]. 北京：中国社会科学出版社，2015.
[7] 龙微琳，张京祥，陈浩. 强镇扩权下的小城镇发展研究[J]. 现代城市研究，2012，27(4)：8-14.
[8] 浙江小城市培育试点出现“杭周现象”[N].杭州日报，2018-07-11.
[9] 段进.当代新城空间发展演化规律——案例跟踪研究与未来规划思考[M].南京：东南大学出版社，2012.
[10] Cooper C. Chiaradia A. Webster C. (2018) Spatial Design Network Analysis software. version 3.4，Cardiff University，http://www.cardiff.ac.uk/sdna/
[11] 义乌市佛堂镇人民政府，浙江大学城乡规划设计研究院有限公司.义乌市佛堂镇小城镇环境综合整治规划.2017.11.

乡村红色旅游产业集群的形成机制研究

——基于西柏坡片区的实证*

刘诗琪
（同济大学建筑与城市规划学院）

【摘要】 红色旅游在弘扬我国民族精神、推动革命老区经济发展方面都扮演着重要角色，红色旅游产业培育也是实现乡村振兴重要的特色途径之一。研究结合“乡”“镇”“城”地域单元建立了乡村红色旅游产业集群的形成机制分析框架，并在此框架下对我国红色旅游发展成熟的西柏坡片区进行剖析。本文从核心要素层、要素供应层以及辅助层组成分析了西柏坡片区的乡村红色旅游产业集群的基本要素条件，并从区域品牌、政府调控与社会网络剖析当地乡村红色旅游产业集群形成的影响因素，以期为我国未来乡村的红色资源开发利用、城乡综合实力的提高提供新思路。

【关键词】 乡村振兴　地域单元　乡村红色旅游产业集群　形成机制

红色旅游在我国经历了初步萌芽、逐步探索后，目前进入全面市场化阶段[1]，《2011—2015年全国红色旅游发展规划纲要》提出要改变发展方式，提升红色旅游产业化水平。知识经济时代，产业集群将会更多在服务业大量涌现[2]，红色旅游产业集群发展也是未来乡村实现振兴的特色途径与新思路。本文通过对乡村红色旅游产业集群发展成熟的革命圣地①西柏坡片区

---

* 本文获“十三五”国家重点研发计划课题“县域村镇规模结构优化和规划关键技术”（批准号：2018YFD1100802）资助。

① 革命圣地：通常指从1921年中国共产党成立到1949年中华人民共和国成立期间的28年中，在党生死存亡的关键时刻发挥了重要作用的地区。

进行分析，剖析其乡村红色旅游产业集群的形成机制，为一般乡村的红色旅游产业集群的培育积累经验。

1 乡村红色旅游产业集群形成机制研究

1.1 乡村红色旅游产业集群

1.1.1 旅游产业集群

1990年，波特(Michael E. Porter)在《国家竞争优势》一书中首次使用了“产业集群”的概念，来描述在空间上相近、有业务关联性并通过互通互补等特性相互联结在一起的企业和相关机构所形成的群体[3]，而知识经济时代的产业集群内涵上不仅是经济网络，也是社会网络，蕴含知识、生产、销售多方面逻辑[4-5]。集群概念虽然来自制造业领域，研究表明“集群”概念也能应用在旅游产业，波特将旅游业、农业、化工产业、纺织业一起并称为产业集群现象最明显的四大产业[3]，龙勤等提出了云南生态旅游簇群的构想[6]，尹贻梅等举出了国外三个典型的旅游集群——观光度假旅游型集群、农业旅游型集群与运动健身旅游型集群说明了旅游产业集群的潜力[7]。

旅游产业集群要有核心的旅游吸引物，并且区域内要聚集旅游相关组织，这些组织通过复杂的网络关系紧密联系在一起[8-9]。不同于制造业通过纵向经济联系形成的上下游产业集聚，或追求规模经济形成的横向同类产业集聚，以降低生产成本从而实现利润增加(表1)，旅游产业集群主要凭借核心旅游资源来迎合共同旅游需求并分享旅游市场，对于该类产业集群，利润水平的增加体现在不同产业形态横向聚集后的品牌溢价与产品附加值提高上。

表1 旅游产业集群与制造业产业集群的辨析

类别	制造业产业集群	旅游业产业集群
动力	降低生产成本实现利润增加	品牌溢价增加产品的附加值来提高利润
方式	横向同类产业集聚、纵向经济上下游产业集聚	基于旅游需求的不同的产业形态的横向集聚
趋势	成熟，转型发展	萌芽，蓄势待发

资料来源：马晓龙，卢春花，2014。

1.1.2 乡村红色旅游产业集群

乡村振兴背景下，乡村是城乡连续图谱中不可或缺、低密度、具有独特文化和景观价值的人居形态[10]，红色旅游资源①是乡村所承载的重要文化资源之一[11]。红色旅游虽从有组织的爱国主义教育和革命传统教育活动衍化而成[12]，但在全面市场化阶段，“红色旅游”与“绿色旅游”“历史文化旅游”“民俗风情旅游”有机结合，具有巨大市场潜力和魅力[13]，红色旅游资源与其他乡村资源密不可分。

在旅游产业集群的基础上，乡村旅游产业集群主要依托乡村的文化与资源，并且满足旅游者体验乡村文化、景观和乡村生活的旅游相关企业及组织通过内在网络关系在对应地域单元上集聚[8,14]。乡村红色旅游产业集群则是以红色旅游资源为核心，并结合其他乡村资源，以爱国主义与革命传统教育为目的，同时能满足旅游者体验乡村文化、景观与生活的旅游相关企业及组织通过内在网络关系在对应地域单元上集聚（表 2）。

表 2 旅游产业集群、乡村旅游产业集群、乡村红色旅游产业集群的特点总结

概念	旅游产业集群	乡村旅游产业集群	乡村红色旅游产业集群
特点	有迎合旅游需求的核心吸引物，横向不同产业的企业、组织因为旅游需求与可共享的旅游市场平台集聚在一起，内化的网络联系	以乡村文化、景观、生活等为核心资源，迎合旅游需求，为了共享旅游市场的横向不同产业集聚，内化的网络联系	以红色旅游资源为核心并结合其他乡村资源，以爱国主义与革命传统教育为目的并迎合旅游需求，为了共享旅游市场的横向不同产业集聚，内化的网络联系

1.2 乡村红色旅游产业集群形成机制

1.2.1 基本要素

基本要素选取上，波特钻石模型中提出产业集群的竞争力源自企业战

① 根据国务院《2004—2010 年全国红色旅游发展规划纲要》，红色旅游为以中国共产党领导人民在革命和建设时期建树丰功伟绩所形成的纪念地、标志物为载体，其所承载的革命历史、革命事迹和革命精神为内涵，组织接待旅游者开展缅怀学习、参观游览的主题性旅游活动。在以上基础上，根据参考文献 11，红色旅游资源界定为“从中国共产党成立至解放前夕 28 年的历史阶段内，包括中央革命根据地、红军长征、抗日战争、解放战争时期的重要革命纪念地、纪念馆、纪念物及其所承载的革命精神”。

略和结构及竞争对手、相关与辅助产业、生产要素、需求条件、政府和机会六个相互影响的要素[3]，杨伟容基于波特钻石模型构建了乡村旅游产业集群的钻石模型，并深化选取了独特乡村文化景观、旅游服务产业群、旅游服务辅助产业群、旅游辅助产业群、旅游服务机构五个要素来构成乡村产业集群[15]（图1）。本文中，消费者需求的视角非常重要，基于波特钻石模型框架下的要素选取考虑了消费者的需求[16]，具有一定科学性，可以借鉴。

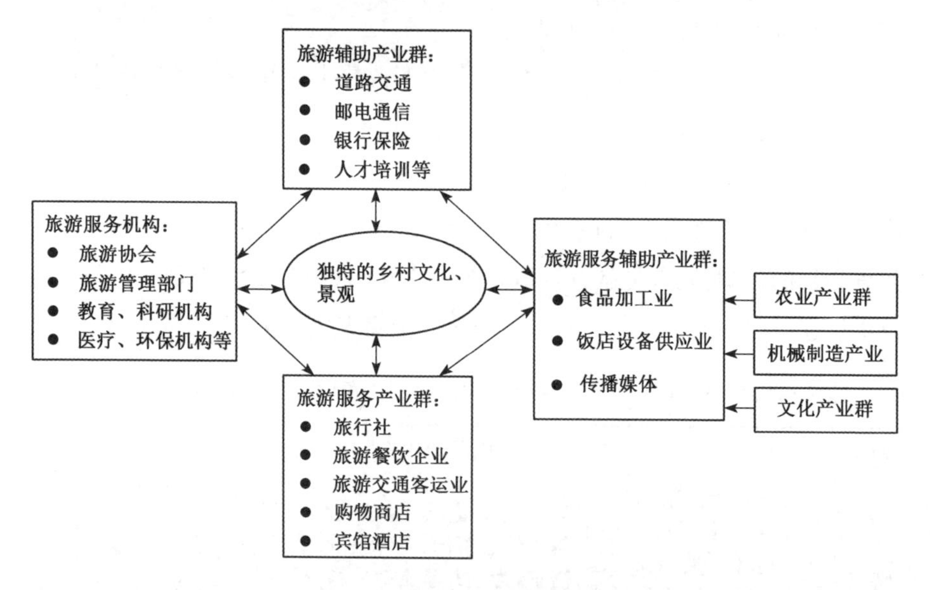

图1　乡村旅游产业集群构成

资料来源：杨伟容，2008。

1.2.2　影响因素

对于乡村旅游产业集群的发展，首先，社会网络是重要影响因素，刘传喜[17]指出社会资本是乡村旅游产业集聚的微观的核心驱动力量，并对杭州乡村旅游产业集群的原发型、嵌入型和融合型三种集群演进模式进行了研究；其次，乡村旅游产业集群本身作为旅游产业，经济动力也非常重要，马晓龙等[9]从经济学角度解释了旅游产业集群是基于共享市场的区域品牌的溢价，提高产品附加值来提高利润，区域品牌强势的旅游产业集群通过提高价格来赚取更多利润；最后，政府干预也非常重要，乡村能自发导致乡村旅游产业兴起，但是村民之间的联系松散，不利于乡村旅游产业集群的可持续发展[8]。

基于以上梳理，乡村红色旅游产业集群的形成基本条件主要包含基本要素以及影响因素两部分(图 2)；基本要素由核心要素层、要素供应层以及辅助层组成。核心要素指乡村独特的文化与景观资源；要素供应层包含旅游服务产业群，具体如旅游餐饮企业、购物商店等(图 1)，为核心资源提供在地服务；辅助层包含旅游辅助产业群、旅游辅助产业群以及旅游服务机构，为乡村旅游产业发展提供辅助服务支撑，比如人才培训、银行保险与传播媒体等，不需要在邻近的地域单元。影响因素包含区域品牌、社会网络以及政府调控。在以上框架上叠加“红色要素”，乡村红色旅游产业集群的核心要素层以红色旅游资源为核心，同时也关注其他相关乡村资源，尤其关注政府政策支持与规划引导。

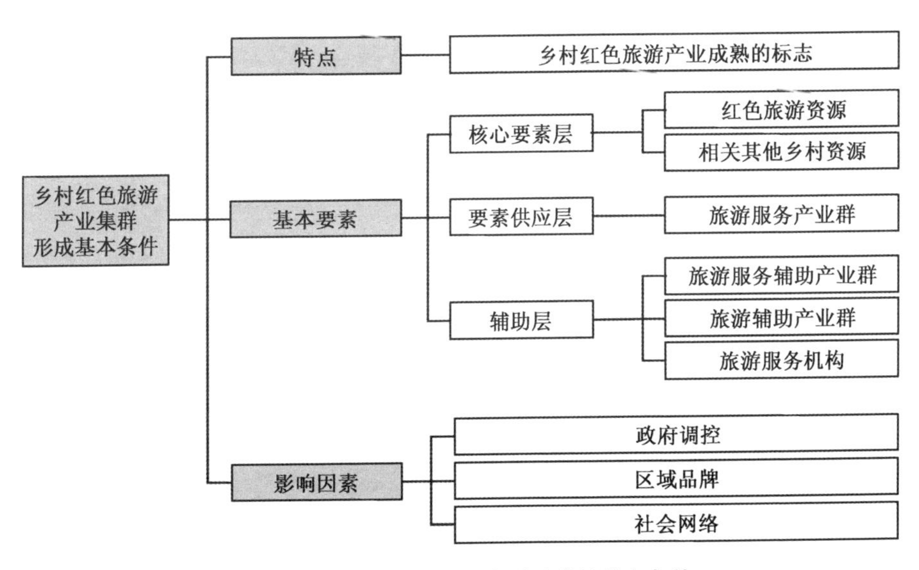

图 2　乡村红色旅游产业集群形成的基本条件

1.2.3　结合地域单元的乡村红色旅游产业集群形成机制的分析框架

乡村红色旅游产业集群的发展离不开“乡”“镇”“城”三个地域单元(图 3)。“乡”是红色旅游资源以及其他相关乡村资源的空间载体；由于旅游属于中端消费，生产和消费具有时空同一性，因此链条比较短[9]，偏远的乡村，“乡”和“镇”承载核心要素层和要素供应层，也是乡村红色旅游产业集群的核心空间载体,包含相关的"吃、住、行、游、购、娱"业态;周边的大城市为旅游业的拓展提供辅助支撑。具体分析中,研究结合对应地域单元,首先分析乡村红色旅游产业集群的基本要素条件,可从核心要素和要素供应层在"乡""镇"地域单元体现的集群空间状态,并结合"城"的辅助层支撑作用来实现;其次从影响因素方面,即政府调控下的重要发展政策与发展历程、旅游资源的区域品牌、乡村的社会网络来进一步论证形成机制。

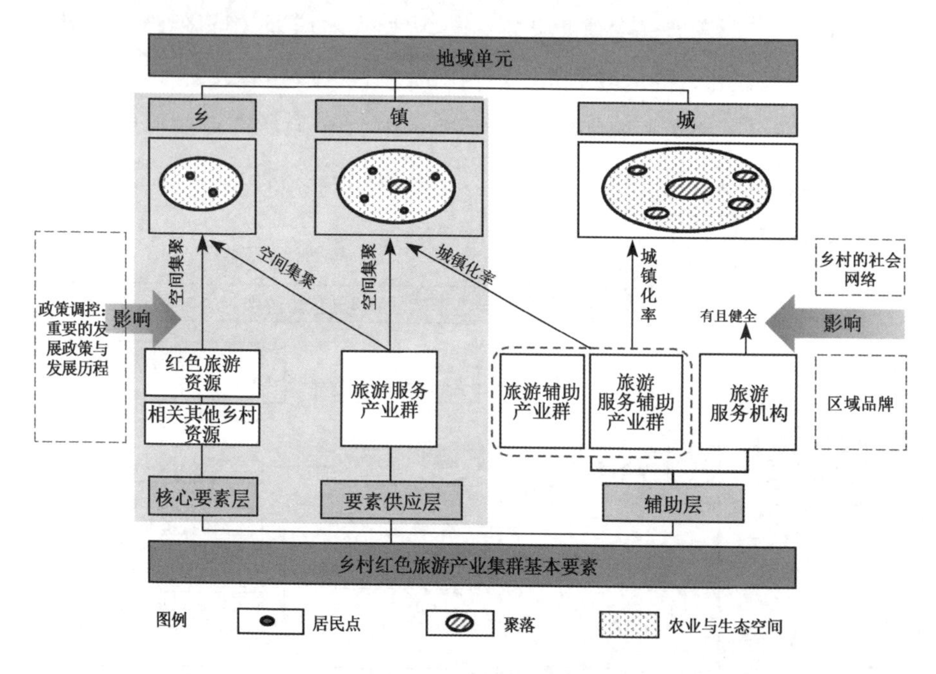

图3 乡村红色产业集群形成基本条件结合地域单元分析

2 实证:"革命圣地"西柏坡红色旅游产业集群的形成机制分析

西柏坡镇位于石家庄市平山县,被定位为以红色文化资源为主的旅游型城镇①,实际上,其也是发展红色旅游和乡村旅游的双优区[18]。西柏坡镇下辖16个行政村,镇政府驻陈家峪村。西柏坡镇距离平山县、石家庄市分别

① 《大西柏坡总体规划(2011—2020)》。

为40分钟、1小时车程(图4)。本文中,“城”地域单元为平山县与石家庄市,“镇”地域单元为西柏坡镇,“乡”地域单元为16个行政村。

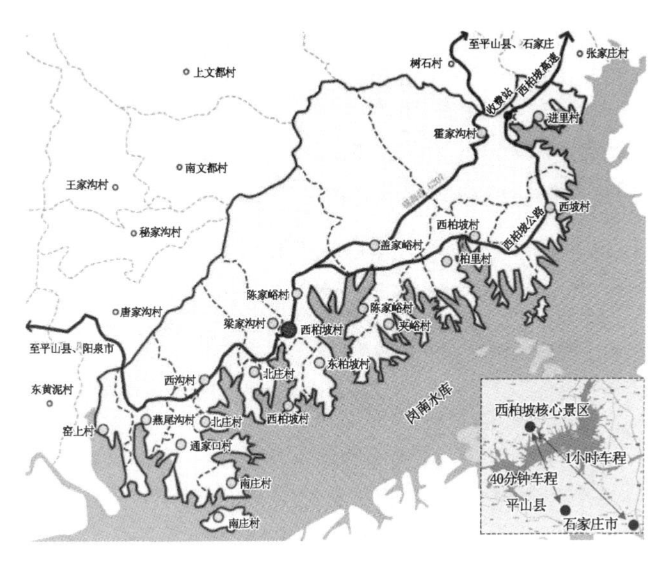

图4　西柏坡镇域范围内乡镇分布图

2.1　基本要素分析

2.1.1　核心要素和要素供应层在“乡”“镇”地域单元的空间分布

核心要素层从红色旅游资源和其他相关乡村资源来分析。根据2018年7月百度地图兴趣点数据(Point of Interest,POI)来锁定红色旅游资源,可以看出西柏坡镇域范围内形成了三个红色旅游资源的组团,分别为西柏坡镇区—西柏坡村—东坡村组团、盖家峪村—陈家峪村—夹峪村—柏里村组团和梁家沟村—北庄村组团,其次南庄村有中共中央组织部旧址分布(图5);其他乡村相关资源则根据每个乡村的产业现状来判定[19],西柏坡镇主要有四个功能片区,北部的山体保护区、中部的红色旅游产业集聚区、东北角的国家森林旅游区、西南部位的传统农业区(图6),整体上红色旅游资源周边的生态资源丰富,这些生态资源对红色旅游资源是很好的补充,能提升乡村红色旅游产业集群的竞争力和档次,保证其生命的可持续性[20],以红色旅游产业集群为核心,东北部能依托森林资源发展生态旅游,西南部侧依托原有的传统农业资源发展。

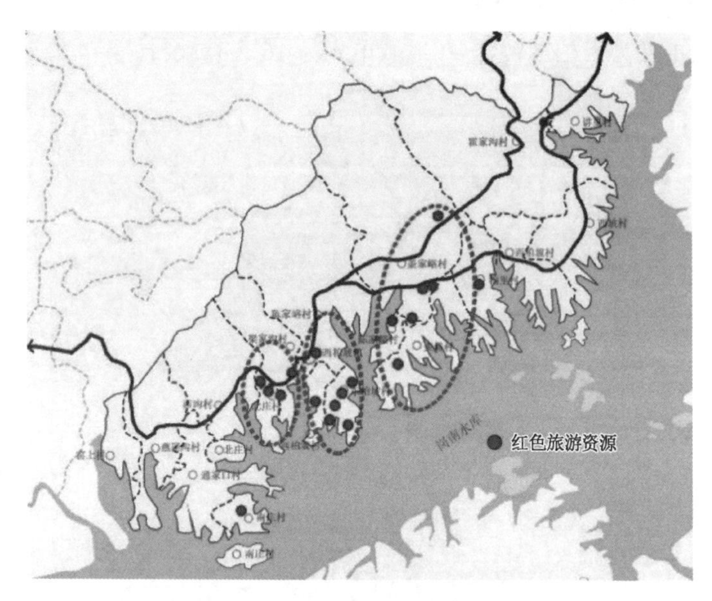

图 5　西柏坡镇各乡村红色旅游资源分布图

资料来源：2018 年 7 月百度地图兴趣点数据。

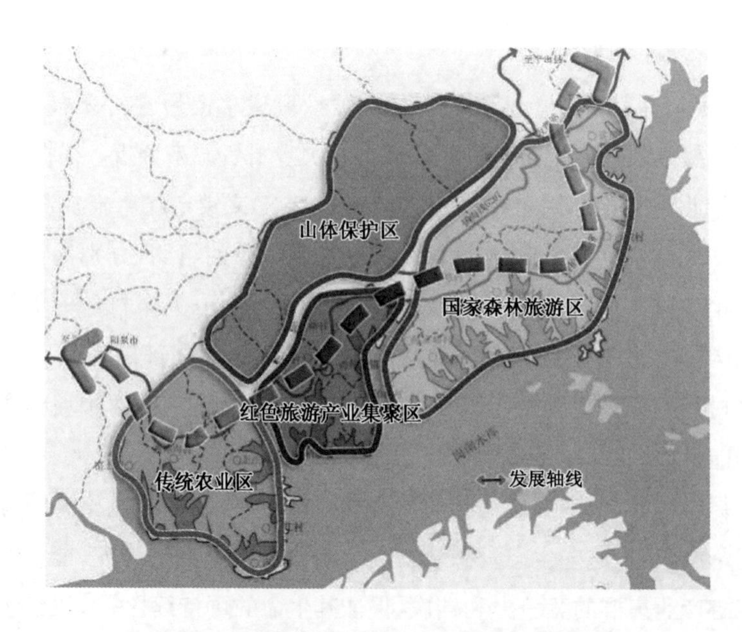

图 6　西柏坡镇乡村产业的主要类型分布图

要素供应层从为核心资源提供在地服务的旅游服务产业来分析。从酒店、餐饮、便利店、停车场四个方面，同样依据 2018 年 7 月百度 POI 数据，发现东坡村、西坡村、陈家峪村、梁家沟村—北庄村边界处形成了旅游服务产业组团（图 7），能够为有红色旅游资源分布的组团提供在地服务支撑。

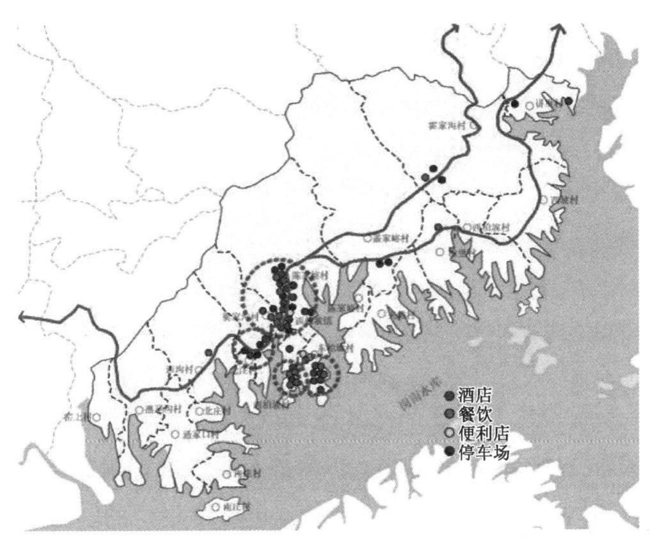

图 7　西柏坡镇各乡村旅游服务产业分布图

资料来源：2018 年 7 月百度地图兴趣点数据。

2.1.2　“城”地域单元提供的辅助层支撑作用

辅助层从城镇化率、旅游服务机构的支撑来分析。城镇化率方面，一般城镇化率在 30%～50% 内，城乡关系处于城乡发展不平衡阶段，意味城市二、三产业有了长足发展，反哺农村的诉求强烈，城镇化率在 50%～70% 内，大体处于城乡统筹发展阶段，即城市公共财力相应增强，各项支农政策不断出台[21]。平山县 2019 年城镇化率为达到 42.00%①，处于城乡不平衡发展后期；石家庄市 2019 年城镇化率为 65.05%②，处于城乡统筹发展阶段，公共财力较强，能为西柏坡镇的乡村提供一定辅助支撑（图 8）。旅游服务机构方

---

① 平山县人民政府，http://www.xbp.gov.cn/sysArticles/zwgk/jhgh/20200218112241171.html.

② 石家庄市政府，http://www.sjz.gov.cn/col/1493102274678/2020/04/13/1587111783229.html.

面，有西柏坡景区管理委员会来经营，旅游服务机构运营正规。总体上，西柏坡镇周边大城市公共财力强，并且有正规旅游机构经营，说明辅助层条件良好。

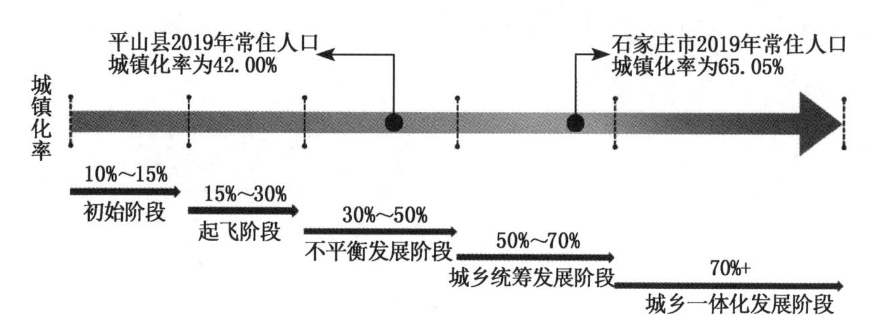

图8　城乡关系演进的阶段特征与发展诉求

资料来源：赵民，陈晨，周晔，等。

2.1.3　集群形成的基本要素条件具备，但存在不平衡发展状态

西柏坡镇周边城市的辅助能力良好，并且景区由正规旅游机构经营，说明辅助层具有能支撑西柏坡镇形成乡村红色旅游集群的实力；从核心要素来看，西柏坡在西柏坡镇—西柏坡村—东坡村组团、梁家沟村—北庄村组团、盖家峪村—陈家峪村—夹峪村—柏里村组团集聚了红色旅游资源，并在前两个红色旅游资源组团有对应的旅游服务产业支撑。综上，东坡村、西坡村、陈家峪村、梁家沟村—北庄村边界具有好的乡村红色旅游产业集群形成基本要素，但西柏坡镇两翼有核心的“红”“绿”资源，但是没有衍生要素供应层的在地旅游服务支撑，呈现了产业集群发展不平衡的状态。

2.2　影响因素分析

2.2.1　区域品牌：国家级品牌

红色旅游的发展往往是由其历史地位决定的旅游产品的吸引力[12]，西柏坡是解放全中国的最后一个农村指挥所，是井冈山精神、长征精神和延安精神的延续，被列为中国五大革命圣地之一，有着全国著名革命纪念地和中宣部命名的全国百个爱国主义教育示范基地的区域品牌。

2.2.2　政府调控：带动和制约双重作用

1948年5月，毛泽东、周恩来、任弼时率中共中央和解放军总部到达西柏坡，在此指挥了辽沈、淮海、平津三大战役；1949 年 3 月，中共中央和解放军总部离开西柏坡前往北京，西柏坡成为中国最后一个农村指挥所；1955 年，河北省博物馆联合当地政府开始筹建西柏坡纪念馆，西柏坡村、东柏坡村开始发展起来[22]；1956 年，西柏坡镇镇区（原陈家峪村）逐渐拓展；1958 年，岗南水库开始建设，1962 年竣工，岗南水库作为石家庄最主要的饮用水源和首都北京的应急水源，为西柏坡的旅游发展增加了严格的生态限制[18]，红色景区东北片、西南片乡村发展红色旅游相关产业受限。2010 年，平山县为了加快城乡一体发展稳定步伐，提出了“大西柏坡”建设目标，拟定了“一区三点”的建设格局，将西柏坡、东柏坡、梁家沟、陈家峪四个行政村合并为一个中心区，镇中心区东西两侧共建三个中心村，在加强中心红色旅游集群的辐射能级的同时，带动两翼乡村的发展[23]，将新民居建设与当地丰富的旅游生态资源相结合(图 9)。总体上，政府对西柏坡镇乡村红色旅游产业集群的发展有带动和制约双重作用，整个西柏坡片区前期整体受到核心红色旅游景区建设的推动，但是建设后期，产业要蓄势发展时，岗南水库的安全格局限制了核心红色景区两翼的乡村发展。

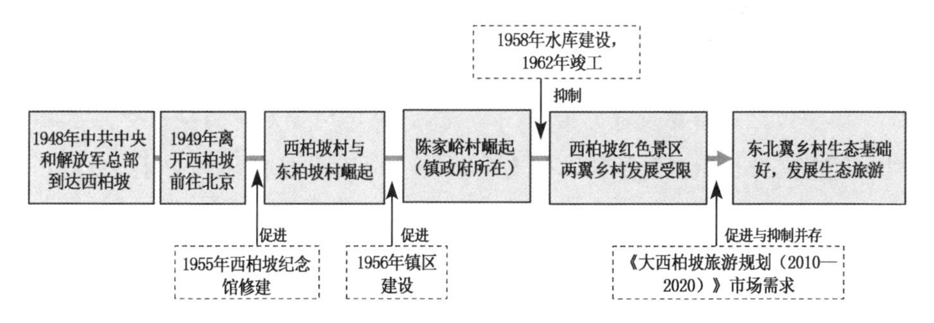

图 9　西柏坡镇乡村整体发展历程

2.2.3　社会网络：政治网络嵌入式发展

西柏坡村最初源于 1935 年岗南水库建设，从别地迁移村民来此地形成的移民村，乡村内社会网络不稳定，整体缺乏生机，且土地贫瘠、地形崎岖不适于农工业发展进一步导致了其对于政策的依赖。虽然社会网络不稳定，但是当地有来自国家、省、市县、镇各级政府强有力的嵌入式发展，构建的经济与社会网络弥补了这个不足。

3 结语

本文通过结合“乡”“镇”“城”三个地域单元，建立了乡村红色旅游产业集群的形成机制分析框架，包含基本要素和影响因素两部分，并对革命圣地之一的西柏坡进行了实证。在基本要素方面，西柏坡的乡村红色旅游资源空间上形成了组团，邻近镇区，有便利的酒店、餐饮、便利店、停车场的旅游服务产业组团支撑，并且西柏坡周边平山县和石家庄对乡村的支撑能力好，核心景区由正规旅游服务机构运营，即在基础要素的核心要素层、要素供应层、辅助层三方面条件良好(表 3)；在影响因素方面，西柏坡作为中国最后一个农村指挥所，代表了红色旅游的最高品质和红色景区标杆，拥有的是国家级的区域品牌，虽然最初源起移民村，社会网络不成熟，且土地贫瘠、地形崎岖不适于农工业发展，但国家、省、市县、镇各级政府强有力的调控，嵌入的经济与政治网络促进了乡村红色旅游产业集群的发展。值得关注的是，政府调控对西柏坡镇乡村红色旅游产业集群的发展有带动和制约双重作用，镇区岗南水库的建设与西柏坡红色旅游核心景区的政策，导致西柏坡镇两翼乡村没有承接到与红色旅游产业集群相关的要素供应层产业。

本文也存在需要改进的地方。首先，研究可借助定量方法为产业集群的空间分布分析做出更加科学的支撑；其次，由于西柏坡镇的乡村红色旅游产业集群发展受到一定限制，其产业有可能被周边乡镇承接，未来可探讨西柏坡周边乡镇的产业分布特点来进一步完善西柏坡乡村红色旅游产业集群的形成机制研究。

表 3　西柏坡镇(初始)与广安村红色旅游产业集群形成条件总结

形成条件		西柏坡乡村红色旅游产业集群实际情况
基本要素	核心要素层	西柏坡镇域范围内形成了三个红色旅游资源的组团，并且镇区东北部有良好的森林资源 、西南部有一定农业基础
	要素供应层	镇区(现陈家峪)距离核心资源 5 分钟车程，能为核心资源层提供好的住宿、餐饮、购物、交通服务支撑

(续表)

形成条件		西柏坡乡村红色旅游产业集群实际情况
基本要素	辅助层	石家庄市 2019 年城镇化率 65.05%,处于城乡统筹发展阶段;平山县 2019 年城镇化率为 42.00%,处于城乡不平衡发展阶段,城市对乡村辅助能力好
影响因素	区域品牌	全国著名革命纪念地和中宣部命名的全国百个爱国主义教育示范基地;全国范围的五大革命圣地之一
	政府调控	带动和制约双重作用
	社会网络	移民村,社会网络起初不稳定,国家、省、市县、镇的政治网络嵌入发展
	其他因素	生态保护限制多,岗南水库建设、西北需要保护山体

参考文献

[1] 刘海洋,明镜. 红色旅游:概念、发展历程及开发模式[J]. 湖南商学院学报,2010,17(1):66-71.

[2] 钱津. 产业集群与乡村旅游发展[J]. 广州大学学报(社会科学版),2007(4):57-62.

[3] Porter, M. E. The Competitive Advantage of Nations[M]. New York: Free Press, 1990.

[4] 田晓霞,肖婷婷,张金凤,等. 喀什旅游产业集群社会网络结构分析[J]. 干旱区资源与环境, 2013, 27(7): 197-202.

[5] 柳潇. 上海市都市农业旅游产业集群判定与特征识别研究[D]. 上海: 上海交通大学, 2011.

[6] 龙勤,邹平,孟丽清. 建立云南自然保护区生态旅游簇群的意义与构想[J]. 西南林学院学报, 2002(4): 44-47.

[7] 尹贻梅,刘志高. 旅游产业集群存在的条件及效应探讨[J]. 地理与地理信息科学, 2006, 22(6): 98-102.

[8] 沈中印. 乡村旅游产业集群发展研究:政府与政策的视角[J]. 安徽农业科学, 2011, 39(33):376-377.

[9] 马晓龙,卢春花. 旅游产业集聚:概念、动力与实践模式——嵩县白云山案例[J]. 人文地理,2014,29(2): 138-143.

[10] 张京祥,申明锐,赵晨. 乡村复兴:生产主义和后生产主义下的中国乡村转型[J]. 国际城市规划，2014，29(5)：1-7.

[11] 刘建平,刘琼艳. 乡村旅游开发应重视红色旅游资源的保护与开发[J]. 湖南财经高等专科学校学报，2006 (5)：93-94.

[12] 尹晓颖,朱竑,甘萌雨. 红色旅游产品特点和发展模式研究[J]. 人文地理，2005(2)：34-76.

[13] 李咏华. 传统村落语境下的红色旅游规划——以长兴县新四军苏浙军区旧址群为例[J]. 建筑与文化，2009(6)：109-111.

[14] 许晓晓. 中国乡村旅游产业集群理论概述[J]. 经济研究导刊，2013(18)：264-265.

[15] 杨伟容. 乡村旅游产业集群化发展的理论与实证分析[D]. 武汉：华中师范大学，2008.

[16] 包建华,方世建. 安徽茶叶产业集群式发展:基于钻石模型的分析[J]. 农业经济问题，2006 (6)：67-70.

[17] 刘传喜,唐代剑,常俊杰. 杭州乡村旅游产业集聚的时空演化与机理研究——基于社会资本视角[J]. 农业经济问题，2015，36(6)：35-43，110-111.

[18] 田禹,吴宜夏,韩俊艳. “旅游+”为导向的西柏坡美丽乡村建设——以西柏坡片区旅游资源梳理、整合、提升为例[C] //规划60年:成就与挑战——2016中国城市规划年会论文集. 北京：中国建筑工业出版社，2016.

[19] 一个村. 西柏坡镇各行政村的农产品情况[EB/OL]. http://www.yigecun.com/lelist/showxiang.aspx? id=DB3CA288C4C6B493,2019.

[20] 黄细嘉,宋丽娟. 红绿相映红色旅游区构建的实证研究——以江西井冈山为例[J]. 南昌大学学报(人文社会科学版)，2010(2)：78-83.

[21] 赵民,陈晨,周晔,等. 论城乡关系的历史演进及我国先发地区的政策选择——对苏州城乡一体化实践的研究[J]. 城市规划学刊，2016(6)：22-30.

[22] 程瑞芳,程钢海. 西柏坡红色旅游产业化发展路径研究[J]. 河北经贸大学学报(综合版)，2013，13(3)：8-11.

[23] 闫鹏飞，曹中华，李志强. 平山加快城乡一体发展步伐[N/OL]. 中国特产报. 2010-10-27(C03).

二、空间规划改革背景下的镇村规划

农业现代化背景下的镇域镇村体系空间优化研究
——以陕西省龙池镇为例*

曹晓腾　雷振东　屈　雯
（西安建筑科技大学建筑学院）

【摘要】 伴随着农业现代化的不断推进，传统的农业生产方式正在发生结构性的质变，原有镇村体系空间结构与传统农业生产方式间的平衡状态被打破。农业生产方式变化带来的农业生产规模化、农民生活方式转变、“人—地”关系失衡等，使得传统镇村体系空间亟须进行优化。虽然现代农业已经在大多数乡镇推广，但相应的技术与方法并没有被转化为规划空间语言。本文在对农业生产方式和镇村体系作用机制研究的基础上，提出镇域镇村体系空间优化思路。以龙池镇为实践案例，综合考虑镇域农业生产特征与要求，运用“ArcGIS 位置-分配模型”与“村庄潜力评价”结合的方法对其镇村体系空间进行优化，最终得到“1 个中心社区 + 4 个一般社区”的区划结果，并对各个社区中的不同村庄进行了分类引导。

【关键词】 农业现代化　镇村体系　空间优化　龙池镇

1　引言

长期以来，中央持续关注我国农业发展问题。2016 年 10 月 17 日，《国

---

* 本文原载于《小城镇建设》2020 年第 7 期。
基金项目：陕西省创新能力支撑计划项目“县域新型镇村体系创新团队”（编号：2018TD-013）；陕西省教育厅重点科学研究计划项目“陕西省农业型县域城镇化发展态势分析及村镇建设政策绩效评价”（编号：18JS063）；国家自然科学基金项目“西北大田农业区新型镇村体系模式与人口测算方法研究”（编号：51808426）。

务院关于印发全国农业现代化规划(2016—2020 年)的通知》发布,确定了“农业现代化是国家现代化的基础和支撑”的发展定位。2018 年 9 月 26 日,中共中央、国务院印发《乡村振兴战略规划(2018—2022 年)》,提出“加快农业现代化步伐”,并要求“构建现代农业产业体系、生产体系、经营体系”,这标志着我国农业现代化已经进入全面发展的阶段。

毫无疑问,我国的农业生产方式正在发生结构性的质变,原有镇村体系空间结构与农业生产方式之间的平衡状态被打破,传统的“人—地”关系严重失衡,现有的镇村体系正在被动适应这种变化,甚至阻碍了现代农业的进一步发展。但现有的镇村体系规划原理与方法和现代农业生产方式之间几乎毫无关系,城乡规划学与农学在村镇规划领域几乎没有学科交叉研究。因此,从区域角度对镇村体系空间、经济、环境的重构与整合,已成为乡村发展必须面对的基本问题[1]。

近年来,学界从多个角度提出了对镇村体系空间优化的研究。赵思敏等人从“城乡统筹”的视角出发对镇村空间布局进行了研究,重点在于缩小城乡间社会服务和基础设施水平的差距,通过城乡统筹的规划,使城乡居民达到相同的生活标准[2-7]。郭炎等人从“精明收缩”的视角对乡村现状要素进行了剖析,以实现乡村生产、生活与生态空间的协同发展为目标进行了相关研究[8-9]。周鑫鑫等人从“生活圈理论”的视角出发,提出了村庄布局规划的思路[10]。邵帅等人从生产生活方式变迁的视角对城乡居民点体系空间格局进行了优化重构[11]。

综上,不同的研究角度侧重的出发点有所不同,但从现代农业生产方式的角度系统研究镇村体系空间优化的成果较少。然而对于以农业生产为主的乡镇,农业生产技术、农业经营方式等现代农业要素对镇村规模、公共服务设施等镇村体系空间要素产生影响已经成为共识。现代农业生产方式的引入对镇村体系空间优化的研究提供了新的视角与科学支撑,有必要进行进一步探索。

2 农业现代化背景下镇域镇村体系空间优化思路

农业现代化是指由传统农业转变为现代农业,是一个牵涉面很广、综合性很强的技术改造和经济发展的历史过程，包括农业生产条件、生产技术和生产管理等多方面的现代化。国内关于农业现代化与镇村体系空间优化的研究已有一定基础，主要集中于农业耕作半径、规模化经营对村庄布局的影响，但从农业产业布局、农业社会化服务体系、农业基础设施等方面缺乏系统研究[12-14]。

本文从传统农业生产方式与镇域镇村体系空间的作用机制入手，基于农业现代化背景下农业生产方式的转变，提出镇域镇村体系空间优化的路径。

2.1 农业生产方式与镇域镇村体系空间的作用机制

2.1.1 耕作半径影响村庄用地规模

传统农业时期，农民主要依靠步行去耕地，以村庄居民点为圆心、步行的时间成本与人的可接受距离为耕作半径，构成了村庄用地规模的基本尺度标准。随着农用交通工具的应用，农民驾驶机动车下地劳作已基本普及，相同时间内的出行距离可数倍扩大，村庄用地规模需随之进行调整。

2.1.2 耕地承载力影响村庄人口规模

传统农业种植以粮食作物为主，农民劳作主要解决温饱问题，耕地基本依靠人力及畜力，农作物类型、人均耕地水平、人均生活标准这三者互相影响，反映了耕地承载力状况，共同决定了村庄的人口规模。随着农业机械的推广，农民种植效率翻倍，农作物类型由粮食作物逐渐转变为经济作物，人均生活标准也应保持城乡均等，新时期的村庄人口规模需综合多个因素重新预测。

2.1.3 农业产业布局影响镇村职能结构

传统农业产业结构与产业链均以“户”为基本单位，每“户”内部独立循环，“户”与“户”在农业生产之间几乎不产生联系，若干独立的“户”构成一个“村”，而若干“村”又构成一个“镇”，镇域范围内并没有与农业相关的二、三产业，村庄的主要职能为农业生产职能，镇的主要职能为行政管理职能。随着经济作物的种植，镇域衍生出与农业种植相关的多种产业，镇、村的职能应随之变化。

2.1.4 农业社会化服务体系影响生产服务设施配置

传统农业经营主体为小农户，农业生产的产前、产中、产后全过程中，农民基本依靠自身完成农资购买、作物种植、产品销售等程序，农业种植技术来自数千年的耕作经验且农作物商品率较低，镇域几乎没有专业的生产性服务设施。随着农作物商品率的提高，农民依靠个体力量无法融入市场，需要外部力量提供多方面支持，镇、村应根据农业社会化服务的要求完善生产性服务设施的配置。

2.1.5　农业基础设施影响镇村生产性道路交通网络

传统农业种植机械化水平低，农作物种植对农业基础设施无特殊要求，农田的划分方式、田间道路和农业灌溉与排水的布置较为随机，镇域生产性道路密度较低，且以素土路面为主，道路断面、线型均无专门设计。随着农业种植逐渐标准化，原有耕地需按照高标准基本农田的要求进行整治，完善镇、村的生产性道路交通网络。

2.2　农业现代化背景下镇域镇村体系空间优化路径

镇村体系空间优化以“城乡融合”为目标，基于农业生产方式与镇村体系空间的作用机制，综合运用问卷调查、村庄潜力评价、位置-分配模型等方法实现镇村体系空间的优化，并对现状村庄进行分类引导，形成面向未来的乡村稳态农业生产与居住生活空间结构[15]。

2.2.1　镇域基础调研

采用问卷调查法对镇域的生产、生活方式进行调研，重点了解农民耕地劳动的出行特征、农作物耕种特点、人均生活标准等方面，综合考虑各村庄的自然条件，全面了解镇域基础情况。

2.2.2　村庄现状条件评价

以自然村为基本单元，基于镇域各村庄的现状指标进行潜力评价。以自然村为基本单元，基于镇域各村庄的现状指标进行潜力评价，根据实际情况选取基础性指标和修正性指标，建立村庄评价指标体系，通过评价将现状村庄分为条件较好、一般、较差等多种类型。

2.2.3　新型农村社区区划

以 ArcGIS 为工作平台，基于村庄发展潜力评价结果，运用位置-分配模型，进行新型农村社区的区划模拟。首先，建立道路交通网络，依据高标准基本农田的建设要求，对镇域的生产空间重新划分；其次，确定请求点与设施点,以现状条件较好的自然村为请求点,农田为设施点,代入模型;最后,以不同的耕作出行时间为阻抗中断,进行多次运算,选择合适的模拟结果作为新型农村社区区划的结果。

2.2.4 新型农村社区发展引导

在新型农村社区区划的基础上,将选出的自然村作为社区中心,耕作时间半径的覆盖范围作为新的社区范围,结合村庄潜力评价结果,分类引导社区内的自然村发展。同时,按照社区耕地面积合理计算人口规模,并配置相应设施,得到最终的镇域镇村体系空间优化结果。

3 规划实践:陕西省龙池镇镇村体系空间优化

3.1 龙池镇基本特征及存在问题

龙池镇位于陕西省渭南市蒲城县东南 25 公里处,是蒲城县域范围内典型的农业型镇。截至 2018 年,龙池镇共有 16 个行政村,48 个自然村,城镇人口 1 756 人,村庄人口 34 389 人。龙池镇总用地面积 7 165.1 公顷,其中,城乡居民点用地 620.9 公顷,农林用地 6 512.4 公顷,水域用地 10.3 公顷,区域交通设施用地 21.5 公顷(图 1)。

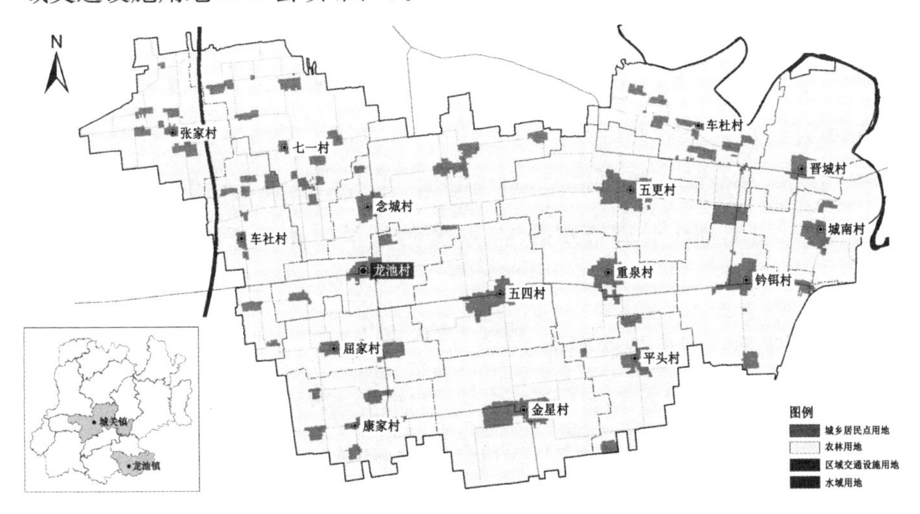

图 1 龙池镇用地现状图

龙池镇属于设施瓜菜区，以种植设施西甜瓜和秋延辣椒两种经济作物为主。西甜瓜的种植主要集中在每年3月—7月，经过整地、搭棚、育苗、嫁接、栽苗、授粉、掰芽、整蔓等多个工序后收获上市，种植面积约为4 500公顷。辣椒种植主要集中在每年8月—12月，西甜瓜种植收获结束之后，为了避免耕地闲置及设施大棚的浪费，多数农民选择在后半季在棚内继续种植辣椒，种植面积约为4 000公顷。

经过多次深入龙池镇实地调研，总结分析其镇村体系与现代农业生产方式间的不适应问题如下：①镇村等级规模与现代农业生产力水平不匹配；龙池镇人口不足500人的村庄约占总数的60%，人口不足200人的村庄约占总数20%，自然村规模较小且布局分散，人均耕地面积不足2.5亩，现状镇村人口规模以及用地规模严重影响了现代农业的发展。②镇村职能结构与现代农业产业布局错位；随着龙池镇设施农业的快速发展，镇域内多个村庄出现农资售卖、农产品运输、农业采摘等从农业生产延伸出来的二、三产业，但现状镇、村职能并没有随之进行差异化调整。③镇村公共服务设施与现代农业社会化服务体系不适应；截至2018年，龙池镇域内的中小学均已停办，镇卫生院的使用率也逐年下降。与生活性公共服务设施不断“萎缩”的状态相比，生产性服务设施却一直处于自发增长状态，镇域内用于运输集散的仓库已有约200个，但由于缺乏对各类生产性服务设施体系化的引导布局，龙池镇的农业生产水平难以突破瓶颈。④镇村道路交通网络不符合现代农业基础设施的配置要求；龙池镇道路建设的重点一直在省道、县道、乡道等高等级道路，对田间路、生产路的关注较少，而在农作物收获季节，田间地头大型货车较多，配置过低的道路严重影响了农作物的运输。

3.2 龙池镇现状村庄条件评价

根据镇域村庄基础条件，选取区位交通、聚落空间、公服设施等作为评价村庄的基础性指标，采用层次分析法对各因子的权重赋值；同时，选取特色资源、经济条件、生产条件等作为判别村庄特色的修正性指标，对定量因子进行修正，建立村庄评价指标体系(表1、表2)。

表 1 龙池镇村庄潜力评价表

准则层	一级评价因子	二级评价因子	二级指标	指标内涵	分值	权重
区位交通	交通便捷度	与县道的距离	距离县道(0～300 m)	便捷度高	10	0.15
			距离县道(300～500 m)	便捷度较高	5	
			距离县道(≥500 m)	便捷度一般	1	
		与乡道的距离	距离乡道(0～300 m)	便捷度高	10	0.10
			距离乡道(300～500 m)	便捷度较高	5	
			距离乡道(≥500 m)	便捷度一般	1	
聚落空间	建设用地规模	居民点面积	聚落面积(≥200 000 m^2)	规模大	10	0.40
			聚落面积(100 000～200 000 m^2)	规模一般	5	
			聚落面积(0～100 000 m^2)	规模小	1	
		居民点距镇区的距离	距离镇区(0～1 000 m)	距离较近	10	0.10
			距离镇区(1 000～2 000 m)	距离一般	5	
			距离镇区(≥2 000 m)	距离较远	1	
公服设施	教育设施	与小学的距离	0＜距离≤500 m	距离较近	10	0.20
			500＜距离≤1 000 m	距离近	5	
			距离＞1 000 m	距离远	1	
		与幼儿园的距离	0＜距离≤500 m	距离较近	10	0.05
			500＜距离≤1 000 m	距离近	5	
			＞1 000 m	距离较远	1	

表 2 龙池镇村庄修正指标表

准则层	修正性因子
特色资源	自然风貌、历史遗存、非物质文化遗产
经济条件	养老设施、村集体收入情况
生产条件	土地流转、农业合作社经营

根据龙池镇村庄潜力评价表和修正指标表，对镇域内 48 个自然村进行

评价，将村庄分为条件较好、一般、较差三种类型(图 2)。

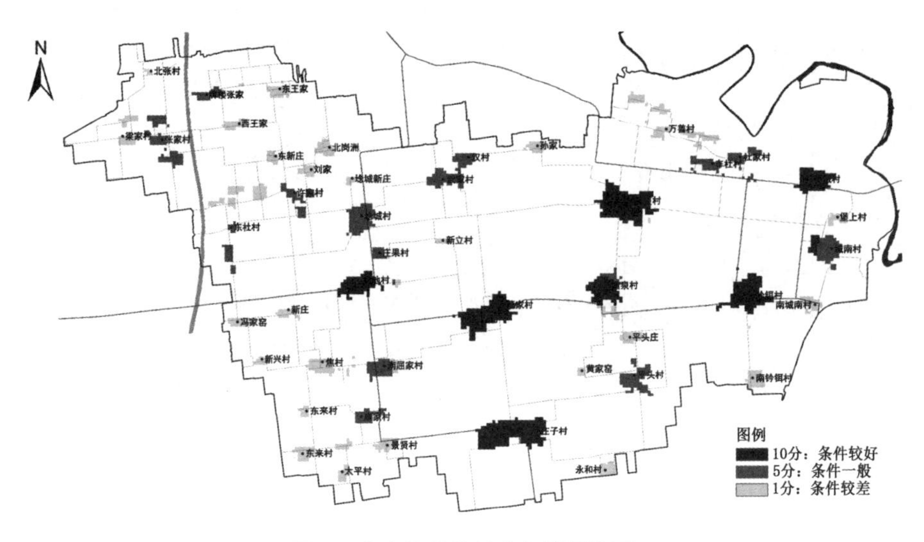

图 2　龙池镇现状村庄条件评价图

3.3　龙池镇新型农村社区区划

3.3.1　道路交通网络数据建立

道路交通网络数据的建立是位置-分配模型的基础。将研究区域的道路数据输入 ArcGIS 平台，并按照等级差异对道路平均速度分别赋值，得到该区域的道路交通网络模型。

龙池镇现状道路包括省道、县道、乡道、村道、田间路、生产路等，根据不同层级道路发挥的作用，可将镇域道路交通网络分为主要道路、次要道路、田间道路三个等级，主要道路包含省道与县道，次要道路包含乡道与村道，田间道路包含生产路与田间路。

综合考虑龙池镇现状道路状况和现代设施农业的种植要求，完善主要道路、次要道路的基础条件，并以 200 m×400 m 为尺度补充生产路，结合实地调研及相关规范，对三级道路的平均速度分别赋值为 40 km/h、20 km/h、12 km/h，构建适宜农业生产的道路交通网络(图 3)。

3.3.2　设施点、请求点、阻抗中断确定

在位置-分配模型中，设施点是提供服务的点，请求点是接受服务的点，

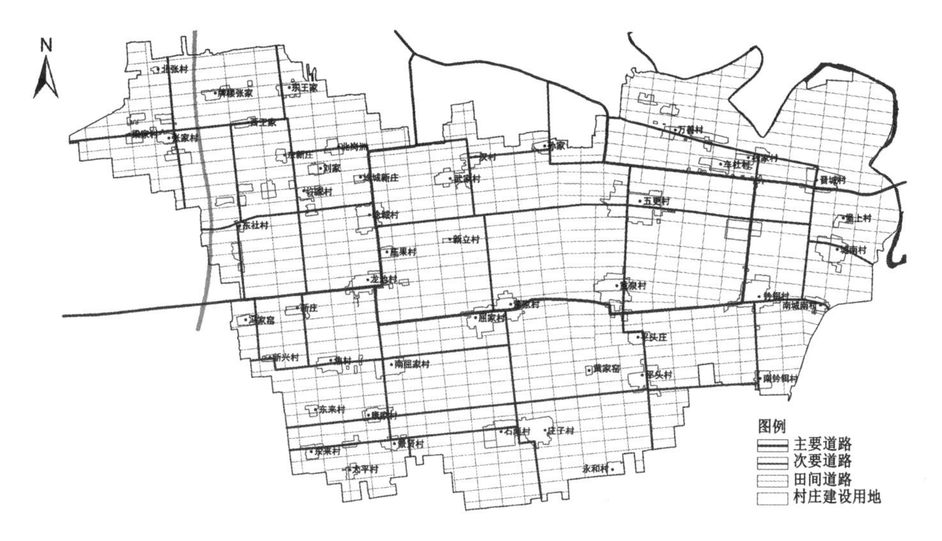

图 3　龙池镇道路交通网络数据建立图

阻抗中断是指从设施点出发到请求点之间必要的时间距离，将镇域的空间要素抽象为“点”参与模型运算。

龙池镇新型农村社区区划中，选取村庄评价潜力值为 10 分、5 分的 22 个自然村作为设施点候选项，并规定镇区所在地龙池村及原乡政府所在地钤铒村为必选点；将生产路围合而成的每一个耕地田块视作一个单独的请求点，根据道路交通网络布局，镇域范围内共有 910 个请求点；以农民可接受的耕作时间半径作为阻抗中断，结合调研结论，确定 10～20 分钟为耕作时间半径范围，以 2 分钟为间隔，共做 6 次模拟(图 4)。

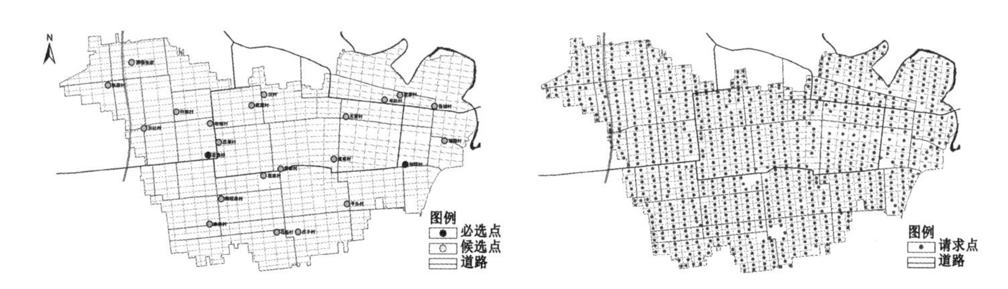

图 4　龙池镇设施点、请求点确定图

3.3.3　最小化设施点数模型运算

“最小化设施点数”模型是位置-分配模型的一种模型算法，其目标是在所有候选的设施选址中挑选出数目尽量少的设施。

龙池镇新型农村社区区划中，运用“最小化设施点数”模型对龙池镇新型农村社区区划模拟，分别以不同耕作时间作为阻抗中断，进行6次模拟并统计模拟数据(图5、表3)。

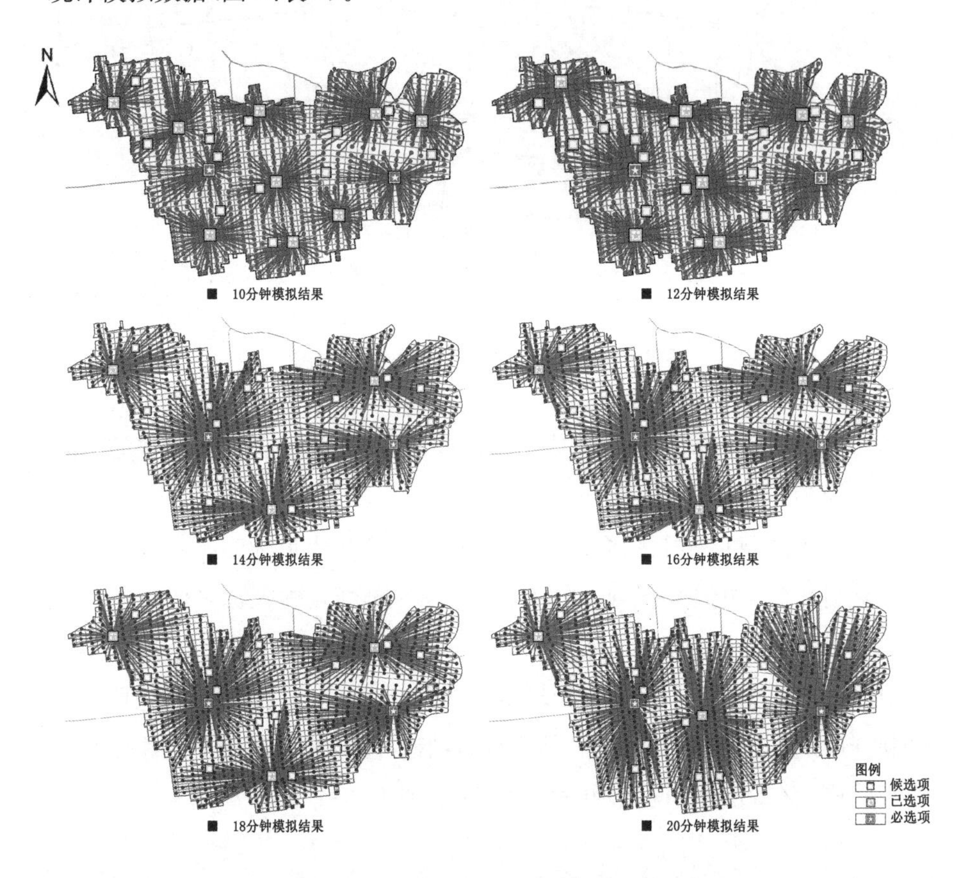

图5 龙池镇最小化设施点数模型模拟图

表3 龙池镇最小化设施点数模型模拟数据统计表

阻抗中断(分钟)	设施点数量(个)	覆盖耕地模拟点数量(个)	平均耗时(分钟)	未覆盖耕地模拟点数(个)	耕地模拟点覆盖率
10	11	908	4.74	2	99%
12	8	910	5.40	0	100%
14	5	910	6.83	0	100%

（续表）

阻抗中断（分钟）	设施点数量（个）	覆盖耕地模拟点数量（个）	平均耗时（分钟）	未覆盖耕地模拟点数（个）	耕地模拟点覆盖率
16	5	910	7.16	0	100%
18	5	910	7.16	0	100%
20	4	910	8.13	0	100%

备注：镇域共有请求点910个。

根据模拟结果，得到以下结论：①除阻抗中断为10分钟时外，耕地覆盖率均达到100%；②当阻抗中断低于14分钟时，设施点的数量变化明显；③当阻抗中断为14分钟、16分钟、18分钟时，三次模拟的结果均保持一致，且设施点布局及覆盖范围较为均匀；④当阻抗中断为20分钟时，设施点数量减至4个，但覆盖范围过大且不均衡。

综合考虑镇域现状因素，选取阻抗中断为14分钟、16分钟、18分钟时的模拟结果作为龙池镇新型农村社区区划依据。即现代农业生产方式下，龙池镇宜区划为1个中心社区和4个一般社区，中心社区为镇区所在地，4个一般社区分别为张家社区、铃铒社区、车杜社区、金星社区（图6）。

图6　龙池镇新型农村社区区划图

3.4 龙池镇新型农村社区发展引导

分别统计龙池镇5个新型农村社区所覆盖的自然村，结合村庄现状条件评价结果，将镇域自然村分为重点发展、控制发展、特色保护、绿色消解4种类型，引导不同自然村围绕社区中心分类发展。对位于社区中心的村庄重点发展，集中建设完善各类公共服务设施；对较大的村庄进行控制，不再新增建设用地；对有历史价值的村庄进行专门保护，制定相应的保护办法；对较小的村庄进行搬迁，确定用地置换政策(图7)。结合现状条件对每个社区的职能进行重新定位，确定其主要农业类型，根据耕地承载力初步测算社区人口，得到每个社区的发展导向(表4)。

图7 龙池镇自然村发展引导图

表4 龙池镇新型农村社区数据统计表

社区名称	职能定位	主要农业类型	规划人口(人)	用地规模(公顷)
龙池中心社区	行政管理、生产服务、生活服务、旅游服务、农业生产	设施葡萄、设施西甜瓜、设施辣椒	8 500	19.36
张家社区	农业生产、物资收购、农作物交易	奶山羊养殖、设施西甜瓜、设施辣椒	3 100	9.29

（续表）

社区名称	职能定位	主要农业类型	规划人口（人）	用地规模（公顷）
铃铒社区	农业生产、物资收购、农作物交易	肉鸡养殖、设施西甜瓜、设施辣椒	4 100	12.53
金星社区	农业生产、物资收购、农作物交易	设施西甜瓜、设施辣椒	4 600	14.19
车杜社区	农业生产、物资收购、农作物交易	设施冬枣、设施西甜瓜、设施辣椒	5 700	16.28

镇域公共服务设施配置应结合村民实际使用需求进行调整，包括生活性服务设施和生产性服务设施两类，分为中心社区与一般社区两级，并应充分利用现有空间资源，避免重复建设。

龙池镇中心社区生活性服务设施以镇域总人口为标准，配置卫生院、小学、幼儿园、养老院等设施；生产性服务设施主要发挥连接市场与农户的纽带作用，配置物流集散中心、生产服务中心、农业科技站等设施。一般社区生活性服务设施以社区总人口为标准，配置卫生室、幼儿园、村民活动中心等设施；生产性服务设施以支撑农业生产为主，配置农作物仓库、农资售卖点、农机修理点等设施（图 8）。

4 结语

农业现代化背景下，传统镇村体系空间出现了多种不适应问题。本文从农业生产方式和镇村体系空间的作用机制入手，基于对现代农业生产方式的分析，提出了镇域镇村体系空间优化的路径，分为镇域基础调研、村庄现状条件评价、新型农村社区区划及发展引导四个步骤。

以陕西省龙池镇为实践案例，从适应设施农业生产的角度对其镇村体系空间进行优化，得到“1 个中心社区 + 4 个一般社区”的区划结果，并对社区中不同自然村进行分类引导发展。

图 8　龙池镇公共服务设施配置图

参 考 文 献

［1］雷振东.整合与重构：关中乡村聚落转型研究[M].南京：东南大学出版社，2009.

［2］赵思敏.基于城乡统筹的农村聚落体系重构研究[D].西安：西北大学，2013.

［3］陶小兰.城乡统筹发展背景下县域镇村体系规划探讨——以广西扶绥县为例[J].规划师，2012，28(5)：25-29.

［4］何灵聪.城乡统筹视角下的我国镇村体系规划进展与展望[J].规划师，2012，28(5)：5-9.

［5］孙建欣，吕斌，陈睿，等.城乡统筹发展背景下的村庄体系空间重构策略——以怀柔区九渡河镇为例[J].城市发展研究，2009，16(12)：75-81，107.

［6］李祥龙，刘钊军.城乡统筹发展，创建海南新型农村居民点体系[J].城市规划，2009，33(S1)：92-97.

［7］郄艳丽.浅议城乡统筹背景下乡村发展格局的调整[J].小城镇建设，2012(5)：33-37，41.

［8］郭炎，刘达，赵宁宁，等.基于精明收缩的乡村发展转型与聚落体系规划——以武汉市为例[J].城市与区域规划研究，2018，10(1)：168-186.

[9] 周洋岑，罗震东，耿磊.基于“精明收缩”的山地乡村居民点集聚规划——以湖北省宜昌市龙泉镇为例[J].规划师，2016，32(6)：86-91.

[10] 周鑫鑫，王培震，杨帆，等.生活圈理论视角下的村庄布局规划思路与实践[J].规划师，2016，32(4)：114-119.

[11] 邵帅，郝晋伟，刘科伟，等.生产生活方式变迁视角下的城乡居民点体系空间格局重构研究——框架建构与华县实证[J].城市发展研究，2016，23(5)：84-93.

[12] 乔伟峰，吴江国，张小林，等.基于耕作半径分析的县域农村居民点空间布局优化——以安徽省埇桥区为例[J].长江流域资源与环境，2013，22(12)：1557-1563.

[13] 唐丽静，王冬艳，王霖琳.基于耕作半径合理布局居民点研究——以山东省沂源县城乡建设用地增减挂钩项目区为例[J].中国人口·资源与环境，2014，24(6)：59-64.

[14] 胡冬冬，张古月.农业规模经营导向下的中部平原地区村庄体系布局[J].规划师，2014，30(3)：22-27.

[15] 马琰，崔小平，雷振东.青海浅山区新型镇村体系适宜性规划方法研究[J].建筑与文化，2018(1)：167-169.

呈现·关联·转化

——区域空间视角下小城镇的空间关系及其形式表达

杨华刚[1]　刘馨蕖[2]　张晨[3]　李耀武[3]
（1. 厦门大学建筑与土木工程学院
2. 苏州大学金螳螂建筑学院
3. 昆明理工大学建筑与城市规划学院）

【摘要】 随着国家政策与时代焦点向广大镇村地区转移，小城镇成为时代区域空间规划的前沿阵地。与传统小城镇空间扩张和经济增长模式不同，区域空间视角下小城镇建设更多聚焦于地域空间关系及其形式要素之间的转化与关联。文章通过对小城镇概念及其发展脉络辨识，认为小城镇的发展是一个寻求地域空间关系适宜性的能动性配置行为过程，区域空间规划视角的小城镇规划需要结合区域空间结构体系、地域社会经济形态、空间要素聚散优化等探索其空间关系及其形式呈现、关联与转化，并结合新区域模式探讨了小城镇建设的时代性思考与可行性路径。

【关键词】 小城镇　空间规划　形式要素　空间关系　新区域

1　引言

罗志田教授曾在多篇文章中论证，近代中国各地社会变化速度及思想和心态发展的不同步，造成了从价值观念到生存竞争方式都差异日显的两个“世界”甚至多个“世界”[1]，这种不同步所引发的多维“世界”也深刻地反映在我国小城镇的发展进程中。在传统农业大国村镇复兴语境下，基于强烈"命题式"的既有发展范式,我国小城镇取得了丰硕成果。然而,当下的模式大多缺乏有效顶层设计和宏观引导、盲目套用大中城市模式、经济财政匮乏、内生动力持续后劲不足等问题造成了区域空间资源的低效、浪费;同时,外来资本注入更倾向于一种大中城市经济形态"斥化"的外溢和城市阶层"乡愁""乡土特色"等需求消费植入和空间资本逐利,小城镇无形中陷入了多维"世界"的窘境。

随着国家经济发展逐步向广大镇村地区转移,城镇化和"乡村振兴战略"不断深化,小城镇建设已经不再是城市发展模式在镇村地区的一种空间倾扎和形式转译,而是一个更具多层面的空间关系综合概念与地域空间实体。从区域空间视角来看,小城镇建设是一个持续寻求地域空间关系适宜性的能动性配置行为过程,需要摆脱固有模式思维的约束并整合区域空间多方社会资源并将其转化为地方性内生系统,探索小城镇空间关系及其形式要素关联与转化,寻求新区域模式下的范式趋向与自我变革之路,从而有效地全方位、多层次、大规模开展区域社会空间体系建设。

2 小城镇的概念辨识及其特征

小城镇的发展与研究具有久远的历史可循:从 1979 年十一届四中全会《关于加快农业发展的若干问题的决定》中"有计划地加强小城镇建设是实现四个现代化、缩小城乡差别的必由之路"[2],1998 年十五届三中全会《关于农业和农村工作若干重大问题的决定》中"发展小城镇是带动农村经济和社会发展的一个大战略"[3]到 2018 年《国家乡村振兴战略规划(2018—2022年)》中"以镇带村、以村促镇,因地制宜发展特色鲜明、产城融合、充满魅力的特色小镇和小城镇,推动镇村联动发展"[4]等;费孝通先生《小城镇 大问题》中认为,"小城镇是一种比乡村社区更高一层次的社会实体"[5],何兴华指出"小城镇属于一种城乡过渡的中介状态"[6],晏群提出"小城镇范围具有一定的灵活浮动,向上链接小城市、向下联通集镇"[7]等,无论是政府文件或是专家学者的诸多研究都尚未统一、明确地界定小城镇的概念,反而受学科交叉、动态嬗变等影响陷入了模糊、多义的境况。

长期的概念争鸣与界定阐释虽未能明确小城镇的概念及其范围，却促使小城镇获得了与时俱进的全新身份与时代发展。总而言之，目前国内关于小城镇的概念主要有四种组合方式(表 1)。随着时代发展、政策转向和工程实践等研究拓展，尽管小城镇概念陷入了模糊、多义的境况，但也可以较为清晰地梳理出小城镇所具备的相似特征与共有属性：第一，小城镇具有城市或乡村的某些概念范畴，介于城乡二元区域之间并视其聚焦倾向而有所侧重，如费孝通先生所言："新型的正从乡村的社区变成多种产业并存的、向着现代化城市社区转变中的过渡性社区，它基本上已脱离了乡村社区的性质，但还没有完成城市化的过程。"[8]第二，小城镇在传统的城乡之间形成了一个具有城市和乡村二重性的、新的、独立的地域实体[9]，与城市、乡村共同形成了三元结构体系。第三，与大中城市相较而言，小城镇的社会生产力水平相对落后、工业化进程相对滞后，其发展进程、辐射范围与服务对象的受众面主要是广大乡村地区，小城镇建设也是未来农村城镇化的主要形式和重要内容。第四，小城镇是一个区域空间的概念，作为一定地区政治、经济、文化、交通等服务中心，小城镇空间密度相对较小且封闭匿名、产业活动多样且聚集性强、生产力资源丰富且生产率较低。

表 1　小城镇概念组合形式及其特征

组合形式	侧重点	具体表述
小城镇 = 小城市 + 建制镇 + 集镇	城市 + 部分乡村	小城镇具备城市形态的同时也留存部分乡村属性，属于广义概念
小城镇 = 小城市 + 建制镇	侧重于城市范畴	偏向于规模小且人口少于 20 万的小城市和建制镇区
小城镇 = 建制镇	侧重于建制镇区	属于城镇类型但其服务范畴偏向于乡村地区，属于狭义概念
小城镇 = 建制镇 + 集镇	侧重于当下城乡二元形态和农村城镇化实践的范畴	小城镇涵盖了建制镇区和相对发达的农村集镇

3　小城镇发展历程及其转变

新中国成立以来，我国最为引人注目的一个变革倾向就是解放和发展生产力，而城镇化既是其中的一个重要形式，也是一个典型结果。小城镇建设作为一个城乡协调发展的“平衡杆”和农村城镇化的“推进剂”，与镇村发展“名相远、实相近”，并可以从镇村发展脉络中探寻到小城镇的发展演进及其阶段特色。总体而言，新中国成立后我国乡村营造经历了“去序、植序、定序与维序”四个重要阶段[10]。长达 70 余年的镇村发展可谓一场悄然进行的生产力革命和生产关系优化，这四个阶段脉络及其形式流变模式也深刻影响并隐射在小城镇的发展进程及其演变中（表 2）。

表 2　新中国成立以来的镇村及小城镇发展阶段及其特征

阶段	社会背景	社会特征	镇村	小城镇
去序	1958 年“人民公社”运动	外力介入，自上而下的经济建设与社会改造行为	镇村传统地景形态的消亡和毁灭	服务于政治需求和经济诉求的显著规划性及其生产功能
植序	1978 年土地改革、农村住房改革及乡镇企业兴起	相对自主和独立，生产力与生产关系的解放为镇村注入工业化动力	生产力解放到后期市场价格机制下的生产力流失	一产向二产过渡，小城镇生产资料的集聚和虹吸效应，镇村及小城镇工业化起步
定序	2005 年新农村建设	以工促农、以城带乡模式来调整城乡二元结构	工业反哺农业，新农村“物 + 人”，镇村城镇化快速起步	工农协调、城乡共荣，镇村城市化推进新型小城镇形成，市场机制下形成区域化发展
维序	2018 年国家乡村振兴战略	重大工程、重大计划、重大行动部署与战略规划	产业兴旺、生态宜居、乡风文明、治理有效、生活富裕	新型、多元城镇（村）体系日益完善，横向、纵向区域链联动发展框架体系形成

受大中城市和乡村地区的双重发展影响，小城镇的发展既是一个寻找自我规律和建构模式的探索过程，也是一个处于城乡风暴中的上衔下接、过渡性环节。就其发展进程及其演变倾向而言，小城镇的独立地位与社会认同也在不断发展中得以加强和修正并在不同阶段有所偏向与侧重，反映出小城镇发展中持续面临的形势变换与变数更迭。如果说早期小城镇规划受到城市化行为及其建构思潮的影响，诸如城市规划模式的套用、产业类型的瞬间植入等都在早期小城镇建设中有些鲜明、显著、直观的体现，此时期小城镇发展基本尾随城市发展的脚步，自我意志和发展诉求某种程度上较被忽视或弱化，服务于政治需求和经济诉求的显著规划而尚未形成自我模式

和发展愿景。

中后期的小城镇处于一个过渡阶段,面临着系列剧烈而深刻的社会形势和政治转变,其自我定位与建构发展也始终处于一个波动发展中,而此阶段也正是小城镇在不断探索自我建构以对抗或回应大中城市建构“都市移情”和“形式意志”,小城镇逐步回归到地域镇村地区的区域性中心辐射、经济带动和交通集散等。经济诉求是中后期小城镇发展的一个核心因素并引发了空间生产形式的差异性,随着土地改革、乡镇企业、市场经济体制确立等社会生产力进步和工农业技术发展,价值差异导向下的土地经营方式致使镇村地域经济发展更多依赖于镇村社会经济的区域空间要求,围绕区域空间国民经济发展需求和资源禀赋统筹等,依托一个或多个发展条件优越、区位中心辐射等的小城镇形成直接和间接的配套协作、技术支撑、交通联通或经济联系的区域性小城镇职能分工协同空间体系和地域生产综合有机体。半个世纪的发展,小城镇逐步突破行政单元划定,在经济、文化、交通等多重要素影响下形成了具有特定区域空间特征的经济社会综合体,是一个寻求地域空间关系适宜性的能动性配置行为过程。

4 区域空间视角下小城镇空间关系及其形式表达

区域空间视角下小城镇建设突破或超越了传统小城镇的建构模式,不纯粹依赖于行政区划而存在,更依托于国民经济及社会文化活动的空间聚合、扩散及其辐射而定,使小城镇成为一个更具深刻内涵的综合概念与地域空间实体而具有多层面空间关系,区域空间结构体系、地域社会经济形态、空间要素聚散优化等是其发展带来的典型结果,多重要素通过小城镇建设在地域空间关系下以有组织或被组织、相互作用且依存的形式而不断呈现、关联和转化。

4.1 区域空间视角下小城镇的空间关系及其形式呈现

小城镇发展受国家政策导向、地域资源禀赋条件和市场机制规律的多重影响。新中国成立以来,我国城市发展经历了一个曲折的历程(表3),也恰如其分地反映出了“空间+经济”关系模式下小城镇建设中的几个空间生产主体及其形式转变趋势:在经济高增速下,尤其是乡镇企业、镇村工业化等经济行动下城乡长期的固有壁垒逐步松动乃至于被打破,小城镇建设遍地开花、人口就地城镇化、农业集约工业化、镇村户籍改革与人口流动、集贸市场发展并成为后期镇村城镇化的前沿阵地等,经济效益与市场机制是推动小城镇迅速发展的核心源头与永恒动力;政府决策与行政支配是小城镇健康发展的重要机制,从计划经济时代政府直接行政管控到市场经济体制政府行政干预,小城镇的发展进程中中央政府的权限逐步下放而地方政府的主动权、决策权逐步上升,中央政府更多地聚焦战略顶层设计而地方政府更多关注经济发展与产业优化;小型企业与私营经济在区域性小城镇建设中的角色与作用逐步加强,民间资本在小城镇区域范围内有效聚集资源、吸纳人群、高效生产并快速形成区域性生产与消费市场,作为区域小城镇建设的重要推手在当前及今后很长时间内作用更为显著。

表 3　新中国成立以来的城市发展侧重及其进程梳理

时间	政策	发展理念	小城镇形态
1950	—	控制大城市规模和发展小城镇	政治导向性小城镇发展思维
1989	城市规划法	严格控制大城市规模,合理发展中小城市,积极发展小城镇	占据较为主导位置,政策支持和小城镇主动双向发展
1994	关于深化城镇住房制度改革的决定	按劳分配为主的货币工资分配方式和建立住房公积金制度	全面推进住房市场化改革,城镇住房商品化和住房私有化开始
2000	关于促进小城镇健康发展的若干意见	适时引导小城镇健康发展是较长时期农村改革与发展的一项重要任务	随着对“三农”问题的日益重视,农业生产力水平的提高和工业化进程的加快,进一步提升了发展小城镇的地位,小城镇、大发展
2006	“十一五”规划纲要	坚持大中小城市和小城镇协调发展,节约土地、集约、健康发展	
2011	“十二五”规划纲要	促进大中小城市和小城镇协调发展,有重点地发展小城镇	
2012	十八大报告	加强中小城市和小城镇发展	小城镇、大战略

（续表）

<table>
<tr><th>时间</th><th>政策</th><th>发展理念</th><th>小城镇形态</th></tr>
<tr><td>2014</td><td>国家新型城镇化规划（2014—2020年）</td><td>发展集聚效率高、辐射作用大、城镇体系优、功能互补强的城市群</td><td>小城镇融入城市群，全面、多样化城镇化发展体系</td></tr>
<tr><td>2017</td><td>十九大报告</td><td>以城市群为主体构建大中小城市和小城镇协调发展的城镇格局</td><td rowspan="2">大城市主导、小城镇支撑、镇村地区参与的综合性、层次性、系统化、开放型的城镇化网络结构与空间体系</td></tr>
<tr><td>2017</td><td>政府工作报告</td><td>支持中小城市和特色小城镇发展，推动一批具备条件的县和特大镇有序设市，发挥城市群辐射带动</td></tr>
</table>

从区域空间视角来看，小城镇因其独特的空间区位、经济形态等而成为解决城乡结构冲突、综合发展错位等客观问题的缓冲区。与传统小城镇建构相比较，区域空间视角下的小城镇空间关系及其形式转化更契合镇村地区城镇化发展脉络与内涵。

（1）镇村地区城镇化的出现是经济产业分化、分工协同的产物并激发了空间生产形式的差异性表达，第一次社会大分工后集市的出现和第二、三次分工后城市的萌芽均伴随着经济产业转型、社会生产分化和空间经营模式迥异，分工产生的空间断层与社会骤变在小城镇地区并没有城市地区明显且这一持续性历史动态过程在小城镇地区依旧存在。

（2）要素生产模式及其空间差异是小城镇地区与城市、乡村地区显著的差别并反映在了小城镇地区的经济形态层面。相较于城市地区（三产主导、生产率高效、商品经济等）和乡村地区（一产主导、劳动力密集、自产自销等），小城镇介于城乡之间并融合城乡多元生产要素形成了链接城乡二元地域空间的“经济共同体”，如承载乡村地区农林产业深加工、城市地区粗放型产业转移等。

（3）依托空间经济布点在小城镇地区形成产业集聚区，产城融合、互动、关联紧密，是一种集约、成片“生产空间”形式引发的“空间生产”质变。伴随着生产资本在小城镇地区的高度集聚，以小城镇为载体形成了区域产业集聚的“空间＋经济”增长模式，区域经济增量、人口向城镇的集聚、产业优化及产业链的形成等从而获得城市—小城镇—乡村空间区域一体化发展及其整体倍增效应。

4.2 新区域模式下小城镇的空间关系关联与转化

受传统城市扩张和经济增长模式影响和诱导，小城镇建设可以被视为是城市发展固有模式在镇村地区的一种空间倾扎和形式转移，对小城镇的长远、健康发展缺乏持续性引领。小城镇空间关系是建立在城乡发展需要和小城镇主体诉求基础上的，与东部发达地区大城市主导、中小城市参与、交通圈覆盖、发展导向清晰的区域城镇空间（城市群或都市圈）不同，中西部地区城市发展在积极争取外部资源的同时更多地来自对本地资源的截收与汲取。那么，作为区域城镇空间体系末端的小城镇应该怎么整合区域空间多方社会资源并将其转化为地方性内生系统，并有效地全方位、多层次、大规模开展区域社会空间体系建设呢？随着供给侧结构性改革、存量规划等时代转型诉求，小城镇发展迫切需要扭转过往发展过度依赖于要素资源投入的境况，把生态文明理念和时代发展主题融入城镇化的全过程，积极稳妥地推进区域空间小城镇建设。

（1）从小城镇个体化区位“生产空间”布点到区域性“空间生产”联动模式。就小城镇的空间关系及其形式要素聚集程度而言，中西部小城镇有显著的差别：东部地区小城镇已经从工业化逐步过渡到后工业化的增长时期，同样已经进入了从“生产空间”转变为“空间生产”的增长周期，正在加速从传统区域增长模式转变为新的区域增长模式，逐步确立了社会空间生产、差异空间生产和象征空间生产的区域增长共识[11]。然而，中西部地区小城镇尚处于工业化阶段（甚至很多西部小城镇仍旧处于工业初级阶段），地区资源集聚程度、产业均衡及其区域协同、地区辐射能力、空间要素就地转化、城镇空间开放合作等都较为薄弱低效。一方面受制于行政单元桎梏和地方政府保守，另一方面则是行政决策指令大于市场调控效应导致的区域要素的空间流动乏力、统一市场与共享机制的缺位，区域小城镇数量及其分布不均衡、发展趋同均质、地区财政支撑乏力等也是重要原因。故此，小城镇发展迫切需要依托个体化区位“生产空间”布点建构区域性“空间生产”联动模式和生产网络，通过区域性单元模块及其组织结构协调区域内外空间关系与竞争优势，参与城市群(都市圈)产业分工并摆脱传统生产模式，形成区域发展共识与合作网络，塑造区域发展内生潜力、政策保障、权责机制、行动与应急能力等，建构区域发展新秩序与新价值。

(2) 注重小城镇内部空间整合与刚性+弹性引导模式重构。受传统增长主义逻辑影响，依托交通线路的工业园区、新城区等蔓延无序而城镇中心却陷入了交通拥堵、环境恶化、产业凋敝等境况，增长主义模式给小城镇地区注入发展契机的同时“增长危机”也反噬其身，“经济社会发展—生态环境破坏”的传统模式和发展桎梏成为当前范式转型中面临着的一个矛盾。对此，小城镇建设应该紧密契合供给侧结构性改革、存量规划等时代主题，虽然存量空间及其更新并不能完全满足小城镇快速空间发展的诉求，需要依托增量空间发展为存量空间优化赢得时间和空间，空间位势差、环境变化驱动、新经济形态等都会增加空间发展的不确定性，在此背景下不能过分强调和抬高坚守管控的刚性，而要发挥好规划的战略引导、高位统筹和公共政策及其治理机制的作用，做好弹性需求和应急保障，做到坚守刚性管控与弹性发展的平衡。同时依托“以压增量倒逼存量挖潜”推动自身的提升与发展转型，如通过“退二进三”来清退和腾挪空间，合理、有序推进旧城镇以及棚户区改造和用地再开发，盘活低效和空闲土地等。顺应供给侧结构性改革趋势，通过存量空间承载功能的内涵提升，为小城镇注入内涵式、内生性的发展动力，向约束型、秩序型和法制型转变。

(3) 小城镇增长管理思维与精明增长模式。小城镇建设不应以经济效益和物质要素为终极目的，而是多重建构要素(生态与环境、经济与产业、人口与社会、历史与文化、技术与信息)在区域空间层面的统筹布局、具体部署和实施管理。新区域模式下小城镇建设需要对区域空间环境与空间开发承载进行评估、研判与预测，对小城镇建构要素进行定位、价值的再评估和意义的再界定，在速度和规模层面维系空间开发行为对自然环境的适宜、持续、动态与可调控作用力。据此，需要明确城乡用地的类型及其相关属性：首先，明确和划定自然山水保护范围，挖掘生态林地、生态保育等功能实现自然山水的保护与利用并构；其次，在小城镇建设中针对不同类型用地和所处区域明确空间开发的规模和强度，尤其是生态敏感区更应该做好严格控制和评估，如滨河地带、山林等以公园绿地、生态廊道、山体公园等形式，营造城镇公共空间，达到保护自然山水环境的目的和小城镇公共空间开发双赢的效果；同时也要做好山水环境要素的日常评估，针对大气污染、水污染、山水破坏等日常监管与修复，做好自然山水环境的生态预警和小城镇建设的环保评估。

5 小城镇建构的时代思考

追溯前文小城镇的概念认知的模糊、多义等也反映在当下小城镇建设的诸多层面，如小城镇概念范围及其服务对象仍旧偏向于广大镇村地区，在区域城镇空间体系中的职能定位与话语权弱化，其资源集聚也是乡村地区居多而未能从大中城市主导的区域城市群（都市圈）获得发展力量与动力协同，没有积极参与到区域经济协同与空间发展网络体系中，空间发展失衡且内涵式、自生性动力不足等都是亟待解决的问题。随着供给侧结构性改革、存量规划、紧凑布局与精明增长等理念的介入，迫切需要在新形势发展与变化中审视小城镇既有发展范式并为其注入新的“文法”与“词汇”，探讨时代变化背景下的小城镇建设时代趋向与要素介入，时代的发展、经济的转型和政策的导向等为小城镇发展带来了系列机遇与突围之路。

如果视空间为孤立的、在地理上离散的场所，那么存量规划背景下小城镇建设则是各孤立空间从简单性到无序复杂性再到有序复杂性组合建构的过程。从宏观层面看，小城镇规划本身就作为一种政策性的表达，通过政策引导和信息供给来提高城市未来发展的决策质量，在实现国家发展政策，为政府供应相应发展控制与引导的规划辅助，协调各种开发建设和保障产权主体的利益等方面意义重大。相较于大中城市，小城镇建设更需要政府行政决策的引导与调控，构以政府管控为主且强化政府主动式干预、市场及社会组织为辅的小城镇建设机制是应对问题与挑战的最好选择与出路，结合我国国情和社会发展阶段，多元参与机制是调和小城镇地区各方利益关系和国家掌控城市公共行动的最优途径，也是解决现实小城镇发展问题的最佳方式。

就目前而言，小城镇地区城镇化仍旧停留在农业人口流动到城市中的“人口城市化”阶段，尚未完成外来人口接受城市生活方式及具有城市人的心理状态的第二阶段[12]。对此，小城镇建设应该是一部“人”的主题地位确立并不断得以保障的城镇建设历史，需要跟随“和谐城市”“适宜栖居”等理念倡导，城镇化关注的焦点也从经济、土地等要素向人的价值及其发展需求转移，以人的需求出发也是摆脱增长主义桎梏，逐步回归人的主体性地位和小城镇本质的探讨轨道上来，确立人在小城镇发展体系中的主体性地位，以人民城市为契机，延续小城镇地域场所精神和重构地域空间环境，加强地方感的培育和提高社区场所归属感，营造可感知、可识别的宜人城镇环境；解析人民城市行为主体特征，反映市民大众属性与小城镇空间环境的映射关系，完善小城镇的空间属性与需求层次；凸显小城镇的公共属性，通过公共政策在区域和城镇内部空间两个层面“公共性”的落实，应对多元化的利益格局境况，推动小城镇建设人本精神、人文情怀和人居理想的优化调整。

参考文献

[1] 罗志田.新旧之间：近代中国的多个世界及“失语”群体[J].四川大学学报(哲学社会科学版)，1999(6)：78-83，109.

[2] 中共中央关于加快农业发展若干问题的决定(草案)[J].新疆林业，1979(S1)：1-11.

[3] 中共中央关于农业和农村工作若干重大问题的决定[J].求是，1998(21)：2-12.

[4] 中共中央国务院印发《乡村振兴战略规划(2018—2022年)》[N].人民日报，2018-09-27(001).

[5] 费孝通.小城镇四记[M].北京：新华出版社，1985.

[6] 何兴华.小城镇规划论纲[J].城市规划，1999(3)：7-11，63.

[7] 晏群.小城镇概念辨析[J].规划师，2010，26(8)：118-121.

[8] 费孝通.论中国小城镇的发展[J].中国农村经济，1996(3)：3-5，10.

[9] 王开荣.小城镇建设与乡镇企业集群协调发展研究[D].重庆：重庆大学，2008.

[10] Huagang Yang, Min Yuan, Dan Luo, et al. The Traditional Evacuation and Modern Narrative — The Modern Thinking and Destination Judgment of Rural Landscript[J]. Information Engineering Research Institute, USA. 2019 IERI International Conference on Economics, Management, Applied Sciences and Social Science(EMAS 2019), vol.

28，2019(30)：507-512.

[11] 胡小武，王聪.从“生产空间”到“空间生产”的城市群区域增长模式研究[J].南京社会科学，2018(5)：20-26.

[12] 魏立华，阎小培.中国经济发达地区城市非正式移民聚居区——“城中村”的形成与演进——以珠江三角洲诸城市为例[J].管理世界，2005(8)：48-57.

新疆兵团戍边新城市(镇)国土空间总体规划编制的思考
——以可克达拉市为例

马小晶　孙　烨

(中国城市规划设计研究院上海分院)

【摘要】 相比于传统城镇,兵团戍边城市肩负着国家赋予的战略使命,具有政策特殊性,其在快速推进新城规划和建设过程中,遇到从团场向城市转型、因规划体系改革导致传统城市规划向国土空间总体规划转变等问题,需梳理国土空间总体规划核心要义,明确具体工作思路和方法。本文以兵团戍边新城可克达拉市为例,提出编制戍边新城市国土空间总体规划要服从国家战略要求、推动兵地互利共赢发展、构筑生态集约的国土空间开发保护格局、提升国土空间品质和资产价值、营造和谐宜居的品质生活、弹性规划镇区空间、有序推动新城建设等策略,期望能为其他兵团新城编制规划时提供借鉴。

【关键词】 国土空间规划　兵团城市　兵团戍边新城市(镇)　国土空间总体规划

1　背景

2019年5月9日,《中共中央　国务院关于建立国土空间规划体系并监督实施的若干意见》(下文简称《若干意见》)印发,标志着国土空间规划顶层设计和“四梁八柱”基本形成(赵龙,2019)。目前,国家、省、市、县级国土空间总体规划编制工作已经全面展开,关于省级、功能完善的传统型市(县)国土空间总体规划讨论较多，针对新建城市的探讨较少。

新疆生产建设兵团成立于1954年，采取党政军企合一的体制，在我国发展中承担着维稳、戍边、兴疆的历史使命。2010年，中央新疆工作座谈会明确提出，全面推进城镇化，“在战略地位重要、经济发展较好、发展潜力大的中心垦区城镇，增设自治区直辖的县级市，并纳入国家城市规划体系”，兵团的发展迎来新的历史机遇，由“屯垦戍边”向“建城戍边”转变。根据相关规划，兵团近期和远期拟建约16个市，多以团场（农场）城镇为主进行，即团场城镇改县级市。

由于兵团性质特殊，针对兵团城镇的学术研究成果较匮乏。现有研究主要集中在兵团发展历程、兵团特殊性、兵团城镇化发展问题、动力机制等方面（张友德，1995；钟义龙，1995；李雪艳、乔永新，2001；张军民，2003；张飞、史诩华，2005；于琳，2006；张华平，2007）。有些研究关注兵地合作模式，构建兵团城市“师市合一”管理体制等（曹广忠等，2006；顾光海，2010；杨建平，2010；王虹，2010；姚凯、胡德，2011；翟桂生、刘新林，2011；黄明华、曹慧泉，2012）。目前，兵团城市已经相继启动国土空间总体规划编制，但国土空间规划的研究主要集中在规划体系构建的逻辑、要义解读以及规划运作策略等领域（赵民，2019；伍江，2019；梁鹤年，2019；赵燕菁，2019；张尚武，2019），鲜见针对兵团城市如何编制国土空间总体规划的案例研究。本文以第八个获批的兵团城市可克达拉市[①]为例，探索性地对处于转型期的兵团戍边城（镇）编制国土空间总体规划提出一些思考，希望能对其他兵团城市给予启发和借鉴。

2 转型发展的兵团

2.1 由传统的应急性组织向城市（镇）转变

当前，兵团已经进入“建城戍边”转型期，被划入新设市的团场相继开展新市（镇）的规划编制与建设，向“建城戍边”转变；未被划入新设市的团场，

① 2015年3月，兵团第四师可克达拉经国务院批准建县级市。

仍然保持原有的组织运作方式"屯垦戍边"。随着"建城戍边"的推进，未来兵团将完成五大责任的转变，即由传统的应急性体制向独立地位转变，由传统的农业主导转变为非农产业主导，由传统的产业基地转变为全疆城镇化核心，由传统的单纯依托兵团人口集聚转变为集聚全疆新增人口、成为凝聚各族群众的大熔炉，由传统的屯垦文化转变为现代先进文化代表。

2.2 转型时期兵团新城市(镇)特征

由于兵团成立之初仅仅作为应急型特殊组织，重视农业生产，忽视城镇建设。团场规模小，因战略考虑，在地理位置上相对独立。因此，兵团新城市(镇)呈现出不同于传统城市(镇)的特点与问题。

(1) 兵地空间交错，亟须协调发展

兵团成立初期在布局上更多地考虑当时剿匪、守边任务和不与地方争利，团场"插花"式坐落在新疆各个地区，与地方城镇为邻、交错布局①。由于不同的管理体制，兵团和地方的城镇管理政策中不乏相互冲突、竞争关系等问题。目前，地方与兵团均设立城镇，城镇的建设与管理需要加强兵地协调，尤其是水资源利用、污水处理和垃圾处理等城镇基础设施的开发建设，以及综合防灾工程都很难由单个城市实施，需要兵地发挥各自优势协同发展。

(2) 典型绿洲经济，兼顾保护与发展

新疆是典型的干旱地区绿洲经济模式，生态脆弱，承载能力有限。水源主要依靠高山雪水融化后流经戈壁滋润绿洲，为人口增长、农业生产、产业发展提供保障。近些年来，国家对新疆实行差别化的产业政策，新疆开始成为承接内地重化工、高污染、高能耗产业转移的重要平台。同时，少数民族地区出生率高，乡村人口快速增长，绿洲陷入"人口增加、重化发展—开垦荒地—水资源耗尽—生态环境破坏"的困境，对社会稳定和长治久安产生巨大负面影响(王凯、李海涛等，2014)。因兵团不与地方争利，大部分师部与团场驻扎地区环境艰苦、生态环境更加脆弱，加强生态环境保护、实现资源的高效利用是兵团新城市(镇)的重大责任。

---

① 新疆兵团地域辽阔，土地面积 7.47 万 km^2，占自治区土地总面积的 4.47%。兵团团场遍布新疆 14 个地州市，在全疆 87 个县市中有 69 个分布着兵团单位。

（3）城镇空间布局分散、城镇规模小

由于兵团与地方在空间上呈现为“犬牙交错、相对独立”格局，兵团新城的市域团场被分割成若干大小不等、空间分散的组团。同时，团场城镇人口规模偏小，缺乏带动型产业，对周边经济带动能力弱。周玉斌、陈科（2012）通过对比兵团、新疆、全国镇人口发现，兵团团场小城镇平均人口数为 4 282 人，不到新疆建制镇平均人口的一半，也不及全国建制镇平均人口的 30%。因此，以兵团团场为单元整合的兵团新城，市域空间结构呈现为“轴带 + 散点”特征。

（4）规划与建设依靠行政命令，缺乏系统性规划

长期以来，兵团团场以战备需要进行建设，习惯于服从上级行政命令，缺乏统筹规划建设城市的经验。新市获批后，在法定规划未获批复时即同步开展新城建设，“建管合一”“报建同步”几乎是所有兵团新建城市的开发方式，导致新城建设与规划缺乏系统性管控，一些城市出现宽马路、大广场等刻意追求城市形象、城市人性化尺度缺失等问题。

（5）城市建设活动破碎并且缺乏统筹

兵团新城建设主体除兵团自身外，还涉及国家财政、央企和各部委援建以及招商引资的开发建设途径。在实际建设中，兵团执行力强、新城建设快，各实施主体往往从自身发展诉求出发，城镇建设呈现出“散点化”空间特征。因此，兵团新城的规划与建设需考虑分期、分时、分工相结合。

2.3 兵团新城市(镇)规划思考

兵团新城市（镇）规划编制应该体现以下五点核心思想：战略性、整体性、特殊性、针对性、行动性。相比于传统的普通城镇，兵团新城虽然基础较弱，但因肩负着国家战略使命，是目标导向型市（镇），要成为“安边固疆的稳定器、凝聚各族群众的大熔炉、汇集先进生产力和先进文化的示范区”。作为指导一定时期的新城规划，需要强调长远的战略引领、体现新时代新理念新要求、要应对发展的不确定性，规划需要具有战略性、整体性。在规划的特殊性方面包括兼顾兵地融合与互补发展，处理好生态保护与城镇开发的关系，点状分布的市域空间结构；同时，新城人口依靠行政命令迁入，常规人口规模预测方式不适用，人口规模预测考虑目标导向、上位规划建议，以及以资源、水定人口规模。目前，兵团新城市（镇）已经或即将开始建设，规划

编制需要解决新城建设中遇到的实际问题，有针对性、行动性。包括回归人本价值取向，打造宜人精致的小城(镇)；落实国土空间规划要求，实现法定规划管控有效传导；明确分期重点，更好指导新城建设。

3 兵团戍边城市(镇)国土空间总体规划编制的认识与思考

3.1 国土空间规划要义解读

(1) 国土空间规划建构的核心要义

国土空间规划是在生态文明背景下提出的，肩负着以规划引领转型发展的使命。国土空间规划构建的核心可以概括为“一优三高”。“一优”是指生态文明建设优先，“三高”为全面实现高水平治理、引领推动高质量发展和共同缔造高品质生活。其中，生态文明建设优先是国土空间规划的核心价值观，全面实现高水平治理是国土空间规划体系构建的根本依据，引领推进高质量发展和共同缔造高品质生活是国土空间规划的具体实施路径(孙施文、张皓，2019；杨保军、陈鹏等，2019)。

(2) 市县级国土空间总体规划任务

《若干意见》指出“分级分类建立国土空间规划”，形成“五级三类”的规划编制体系，国家、省、市、县、乡镇将形成上下贯通的空间规划框架。市县级国土空间总体规划要体现“多规合一”的综合性、战略性、协调性、基础性和约束性，任务具体聚焦于四个方面：一是强化战略引领，落实上位规划要求，协同各项国家战略空间落地；二是转变规划理念，从空间规划走向空间治理，落实全覆盖、全要素、全过程的用途管制，实现空间资源集约高效的可持续利用；三是把握民生需求，打造高品质生活环境，提供高质量设施供给，实现城市的高质量发展；四是构建实现“多规融合”的有效传导机制。

3.2 兵团新城市(镇)国土空间总体规划工作思路与方法

(1) 落实战略要求

落实国家战略要求，以国土空间规划的“一优三高”作为工作核心理念，围绕国家层面的“两个一百年”奋斗目标和上位规划部署，结合兵团城市（镇）发展特点，确定国土空间发展目标和城市性质，提出国土空间开发保护的策略。同时，落实上位规划的约束性指标要求，确定国土空间开发保护的量化指标。

(2) 区域协同发展

鉴于兵团设立和发展历程的特殊性，需考虑兵地协同问题。兵团城市（镇）在国土空间总体规划中需落实上位规划提出的区域协调要求，在区域层面解决好水资源分配、生态环境保护、基础设施衔接、公共服务设施共享等协同问题。

(3) 总体格局管控

落实国家战略要求，构建国土空间总体格局，不仅要处理好保护与发展的问题，更要关注山水林田湖草、人与自然生命共同体的持续发展问题；通过综合评定，明确保护空间；提出城镇内部的空间格局、各类设施配套以及建设用地的布局安排；彰显特色空间，塑造具有地方特色的人文魅力空间；落实上位规划要求，优化、细化三条控制线。

(4) “资源”变“资本”

在生态文明发展新理念下，加强对国土空间资源的统筹与引导。优化国土空间使用结构，合理划分市域功能分区，确定国土空间主要用途方向。统筹山水林田湖草沙漠等自然资源保护与利用策略，明确综合整治和生态修复目标，提升国土空间品质和资产价值。以水定人、以水定产，加强负面清单管理，严禁入驻高污染高能耗产业，实现可持续发展。

(5) 强调以人为本

坚持以人民为中心是国土空间规划的根本落脚点。规划需从城市公共服务、公共空间与游憩体系、城市特色与文化等方面着手，注重提高城市空间品质，满足以人为核心的空间需求。同时，规划中需强调民生服务保障措施，构建以社区生活圈为载体的人居环境，完善其公共服务设施和基础设施配置标准与布局，提升人文关怀和城市“温度”。

(6) 关注实施保障

落实规划控管与传导，指导新城近期建设。探索创新规划方法，对团场城镇、连队提出规划指引，落实、细化总规确定的规划目标、规划分区、城镇定位、要素配置、三线管控要求、分解约束性指标等。结合兵团新城实际，对近期建设做出统筹安排，通过行动计划，更有效地指导新城建设。

4 可克达拉国土空间总体规划实践探索

4.1 明确目标，服从国家战略要求

可克达拉的目标定位需重点贯彻党中央对兵团的要求，强调长远的战略引领，促进高质量发展，突显城市特色。综合考虑兵团新城的战略意义、中央政策支持、"一带一路"倡议、兵团第四师首府功能建设和优良的生态环境等优势与机遇，将"边境新支点、四师新首府、绿洲新家园"确定为可克达拉市的发展目标。

根据新城发展目标，构建规划指标体系，落实生态文明建设和高质量发展的要求，统筹市域国土空间开发和保护，强调对关键性要素的战略管控，建立"目标—指标—策略"实施传导路径。在指标选取上，强化空间分区管制，关注可克达拉城市特色，纳入耕地保有量、永久基本农田保护面积、生态保护红线控制面积、湿地保有量、森林覆盖率等生态底线管控、环境品质提升指标；落实新发展理念，选取单位地区生产总值(GDP)用水量、新增建设用地占耕地面积等空间集约利用指标；关注人的需求和生活品质，选取与城市品质相关的中心城区人均公园绿地面积、绿色交通出行比例和社区级公共服务设施15分钟覆盖率等空间环境品质和设施服务水平指标。

4.2 区域协同，推动兵地互利共赢发展

根据《伊犁哈萨克斯坦自治州州直城镇体系规划(2013—2030年)》，可克达拉市是伊霍经济圈六大重要城市之一，需要加强兵地融合互补发展，推动可克达拉与伊犁河谷城镇群其他城市的协作。在产业发展上，按照"共建、共享、共赢"的原则，加强可克达拉与在周边城镇在农副产品精深加工、新型建材、纺织服装、旅游、商贸物流等方面的产业协作，形成区域产业集群。推进兵地生态环境保护同防同治工作，建立区域大气环境共同治理机

制，综合控制大气污染。与伊宁市协调做好伊犁河等重要水域水环境共建共保工作，控制伊犁河上游污染物排放，确保伊犁河水质满足水环境功能区划要求。推动重大市政基础设施共建共享，加强与伊宁市等周边地区在电力基础设施、燃气设施等重大市政基础设施上共建共享，加强与霍尔果斯等地水资源共享，启动“引霍入可”联合供水工程。

4.3 全域统筹，构筑生态集约的国土空间开发保护格局

厘清家底，框定空间底图底数。以双评价为基础，明确生态和农业空间底线和城镇建设空间发展极限。全面落实上位规划要求的城镇人口及建设用地总量等刚性管控要求，结合环境约束要素评价结果进行校核。

落实生态文明，确定保护空间，部署开发空间，彰显特色魅力空间，构建国土空间总体格局。锚固自然生态格局，落实主体功能区规划要求，以生态保护为前提，明确草原、伊犁河谷湿地等生态重要和生态敏感地区，维护生态安全和生物多样性，构建连续、完善、系统的生态保护格局。保护市域集中连片的优质耕地、牧草地以及具备改造潜力的农地集中区，明确农业空间与格局。同时，根据区域空间发展格局，结合可克达拉城镇空间现状特征，确定可克达拉市域城镇空间结构为“一心五点”。其中，“一心”是指将可克达拉市中心城区，建设成为市域中心城市；“五点”是指市域内五个团场镇区，是各团场人口和产业的主要集聚地、生产和生活服务中心。此外，打造以国土空间生态和文化旅游要素为载体的魅力体系，形成全域型景区。以当地历史文化资源为核心，划定文化保护控制线，保护历史文化遗产，建议将兵团留下的历史遗迹作为文化遗产进行保护。

构建以“三线”为核心的全域空间管控格局。从空间管控角度，坚持底线管控，衔接国家、自治区级空间管控要求，统筹划定区域城镇开发边界、生态保护红线和永久基本农田。在市域范围内划定生态空间、农业空间和城镇空间，统筹空间资源，构建生态保护红线、永久基本农田、城镇开发边界“三线”空间管控体系。

4.4 整治修复，提升国土空间品质和资产价值

以生态安全格局为引导，优化主要生态要素管控措施，划分修复整治片

区，开展国土综合整治。统筹山水林田湖草自然资源保护与利用，按照严格保护、限制开发、优化利用三种管理类型，实现自然资源从被动保护到人与自然可持续发展，优化国土空间品质和资产价值。明确水林田湖草沙漠等重要资源保护利用的目标与管控要求，确定水土流失、湿地及水污染、沙漠、矿产资源等治理措施。

稳定森林资源总量，大力开展植树造林，优化森林资源布局，提升沿河、沿湖、沙漠周边防护林体系建设水平。坚守水资源承载底线，实施最严格的水资源管控制度。协同推进湿地与水资源的全面保护，健全伊犁河谷湿地保护体系。加强沙漠地区的保护和生态修复，减缓沙漠荒漠化进程，逐步清退沙漠地区重工业用地。

4.5 人本导向，营造和谐宜居的品质生活

(1) 构建可生长的空间结构

可克达拉虽然仅是一个小城市(镇)，但仍需要从长远视角构建其可生长的空间结构。通过分析可克达拉与周边市县、团场的空间关系和建设情况，确定可克达拉市未来"一脊、一心、一核、两区"的空间结构(图 1)。其中，"一脊"作为城市发展脊，向北连接区域交通设施，向南连接远景生活组团，中段链接城市各功能组团，城市脊上尽量布置区域性、城市性服务设施，并强调功能的混合。"一心"是一个复合城市中心，"一核"是北部产业区的服务核心，"两区"分别是南部生活区和北部产业区。

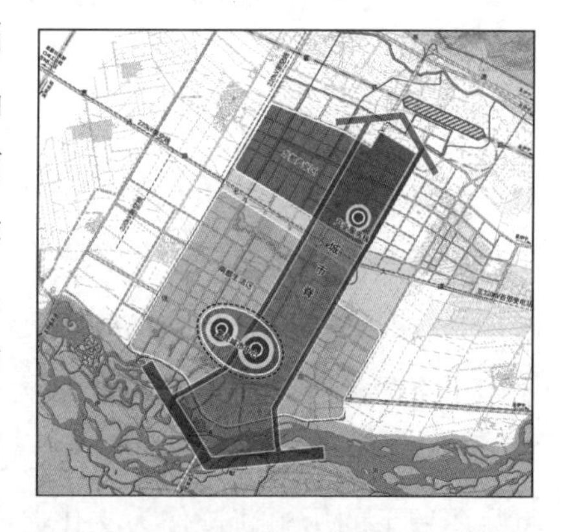

图 1 可克达拉市中心城区结构规图

(2) 打造宜人精致兵团小城

可克达拉具有良好的生态景观，城市规模适宜，有条件打造成为尺度适宜的花园型宜居城市。新城规划与建设的视角从重速度、重形象的"工程视角"向有温度、重感知的"人本导向"转变，展现军旅气质。鉴于可克达拉中心城区建设已经启动，在充分研究指导实施的控制性详细规划的基础上，秉着"照顾历史、尊重现实、体现特色"的原则，将总体规划与总体城市设计结

合，针对绿地布局与生活不匹配、对价值空间认识不足、兵团特色文化缺乏空间载体、人性化空间与便利服务设施不足、道路级配不合理五大问题，采取“公园环、灵动水”“品质滩、控强度”“城市脊、形象轴”“特色街、生活圈”“优道路、差异化”五个方面的改善措施，实现用地布局的优化（图 2—图 4）。

图 2 “公园环”示意图

图 3 总体城市设计空间意向图

图 4 军垦历史纪念轴建构示意图

4.6 规划分区，弹性规划镇区空间

落实主体功能定位，根据国土空间开发保护的总体格局，按照主导功能，在市域划分规划一级分区[①]并明确各类分区比例，在中心城区、团场镇区划分规划二级分区[②]并明确规模。对于城镇发展区，结合总体城市设计，采用相对弹性的“主导功能分区＋要素控制”规划方法，针对镇区重点编制内容，使用指标管控和用地管控工具，明确用地功能、开发强度、建设密度、高度控制等要求，将总图中各功能分区的管控指标传导到下位规划编制环节。

① 一级分区包括生态保护区、生态控制区、农田保护区、城镇发展区、乡村发展区。

② 二级分区将一级分区中城镇发展区细化为居住生活区、综合服务区、商业商务区、工业物流区、绿地休闲区、交通枢纽区、战略预留区、城镇弹性发展区、特别用途区；将一级分区中乡村发展区细化为村庄（连队）建设区、一般农业区、林业发展区、牧业发展区。

4.7 强化实施,有序推动新城建设

划分近期和远期两个阶段,近期围绕“补短板”和“攒人气”,打好兵团城市发展基础,保障城市基本功能建设,引导城市人口集聚,城市围绕重点空间建设有序拓展。远期进一步突出区域功能扩展与辐射,逐步建设成为兵团新城发展的示范。同时,以项目为抓手,分类引导重点系统建设。围绕可克达拉近期建设重点,提出十项专项配套规划研究工作,深化近期行动计划(图 7 -图 8)。

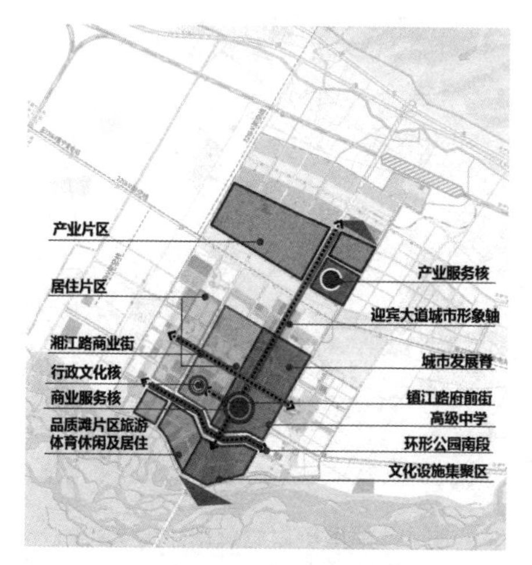

图 7 近期建设重点空间与结构拓展示意图

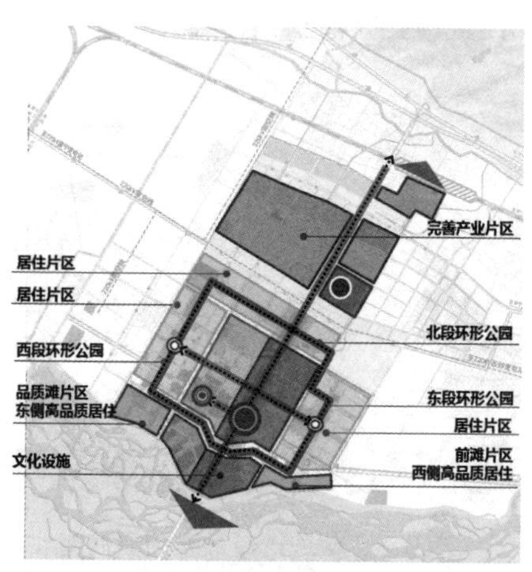

图 8 远期建设重点空间与结构拓展示意图

5 结语

相比于传统的普通城镇,兵团戍边城市具有政策特殊性,肩负着国家赋予的战略使命。兵团在快速推进新城规划和建设过程中,遇到了从团场向城市转型、规划体系改革后传统城市规划向国土空间总体规划转变等问题。本文以兵团新城新疆可克达拉市为例,提出在编制国土空间总体规划中,其要服从国家战略要求、推动兵地互利共赢发展、构筑生态集约的国土空间开发保护格局、提升国土空间品质和资产价值、营造和谐宜居的品质生活、弹

性规划镇区空间、有序推动新城建设等策略，期望能为其他类似的兵团新城进行国土空间总体规划编制时提供借鉴。

（感谢同济大学张立老师和董舒婷同学对本文提出的修改意见！）

参考文献

[1] 曹广忠，耿宏兵，朱冀宇.兵团城市的城市.区域关系与发展机制——以五家渠市为例[J].城市规划.2006(12)：76-80.

[2] 顾光海.新疆兵团“师市合一”城镇化发展道路探析[J].新疆大学学报(哲学·人文社会科学版)，2010，38(4)：22-25.

[3] 黄明华，曹慧泉.由兵地分治走向兵地融合——新疆工作会议背景下的呼图壁城镇体系发展探索[J].现代城市研究. 2012(2)：60-66.

[4] 李雪艳，乔永新.兵团农牧团场小城镇发展现状分析[J].新疆农垦经济，2001(5)：49-50.

[5] 梁鹤年.“以人为本”国土空间规划的思维范式与价值取向[J].新中国土地，2019(5)：4-7.

[6] 林坚，刘松雪，刘诗毅.区域——要素统筹：构建国土空间开放保护制度的关键[J].中国土地科学，2019(6)：1-7.

[7] 孙施文，张皓. 全面认识建立国土空间规划体系的意义[EB/OL]. [2020-06-03]. https://www.thepaper.cn/newsDetail_forward_3564817.

[8] 王虹.新形势下如何发挥城市对产业带动的思考——以阿拉尔市为例[J].兵团新疆农垦经济，2010(12)：56-58.

[9] 伍江.国土空间规划总体框架解析[N].中国自然资源报，2019-05-30(003).

[10] 王凯，李海涛，张全，等.新疆新型城镇化的内涵与路径思考[J].城市规划学刊，2017(8)：111-115.

[11] 杨保军，陈鹏，董珂，等.生态文明背景下的国土空间规划体系构建[J].城市规划学刊，2019(4)：16-23.

[12] 姚凯，胡德.特殊行政区划体制下的城市规划探索——以新疆石河子市总体规划为例[J].城市规划学刊，2011(1)：76-83.

[13] 杨建平.“石河子模式”启示[J].兵团建设，2010(7)：10-12.

[14] 于琳.兵团小城镇生态经济系统可持续发展问题探讨[J].生态经济(学术版)，2006(2)：265-268，271.

[15] 翟桂生,刘新林.新形势下积极推进兵团城镇化进程的探讨[J].新疆农垦经济,2011(8):42-47.

[16] 张飞,史诩华.新疆兵团小城镇建设初探[J].中国工程咨询,2005(8):32-33.

[17] 张华平.对加快兵团小城镇建设的几点思考[J].安徽农学通报,2007(11):12-14.

[18] 张军民.兵团小城镇发展机制研究[J].小城镇规划,2003(7):36-39.

[19] 张尚武.空间规划改革的议题与展望——对规划编制及学科发展的思考[J].城市规划学刊,2019(4):24-30.

[20] 张友德.加快兵团垦区城镇是再造辉煌的现实选择[J].中国农垦经济,1995(8):29-33.

[21] 赵龙.建立国土空间规划体系并监督实施《若干意见》发布会[EB/OL].[2020-06-02].http://www.scio.gov.cn/xwfbh/xwbfbh/wqfbh/39595/40528/index.html.

[22] 赵民.国土空间规划体系构建的逻辑及运作策略探讨[J].城市规划学刊,2019(4):8-15.

[23] 赵燕菁.国土空间规划——重塑规划操作体系的新契机[EB/OL].[2020-06-03].https://www.sohu.com/a/318196958_654535.

[24] 钟义龙.兵团小城镇建设问题浅见[J].新疆农垦经济,1995(6):16-17.

[25] 周玉斌,陈科.新疆生产建设兵团新型城镇化道路解析及其城乡规划体系构建探索[J].城市发展研究,2012(5):34-43.

基于海洋生态文明理念的海岛小城镇全域空间管控方法探析

——以山东省长岛县砣矶镇为例

李 响 干 弘
（同济大学建筑与城市规划学院）

【摘要】 海岛小城镇作为处于海、陆自然生态系统交界面的人居单元，具有显著的生态敏感性。在海洋生态文明的要求下，必须针对海岛小城镇的自然环境、经济社会发展特点，确定其空间规划管制方法以保障生态功能、指导城镇发展。本文结合山东省长岛县总体规划中乡镇在生态功能重要性、人口经济发展情况、岛陆空间利用等方面的特征，在科学判定资源环境承载能力的基础上，结合海岛小城镇农业比例低、旅游潜力大等特征，探讨了海岛特色的“两区两线”划定模式、精明收缩的减量化定量方式及底线清单等建设管控方式，并探索了接轨管理的“两图一表”管控成果表达形式，以期为同类海岛人居单元的空间管制方法提供参考。

【关键词】 海洋生态文明 海岛小城镇 空间管控 区线划定

根据1982年《联合国海洋法公约》第一百二十一条的规定，岛屿是四面环水并在高潮时高于水面的自然形成的陆地区域；根据《全国海岛资源综合调查报告》，我国共有约7 000个500平方米以上的海岛，这些岛屿在维护国家主权及安全、沿海地区生态安全，促进沿海地区经济社会发展中具有重要的战略性地位。海陆交界的自然地理特征带给海岛独特的生态环境系统，也确立了其生态脆弱带（EcoTone）的特性[1]。海岛小城镇作为有居民海岛上主要的人居单元，其丰富的物产资源、景观资源及战略意义亦使其成为海洋空间资源开发中的桥头堡，其生态环境保护与经济社会发展之间的冲突极为突出。

2002年，全国海岛保护法的出台为海岛小城镇的生态保护及合理建设提供了依据；十八大报告中强调："提高海洋资源开发能力，发展海洋经济，保护海洋生态环境，坚决维护国家海洋权益，建设海洋强国"，将海洋生态文明放在了重要的位置。随着中央机关机构改革及国土空间规划体系的逐步构建成形，空间规划中的管控手段成为海岛小城镇在建设发展中贯彻海洋生态文明价值观最直接的抓手。

1 海岛小城镇特征及发展概述

1.1 海岛小城镇自然资源特征

海岛作为海洋中的点状陆地，是海洋承载人类经济社会活动的重点地区。生态学中，海岛生态系统位于海、陆两种物质、能量、结构与功能体系之间的界面，属于典型的生态交错带，在系统受到外界干扰（如自然灾害、人类活动等）时一般体现出生态脆弱性，具有受扰动易、自我调节难的特点，生态安全是海岛小城镇建设发展的前提。

自然地理特征上，海岛小城镇具有地理位置特殊、规模资源有限、交通联系受阻等显著特征[2-3]。一方面，我国海岛土壤结构多为赤红壤及滨海岩土，加之风蚀严重，土层往往较薄、生产能力底下、蒸腾作用强，缺少淡水资源的同时蓄水能力较差。另一方面，由于地理位置偏远、与大陆一般缺少直接陆路联系，资源供给、设施联通等成本较高，加剧了其资源的匮乏，自然环境对人类建设活动的限制、环境波动对人类社会的影响更大。海岛的生态及自然地理特征无疑要求海岛小城镇人居空间以更科学、更可持续的方式与自然空间相互协调、适应及共生。

1.2 海岛小城镇建设发展特征

随着沿海城镇经济建设的发展与人们对海岛资源与日俱增的向往，我国海岛小城镇的开发建设不断加快。发展视角下，海岛小城镇的优势与短板都十分明显:海洋生物资源、海岛景观资源及其带来的旅游发展潜力是海岛小城镇发展中的核心比较优势;而生态敏感、腹地受限、设施难通、缺少淡水资源等问题也一定程度上导致了海岛小城镇经济规模较小、人口外流严重、用地紧张等共性特征,制约着其经济社会的发展。

我国海岛小城镇的建设经历了由经济建设向生态文明的发展观转变。20 世纪 80 年代前,海岛小城镇主要服务于国防建设,大多以渔业为主导产业。20 世纪 90 年代至 2008 年前后,随着东部沿海城市经济的腾飞,海岛小城镇的经济价值进一步得到重视,关于在海岛发展养殖业、旅游业、港口、工业等产业的探讨层出不穷[4-6];且由于期间“休渔”及邻国渔业协定等因素的影响,第二、第三产业比重提升[7],随之而来的建设用地需求致使大量的滩涂围垦开始涌现[8];近十年,生态文明发展观念得到各级政府的重视,海岛小城镇的生态景观比较优势得到体现,海岛旅游产业逐渐成为其发展的新方向。

纵观其发展历程,海岛小城镇的建设对其生态系统的重视度不足的问题普遍存在;时至今日,对于不少发展旅游业的海岛小城镇而言,招商引资、扩张建设与其有限的空间资源、脆弱敏感的生态系统仍时有矛盾。一方面,有限的土地资源催生了大量围填海工程,对潮间带及近海海洋生态系统造成了不可逆的破坏;另一方面,空间开发粗放无序、工业污染及生活垃圾处理不当等问题比比皆是,给岛陆、近海海域的环境带来不良影响[9-10]。

1.3 海岛小城镇新发展理念

党的十八大以来,党中央高度重视生态文明建设与海洋强国建设,并逐步构建起关于海洋生态文明的战略部署,建设海上“绿水青山”,走向社会主义海洋生态文明新时代。海洋生态文明是一种人与海洋和谐共生的社会形态,反映人类发展方式和思维方式的生态化,而承载着人类社会空间发展诉求的城乡规划建设便是其最直观、最关键的传导路径之一。

对于生态脆弱的海岛小城镇而言,需要调整经济建设的本位思想,改变以岛为主的思维方式,将海岛视作海洋生态系统中的点状斑块,在尊重并顺应海洋、海岛生态系统整体运行规律的前提下求发展,以空间规划为抓手,积极响应各尺度生态要素的保护要求、合理管控城镇建设模式,妥善处理海洋生态文明建设与高质量发展的辩证统一关系。

2 海岛小城镇的空间管控方法推演

2.1 空间规划的缘起与管控手段的转型

党的十八大以来，党中央、国务院及相关部委通过一系列政策文件逐步规范空间规划体系，并通过机构改革事权调整及省级空间规划试点工作等措施不断加强规划体系改革的落实。国土空间规划是对全域、全要素的自然资源使用的规划，其中，空间用途管控的手段是落实生态文明体制改革、完善自然资源监管机制的连接点[11]。

空间规划改革前，城市规划的空间管控方式经历了由定格指标管控总体规模及空间布局、由强制性内容的底线要素管控、面向全域空间、以“三区四线”及强制性内容为抓手的多元管控等转变过程；土地利用总体规划以三界四区、用地及转用指标等方式进行空间管控；林地等自然资源保护类规划也以质量等级分区、自然资源要素保有量、重点工程名录等为主，等等。总体上，空间类规划基本形成“边界 + 指标 + 名录”的管控类型(表 1)。

表 1 相关空间类规划管控内容梳理

规划名称	主要管控内容	边界	指标	名录	管控范围
城乡规划	人口规模、建设用地规模、分类建设空间及重要要素控制、主干路以上道路系统布局、主要公共服务设施布局、水源地及生态空间保护、防灾防护等	三区四线	人口用地规模、控规各类强度、比例等约束性指标	文保单位名录、近期建设项目名录等	岛陆
土地利用总体规划	耕地保有量、基本农田指标、城乡建设用地规模、新增建设用地占耕地规模、补充耕地指标、生态用地规模及布局、土地用途管制细则、土地整治项目等	三界四区	耕地、建设用地等总量控制指标	土地整治项目名录等	岛陆
林地保护利用规划	森林数量、用途转换指标等	林地质量等级	森林保有量、征占用林地定额指标	林业重点工程名录	岛陆
自然保护区、地质公园等环保类规划	各级管理机构评定的重要生态、地貌、风景名胜区保护及修复、开发利用行为限制等	分级分区（一类、二类、三类等）	游客日容量、环境容量等	整治修复工程、项目/活动准入清单等	岛陆、海域

（续表）

规划名称	主要管控内容	边界	指标	名录	管控范围
海洋功能区划	海洋保护区、各类海域使用空间边界	分类区划	自然岸段等控制性指标、各类功能性用海保有量指标	整治修复项目等	海域
海洋生态红线规划	重要河口、滨海湿地、海洋保护区、珍稀濒危物种集中分布区等重要海洋生态空间	分级区划（禁止、限制、适宜等）	排放达标率、水质等	禁止区、限制区等	海域
海岛保护规划	重要生态价值动植物保护；典型生态系统保护；特殊地貌景观保护；海岛上的军事设施和科学观测、助航导航、测绘等公益性设施；其他	特殊用途区、优化开发区等	自然岸线保有率、生态空间占比、建设退线、建筑密度等	领海基点保护、淡水资源保护、整治修复工程等	岛陆+近海海域

资料来源：根据各类规划编制办法及技术导则整理。

空间规划试点工作开展以来，通过各地实践经验的总结，《中共中央 国务院关于建立国土空间规划体系并监督实施的若干意见》中明确提出以“三区三线”作为空间管控的基础手段，并通过规划许可、分区准入等方式对所有国土空间分区分类实施用途管制。在此基础上，乡镇层面的国土空间总体规划以细化落实上级国土空间规划为主，侧重实施性。刚性管控方面，将“三区三线”作为用途管制分区的实施手段、人口及用地等规模作为发展指标分配的落实手段并划定保护要素边界，有效传导上级空间规划管控需求，将各级各类空间管控要求落实在土地使用权条件上。

2.2 空间管控方法在海岛小城镇的应用重点

海岛小城镇空间管控的首要任务便是落实海洋生态文明要求。一方面，海岛作为海洋中典型的生态交错带，海陆生态要素互相影响、关联，在生态方面必须注重海陆一体化管控，基于海陆一体的资源环境评价结果划定生态保护线。另一方面，海岛承接着各个尺度的功能性生态要素需求，典型的如岛屿水土保持需求、近海水质需求、海鸟迁徙落脚需求、海豹栖息岩滩需求等，需通过生态承载力确定控制指标，并结合各级各类生态保护区划与生态要素保护需求划定生态保护红线及生态空间范围。

同时，需根据海岛小城镇发展特点（渔业养殖、海岛旅游等）确定用地更新、拓展方式，根据人口变动趋势合理划定城镇开发边界，并科学处理岸滩等优质景观区域建设需求与生态保护的要求、军民空间融合共享及更新潜力等，在顺应生态安全格局的前提下寻求发展空间。

由于有机土壤及水资源有限，海岛小城镇基本农田及农业空间较少。而由于地理隔绝，海岛小城镇的历史、文化要素是人文地理学等学科的重要研究对象，需通过文态保护线的方式保留重要文保单位，在旅游业的发展带来的外来文化冲击的同时保留海岛自身的文化特质。

3　山东省长岛县砣矶镇国土空间总体规划

3.1　砣矶镇基本情况概述

3.1.1　基本情况

烟台市长岛县是山东省唯一的海岛县，坐落于胶东、辽东半岛之间，黄渤海交汇处，地处环渤海经济圈的连接带，南倚蓬莱，北邻旅顺，西守京津，东望日韩。长岛全域由 151 个岛屿组成，其中有居民海岛 10 个，无人岛 22 个。长岛县有居民海岛呈“南五岛 + 北五岛”的空间格局，其中南北长山岛和砣矶镇是长岛县的中心镇，南北长山岛为长岛县和南五岛的中心城区，砣矶镇为北五岛的中心镇。

砣矶镇位于长岛县中部海上片区，岛屿面积共 7.1 平方公里。砣矶镇下属 8 个村庄，从西至东分别为磨石嘴村、后口村、北村、西村、中村、东山村、井口村和吕山口村。本次国土空间总体规划为贯彻长岛海洋生态文明试验区要求编制，规划期至 2035 年。

3.1.2　岛屿空间特点与发展目标

(1) 岛屿空间特点

长岛县受自然地理因素所限，建设用地相对分散，土地集约化率不高，市政设施和公共设施在要素配置角度存在联通难度和资源浪费的情况。

砣矶镇现有建设用地面积 1.2 平方公里，受自然山体隔绝，8 个村庄零散形成了五个建设用地组团，其中北村、西村、中村和东山村四个村庄共同形成砣矶镇最大的建设用地组团，同时也是砣矶镇最中心和最重要的公共设施服务片区。作为北五岛交通区位较优、景观及配套资源较丰富的城镇，砣矶镇近年旅游项目市场合作意向渐起，海洋旅游产业发展基础较好。

（2）发展目标

长岛县规划至2035年打造“国际一流的海洋生态文明岛”，成为国际海洋和海岛保护发展的样板：建设蓝色生态之岛、建设休闲宜居之岛、建设军民融合之岛；砣矶镇作为长岛中心镇、北五岛的重要交通枢纽节点和服务中心，规划在2035年建设成为以旅游业、渔业、商贸流通、海洋旅游和现代渔业为主的综合服务型岛屿。生态保护修复、旅游发展和渔业商贸将成为砣矶镇2035年的三个重要关键词。

3.1.3 发展瓶颈

（1）岛屿生态环境脆弱

森林植被树种单一，部分山体裸露残损，生态保护修复难度大。海上溢油污染事件时有发生，严重影响海洋生态环境安全，与此同时海鸟与斑海豹等重点生物资源的保护也需加强。

（2）人口急剧收缩现象明显

近年来，砣矶镇岛屿人口总量逐年下降，外移倾向突出。青壮年人口减少明显，人口老龄化水平不断提升，人才流失问题也十分严重。村庄建设用地空置现象突出。

3.2 砣矶镇空间规划管控规则设定

3.2.1 现有空间规划管控规则

国土空间规划探索实践中，不少省市也在“三区三线”的基础上探索更细致的空间规划管制办法。如从保护控制角度，海南省在此基础上进一步提出将生态空间细分为一、二级生态功能区和开发功能区从而加强不同生态片区的保护要求；厦门市则强调将生态空间与农业空间统一划至生态控制区等。

从发展角度，城镇开发边界主要由三部分组成：集中建设区、弹性发展区和特殊用途区。其中划入城镇集中建设区的规划城镇建设用地原则上应高于规划城镇建设用地总规模的90%，应对城镇发展不确定的弹性发展区原则上不得超过城镇集中建设用地面积的15%。需抓准砣矶镇发展中的关键要素，进一步细化管控手段以衔接详细规划。

3.2.2 长岛县砣矶镇管控特征探析

（1）以需定线

① 农业管控需求小

海岛县由于缺少农业生产空间，土壤生产力弱、淡水资源不足，且一旦遭受面源污染治理较难、易波及近海甚至更大范围的海域，原则上空间管制将由“三区三线”降至“两区两线”，不鼓励农业以传统耕种的方式布局用地。

② 生态收缩趋势大

随着长岛县砣矶镇人口逐步外流的现象和在土地集约管理的规划模式下，建设用地减量化的趋势将逐步提升，根据生态承载力测算与现有人口迁移趋势，将有约一半人口在未来二十年外流至内陆地区或长岛县中心城区。如何在空间规划中平衡闲置用地和建设用地规模指标将是空间管制的难点之一。

③ 旅游发展潜力足

砣矶镇空间管控的核心问题是平衡刚性生态保护需求和弹性建设需求的管控矛盾。随着海岛发展方向随着政策导向倾斜至旅游业或科研，近年来在海岸线地区布局的旅游项目选址意向逐渐出现，优质景观资源与生态保护空间存在重合，处理此类矛盾及盘活用地存量，也成为砣矶镇空间管控的重点之一。

（2）以量定界

一方面，根据生态保护要求，通过人均生态足迹推算人口生态容量为5 500人左右，小于现有居民数；由人口收缩规律及村庄空心化情况规划生态移民，结合旅游发展判断规划期末总人口数并由此确定城镇开发边界规模。

另一方面，基于生态移民腾退及集中居住所产生的城乡建设用地存量，归入弹性发展部分，鼓励旅游、科研产业结合现有建筑及建设用地发展。

3.2.3 空间规划管控规则设定

基于生态保护优先和建设用地弹性管控需求在原有“两区两线”的基础

上细化规划管制细则，将原有的两区之一生态空间细分为生态红线区和生态底线区。而开发边界内部则依据自然资源部的评估导则划分为集中建设区、弹性发展区和特殊用途区(图 1)。

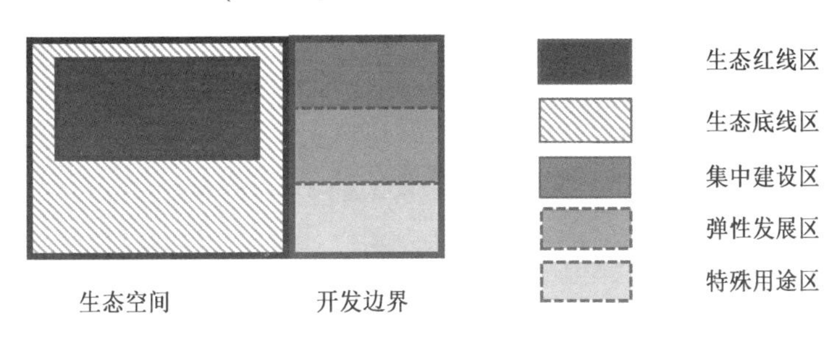

图 1　砣矶镇空间管控规则示意图

3.3　长岛县砣矶镇空间管控方法

3.3.1　空间管控边界划定

(1) 生态空间：陆海统筹、科学严控

岛屿的生态空间基于管控要求由两部分组成：生态红线区和生态底线区，分别由海域生态空间和陆域生态空间两部分组成，通过对海、陆生态安全格局的全面分析得出岛屿的生态空间范围(图 2)。

图 2　砣矶镇海洋生态功能分区示意图

陆域部分的生态安全格局由以下部分组成：①战略性生态空间：保证区域生态安全的战略性核心组成，主要由岛上不适宜及较不适宜空间、国家自然保护区、国家地质公园、国家森林公园等空间组成；②核心生态空间：岛屿生态环境的主要本底空间，主要由规模较大的植被覆盖空间进行就近整合和对战略空间周边破碎的生态空间进行梳理、补充、修复两部分组成;③一般生态空间:建设区外层的生态空间;④生态缓冲空间:战略及核心空间的外围屏障,是连接重要生态空间和人居活动集中空间的过渡空间;⑤道路生态廊道:是支撑区域生态格局的框架组成,也是连接各个重要生态空间的主要通道;⑥岸线生态廊道:是岛陆生态系统与海洋生态系统之间的屏障,是连接起岛屿外围生态空间与生态过程的廊道。

海域部分的生态安全格局由以下部分组成:①海洋战略性生态空间:岛屿附近海洋资源、生物多样性、地质与地貌环境丰富的海域空间;②海洋生态功能空间:海洋资源、海岛地貌较为集中的海域空间;③近海生态缓冲廊道:环绕岛屿周围的潮间带生态系统,是岛陆生态系统向海洋生态系统过渡的重要带状生态空间。

基于生态管控要求和战略意义,战略性生态空间、部分核心生态空间和和岸线生态廊道将纳入陆域生态红线范围;一般生态空间和生态缓冲空间、道路生态廊道将纳入生态底线区。海洋战略性生态空间纳入海域生态红线范围;海洋生态功能空间和近海深海缓冲廊道纳入海域生态底线区范围(图 3)。

生态空间内原则上禁止大面积的建设开发,以生态保护和生态修复为主。生态红线划定后在其范围内严禁一切建设开发;生态底线区除涉及市政设施和生态旅游开发项目之外原则上禁止一切建设开发,其中建设开发以零散的小面积辅助设施为主,建设总面积不得超过生态底线区的 15%。此外,由已有建设用地腾退至生态底线区的建设量将逐步随着生态修复的过程退耕还林,新建设的小面积辅助设施将优先落位于已有建成物。

(2) 开发边界:以量定界、精明收缩

在生态空间确定后,划定城镇开发边界。一方面在合理科学的人口预估后基于人均建设用地面积确定建设用地规模上限,其中人口预估将从两个角度切入:①基于往年的人口增长率进行科学的推算;②从生态视角基于岛屿的生态环境承载力确定生态人口容量。

从开发建设的角度,通过建设用地管制图指导城镇发展(图 4)。在保障生态红线区和生态底线区的生态保护和修复后,将现状已有建设用地直观地划分为规划集中建设区和规划减量化地区,从而形象客观的指导城镇开发。

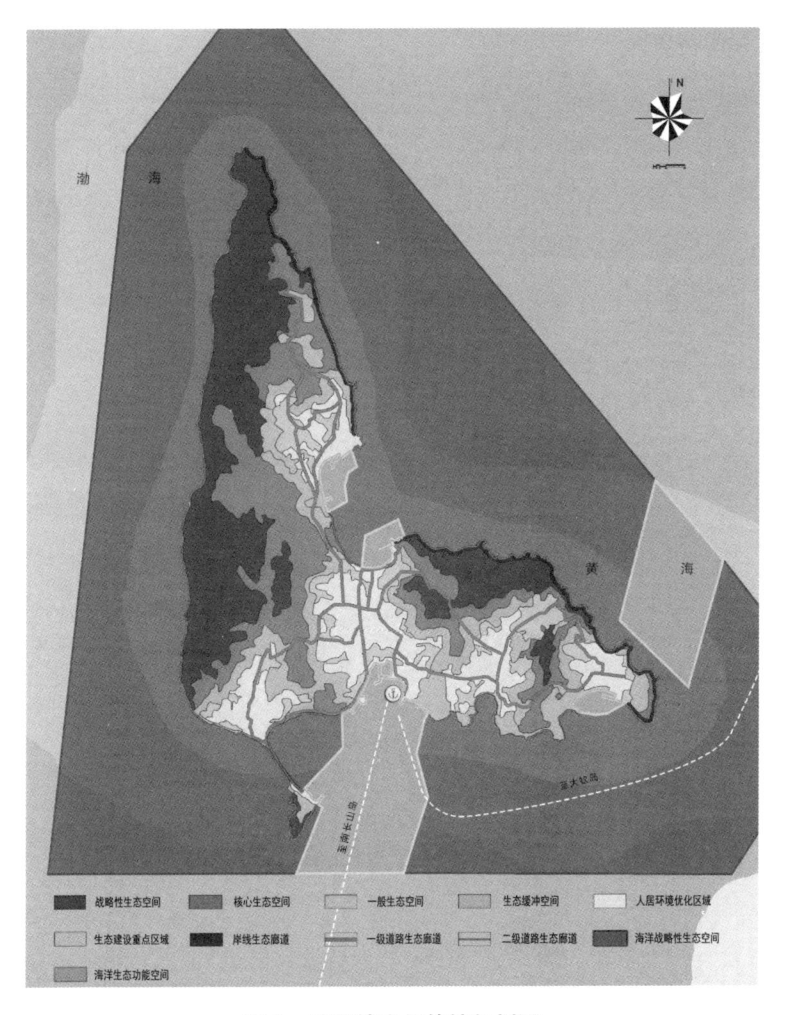

图 3　砣矶镇空间管控规划图

开发边界范围内分为集中建设区、弹性发展区和特殊用途区。集中建设区为建设用地规模的主要组成部分，长岛县因人口迁移面临存在大量闲置用地，因此除重大设施项目外原则上禁止集中建设区范围内已有建设用地范围增长，鼓励在原有建筑基底上置换更新。同时基于各个岛屿的发展目标设定正负面清单指导其建设管理。

城镇弹性发展区由三部分组成：①分散的集中建设区之间的缓冲地带，通过弹性发展区的设立形成连绵的村庄发展带，从而更有效的配置公共资

图 4　砣矶镇建设用地管制图

源；②已腾退但仍未划至生态空间的减量化地区；③生态旅游发展目标下具有发展潜力的战略留白片区。对于减量化地区的已有建成建筑，短期内保留原有建筑并逐步弱化建筑功能，长期则根据岛屿的发展目标规划确定是否功能置换或退耕还田，已无生产功能的建设范围不算在城镇弹性发展区的建设规模内。

弹性发展区内严格管控建设用地规模，鼓励战略留白片区已有建筑向旅游、科研等功能置换，严禁大面积的开发建设，在严守岛屿建设规模指标的情况下，弹性发展区的建设量不得超过弹性发展区范围的 15%。特殊用途区范围内主要以生态修复和生态保护为主，原则上禁止除生态旅游和市政设施之外的任何开发建设，其中生态旅游建设应以必要且少量的服务设施为主。

在弹性发展区内，除城镇建设用地减量化外，规划也强调精明收缩的城乡发展统筹和生态保护，合理规划村庄布局，对以下两部分村庄可采取腾退措施：①村庄的自然环境本身具有生态保护价值，建议村庄整体生态腾退；②人口外移趋势愈发明显，现状建设用地高于 70%空置率和整体村庄面积人口相对较小的村庄建议整体战略性腾退。

砣矶镇主要保留现有区位优势突出、城镇职能丰富和较大面积的集中建设用地，集中在磨石嘴村、北村、中村、东山村和西村，而相对距离较远且用地零星的后口村、井口村和吕山口村属于建设用地减量化地区。在由上至下实施规划的路径中，逐步对建设用地减量化地区进行撤村的人口管控，近期保留已有建筑，同时加强集中建设区范围内的人口积聚和公共设施配置，优化保障人居环境。

3.3.2 面向实施的空间管控规则制定：建设管控 + 行为引导

(1) 建设管控：规划指引图则明确系统建设管控要求

为方便基层管理使用，规划将所有的系统分析规划指标等通过一张图叠加，由一张图代替一套图，明晰规划要求和管控方向。其内容包括：①空间管控分区、公共设施、市政设施、交通设施、历史文化系统、绿地系统、镇村体系等图面内容；②规划指引内容如岛屿发展目标、总体控制指标表(人口用地规模和生态空间比重)和基础设施规划一览表等指标信息，强化建设目标和管控底线(图 5)。

(2) 行为引导：开发行为正负面清单保障管控实施

在图则空间建设传导基础上，针对岛屿发展目标，通过“建设项目 + 建设行为”的管控方式进一步细分管控要求，便于实际操控理解和管理。

砣矶镇在发展规划中指出以生态保护为基本前提，以城镇公共服务和海洋运动服务为基本职能，完善配套服务，推进人口的有序转移和城乡用地的精明收缩，保障岛屿生态底线，推进城市修补和生态修复，提升城镇品质。结合

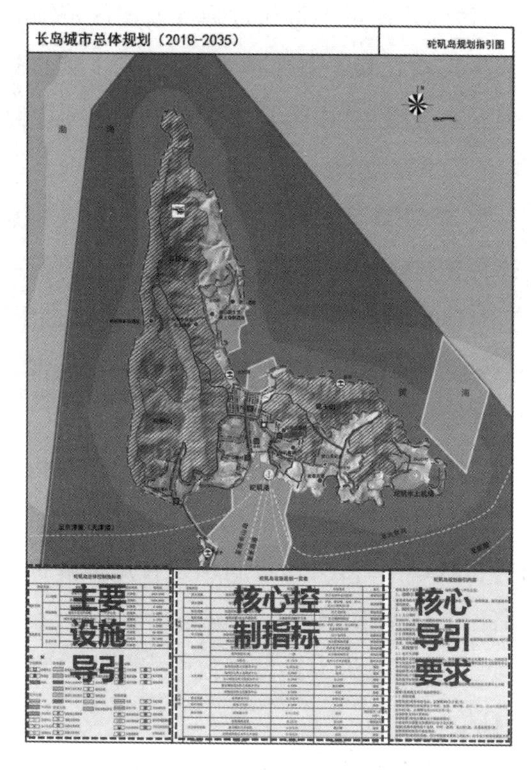

图 5　砣矶镇空间管控图则

砣矶镇的现状基础和规划条件，设定正负面清单指导建设用地发展方向(表 2)。

表 2　砣矶岛正负面建设清单

正面清单	负面清单
✓ 鼓励各类沿海用地调整为运动休闲服务设施用地	➢ 限制各类用地调整为多层居住类项目
✓ 鼓励非保留类村庄建设用地调整为生态保护范围	➢ 限制各类用地调整为大型商业和批发市场项目
✓ 鼓励各类建设用地调整为养老设施、便民服务等项目	➢ 限制各类用地调整为大型商业和商务办公项目
✓ 鼓励文化遗址周边建设用地调整为博物馆等公共文化服务设施	➢ 限制各类用地调整为工业和物流项目
✓ 鼓励建设开发边界范围内已有建设用地腾退生态	➢ 限制开发边界范围内新增建设用地

除建设项目之外，规划规定原则上除国家重大战略需要或长岛为申报国家公园所需的必要设施外，禁止任何新建和扩建活动。鼓励对现状闲置建筑进行拆除，恢复自然生态空间；鼓励通过对现状闲置建筑进行改建，实现功能置换；鼓励通过低碳绿色技术改造整体提升村庄市政基础服务水平，降低村庄污染排放和能源消耗水平。

4 结语

海岛小城镇作为特殊的自然地理单元，其生态安全与高质量发展的要求需要通过空间规划中的管控手段严控底线、精准传导。砣矶镇在科学的资源环境研究基础上，以区线划定及指标管控为刚性内容，明确了最严格的生态要求及公共利益。同时基于旅游业及科研产业发展的潜力与机遇，一方面体现在了开发边界内弹性发展区的“弹性”二字，允许在满足岛屿建设用地指标上限的前提下建设不超过其范围15%的建设用地；另一方面在建设管控方面以底线清单的形式进行了约束管理，为市场留足弹性，保证了海岛小城镇在生态安全的基础上实现可持续发展。在此基础上，规划根据基层政府管理特点及诉求进行了成果简化、精细化，做了面向规划实施的文件形式探索。

随着国土空间规划改革要求的逐步细化，海岛小城镇作为陆海交界、资源有限的行政地区，其特色化的空间管控方式还需在更多实践经验中进行探索、总结。

参考文献

[1] 苏木兰，戴文远，黄华富，等. 快速城镇化背景下海岛农村居民点空间演变——以福建海坛岛为例[J]. 热带地理，2016,36(6):1005-1018.

[2] 池源，石洪华，郭振，等. 海岛生态脆弱性的内涵、特征及成因探析[J]. 海洋学报，2015,37(12):93-105.

[3] 潘艺. 海岛城市化时空格局演变及其陆岛联动的响应研究[D]. 杭州：浙江大学，2016.

[4] 赵鹏军. 基于港口经济的海岛型城镇发展战略研究——以洋山港近域海岛为例[J]. 经济地理，2005(2):206-210.

[5] 倪谦. 新型城镇化背景下海岛开发区转型升级探索[D].杭州:浙江大学，2018.

[6] 俞凯耀，席东民，胡玲静. 舟山群岛风力发电产业发展的现状与问题分析[J]. 浙江电力，2014,33(3):25-27.

[7] 张耀光，陶文东. 中国海岛县产业结构演进特点研究[J]. 经济地理，2003(1):47-50.

[8] 羊大方，李伟芳，马仁锋，等. 基于滩涂围垦的海岛城市时空扩张特征研究——以舟山本岛为例[J]. 海洋学研究，2017,35(2):61-73.

[9] 隋玉正，李淑娟，张绪良，等. 围填海造陆引起的海岛周围海域海洋生态系统服务价值损失——以浙江省洞头县为例[J]. 海洋科学，2013,37(9):90-96.

[10] 赵江，沈刚，严力蛟，等. 海岛生态系统服务价值评估及其时空变化——以浙江舟山金塘岛为例[J]. 生态学报，2016,36(23):7768-7777.

[11] 林坚，吴宇翔，吴佳雨，等. 论空间规划体系的构建——兼析空间规划、国土空间用途管制与自然资源监管的关系[J]. 城市规划，2018,42(5):9-17.

[12] 葛春晖，袁鹏洲. 特大城市总体规划管控体系转型初探[J]. 城市规划学刊，2017(S2):155-161.

城市更新视角下上海市特色小城镇规划方法研究

——以枫泾镇特色小城镇规划为例

邹　玉　陆圆圆
（上海市城市规划设计研究院）

【摘要】 2017年《上海市城市总体规划（2017—2035年）》获批，明确了上海市规划建设用地总规模“负增长”的要求，上海市正式进入存量发展阶段。上海市特色小镇规划建设也面临着土地指标和发展空间双紧缺，既有文化特色挖掘与传承等问题。在此背景下上海市特色小镇规划提出了“小镇更新”的总体思路，规划内容兼顾了“特色小镇”和“特色小城镇”，聚焦推动城乡一体化发展，强调近期行动计划保障规划实施路径，通过城市设计指引延续文化特色和引导空间更新。本文基于上海市枫泾镇特色小镇规划建设实践，以城市更新作为视角，探讨上海市特色小镇规划编制的方法，以期为大都市郊区特色小镇规划和小城镇规划提供借鉴。

【关键词】 城市更新　上海特色小镇　枫泾　规划方法

1　引言

特色小镇建设是在新常态下由浙江省率先提出继而上升到国家层面的一项战略措施，是我国深入推进新型城镇化的重要实践。[1] 2016年，上海市金山区枫泾镇、松江区车墩镇和青浦区朱家角镇入列第一批中国特色小镇。之后上海市逐步开展了特色小镇的规划建设实践。2017年，上海市出台了《〈上海市特色小镇（特色功能区）规划实施方案〉编制管理工作规程》和《〈上海市特色小镇(特色功能区)规划实施方案〉编制导则》,旨在规范特色小镇(特色功能区)规划实施方案的编制管理和成果形式,提高特色小镇(特色功能区)规划实施方案的统筹和引领作用。随着2017年《上海市城市总体规划(2017—2035年)》获批,明确了上海市规划建设用地总规模"负增长"的要求,上海市正式进入存量发展阶段。上海市特色小镇规划建设也面临着土地指标和发展空间双紧缺,既有文化特色挖掘与传承等问题。

2 文献综述

随着全国特色小镇的广泛实践,学术界也涌现了大量关于特色小镇规划方法研究和规划经验总结。学者聚焦电商小镇、天文小镇等某种产业类型特色小镇的规划方法和经验总结,探讨特色小镇规划编制与现有规划体系和方法的融合。例如,探讨建制镇模式特色小镇规划与总体规划相融合的编制方法[1],研究特色小镇微更新改造的相关编制方法和路径[2]等。对于上海特色小镇建设发展,相关学者认为应从城乡一体化的角度出发,提高上海郊区小城镇综合品质,促进以新城和重点新市镇为核心的城镇组团式发展[3,4],上海的特色小镇与美丽乡村空间范围是完全一致的,在规划建设中应互为支撑[5]。对于上海编制特色小镇的规划方法和实施路径还没有既有的研究和经验总结。

3 上海市特色小镇发展特点

3.1 发展相对缓慢,缺乏有力的产业带动

上海市远郊小城镇人口集聚缓慢,就业岗位缺乏。根据2010—2015年人口分布统计分析,上海市中心城仅占全市约10%的空间,集聚了全市52%的常住人口。郊区新城现状人口密度最高地区已达10 000人/平方公里,而小城镇的平均人口密度不足3 000人/平方公里(图1)。小城镇人口规模较小,在郊区的集聚作用不明显。与此同时,中心城集聚了全市超过70%的第三产业就业岗位、高端服务和高学历人口,而小城镇则以第二产业为主,处

于明显的工业化阶段，缺乏较有力的产业带动，且提供的就业岗位十分有限，占全市岗位总数的19.4%，其中，第三产业岗位仅占全市的7%。[6]

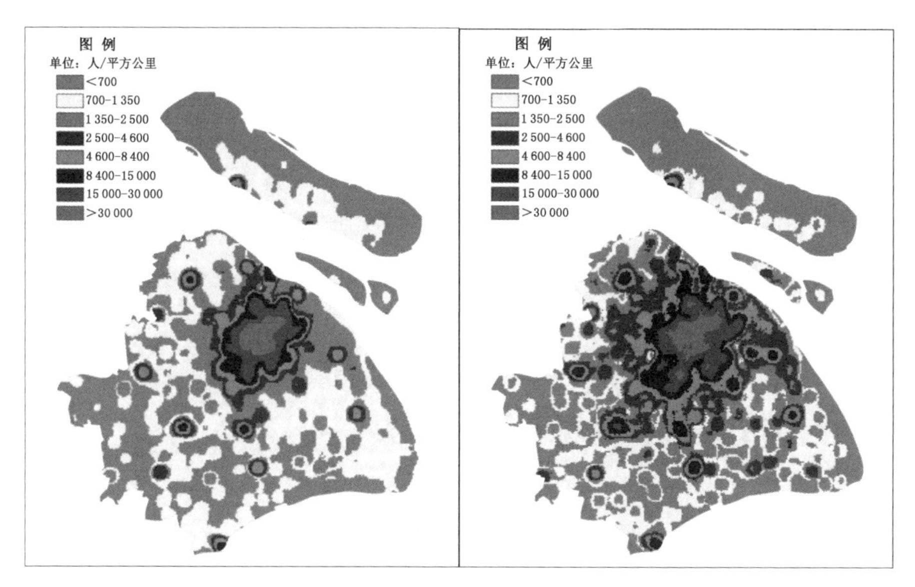

图1 上海全市人口分布焦点统计图(左:2000年“五普”,右:2010年“六普”)[6]

3.2 新增建设用地规模有限，低效建设用地较多

《上海市城市总体规划(2017—2035年)》明确到2035年，上海市建设用地总规模不超过3 200平方公里。截至2017年，上海市现状建设用地约3 160平方公里，净增量仅有40平方公里。未来上海市的建设用地供给绝大多数需要通过使用存量建设用地与减量化挂钩的新增计划指标两种方式进行保障。考虑到上海市未来发展聚焦主城区重点地区和新城发展，留给小城镇的净增建设用地将更加有限，通过新增用地带动小城镇发展的模式无法延续。郊区特别是集建区外①，现状建设用地绝大部分是农民宅基和低效工业用地，存在效率低下，布局零散等突出问题。[7]

3.3 历史文化资源丰富，拥有一定的发展基础

上海市共拥有国家级特色小镇9个，其中不乏国家级历史文化名镇，均

① 集建区：城市化集中建设区。

具有丰富的历史文化资源,也拥有像安亭汽车等突出的特色产业。枫泾镇、朱家角镇、安亭镇曾经属于上海市重点规划建设的"一城九镇"。枫泾镇在明末清初被誉为"江南四大名镇"之一。朱家角镇明代就以布业著称江南,拥有上海市郊保存最完整的明清建筑第一街,朱家角古镇是国家 AAAA 级景区。安亭镇在汉代即已得名,沿用至今。1958 年,安亭镇规划为上海市工业卫星城镇,上海汽车厂等一批工厂迁入,上海轿车制造实现"零"的突破。20 世纪 80 年代,上海大众公司建立,实现了中国汽车规模化生产。2014 年,安亭镇完成规模以上汽车零部件企业产值达到 942 亿元,在全镇规模以上工业产值中占 83.3%。

4 上海市特色小镇规划编制方法

4.1 "小镇更新"强调在既有基础上的提升和优化

上海市土地指标和发展空间双紧缺决定了上海市特色小镇建设不可能采用传统的城市扩张的发展模式,小镇特有的历史文化资源是小镇特色化发展的基础,低效建设用地的再利用是本轮小城镇发展的关键。基于上海市小城镇发展的特点,特色小镇规划编制提出了"小镇更新"的规划思路。"小镇更新"并非盲目地开启一轮造城建设,也不是对现有资源的推倒重来,而是立足现有资源基础上进行传承人文、转型升级、功能改善和环境美化(图 2),从而实现提升小镇功能,激发小镇活力,优化小镇环境和增添小镇魅力。2015 年上海市出台了《上海城市更新实施办法》和《上海城市更新规划土地实施细则》,也为"小镇更新"提供了政策上的可行性。

4.2 "特色小镇"和"特色小城镇"兼顾推动城乡一体化发展

上海市郊区发展相对缓慢的现状使得上海市对特色小镇的建设寄予了更多的带动乡村地区发展的作用。《上海市城乡发展一体化"十三五"规划》(沪府发〔2016〕93 号)指出,"培育一批产业鲜明、文化内涵丰富、绿色生态宜居的特色小镇,使之成为上海城乡一体化的重要载体"。上海市特色小镇规划包括了中央部委政策文件中的"特色小镇"和"特色小城镇"的相关规

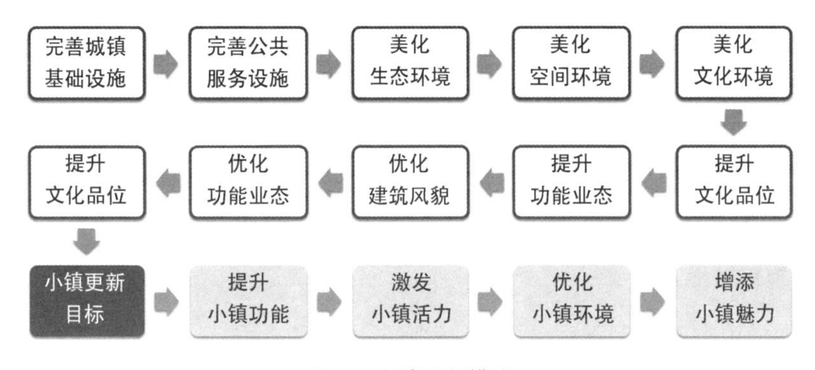

图 2　小镇更新模式

划，既突出以建制镇范围的特色小城镇规划的统筹引领作用，又聚焦了镇域内特色功能区，即特色小镇的规划实施。规划确定特色小镇的研究范围是镇域行政区，规划范围为特色功能区。特色功能区为特色小镇特色功能的集中承载区，应选址在发展基础较好、具有一定特色的区域，范围包括城镇地区和乡村地区，可跨村行政边界。特色功能区范围一般为 3～5 平方公里。[8]

4.3　近期行动计划保障规划实施路径明确

上海市近年来形成了“总体层次—单元层次—控制性详细规划层次”的比较完善的法定规划编制体系。上海市特色小镇规划作为专项规划位于控制性详细规划层次，规划内容更强调项目的实施落地，提升规划编制和审批效率，加快特色小镇项目推进。在符合小城镇总体发展蓝图的基础上，进一步分解任务，配置资源，编排时序和设计路径。按照“行动是平台、项目是抓手、落实到部门”的思路，分类分时序分实施部门编制近期行动计划。

4.4　城市设计指引延续文化特色和引导空间更新

城市设计指引是延续小镇文化特色，塑造完整、连续、具有辨识度的小镇特色风貌的重要手段。规划针对城镇地区和乡村地区的不同风貌特征和要素，提出不同的城市设计引导要求。通过总体风貌特色设计和建筑设计引导两个层次的规划指引，明确对高度、天际线、建筑界面、公共空间等空间管制要素要求，组织景观中心、景观节点、标志、特色界面等空间要素，对新建建筑明确建筑体量、风格、高度、色彩、材质、细部及环境等方面的要求，确保城乡特色要素在实施建设中予以延续和加强。

5 枫泾特色小镇规划实践

5.1 枫泾镇概况

枫泾镇隶属于上海市金山区，东临金山区朱泾镇、西靠浙江省嘉善县、南接浙江省平湖市、北依上海松江区新浜镇及青浦区练塘镇，地处沪浙五区(县)十镇(乡)交界，古代属吴越交界，现属沪浙接壤，素有“上海西南门户”之称。枫泾镇历史悠久，有文字记载的历史已有 1 500 多年。明末清初与南浔、王江泾、盛泽并称“江南四大名镇”。2005 年，枫泾镇被授予上海市第一个“中国历史文化名镇”。2010 年，枫泾镇被正式批准为国家小城镇发展综合改革试点镇。2016 年，枫泾镇成功申报第一批中国特色小镇试点。枫泾镇域总面积 91.66 平方公里，截至 2017 年年底，常住人口 10 万人，户籍人口城镇化率 56%。

5.2 规划愿景

根据枫泾镇的特色解读和分析，规划明确特色功能区，由“一镇、一村、一园”三部分组成。其中，一镇为古镇区，一村为新义村，一园为张江长三角科技城首发区。

枫泾建制镇的发展愿景为：发展跨界联动，门户节点小镇；古今中西，众创融合小镇。三个特色功能区的发展愿景分别为，古镇区——音画枫泾艺术生活小镇，中国水乡文化保护与展示的名片，江南匠心工艺传承与创新的基地，小镇美好生活共建与共享的家园；新义村——新义 · 故事水乡，讲好生态水乡故事、乡村振兴故事、民间生活故事；张江长三角科技城首发区——融合、创新、智慧、美丽，打造智能产业集群、科技信息产业高地和培育生命健康产业集群。

5.3 “小镇更新”的发展策略

围绕规划目标和布局，枫泾特色小镇规划推进“古镇更新”“社区更新”

“产业更新”和“乡村更新”等“四大更新”。立足现有资源的基础上提升小镇功能、激发小镇活力、优化小镇环境和增添小镇魅力。同时为保障发展愿景真正有效实施，规划在设计方案的基础上，制定“四大更新、十大行动计划、六十六个项目”构成的枫泾特色小镇实施计划(图 3)。

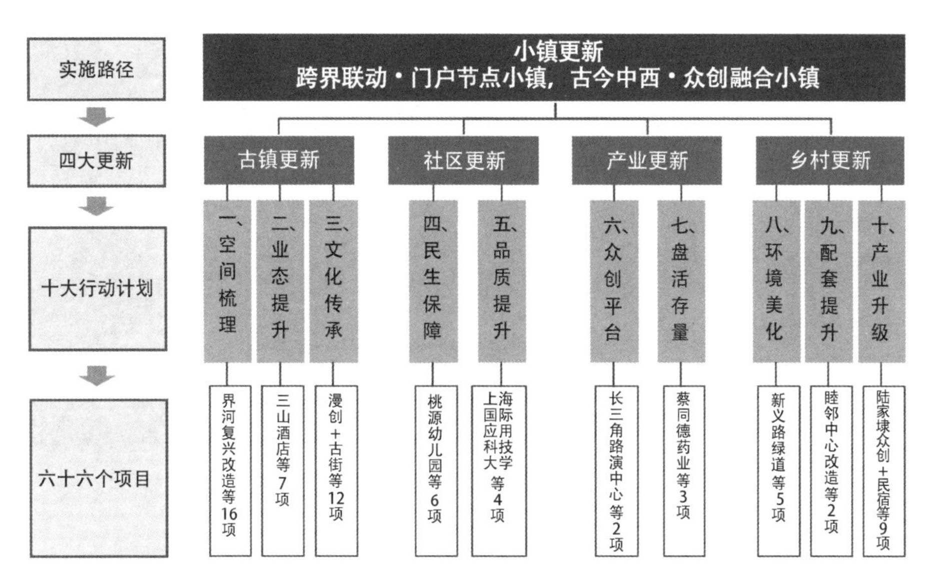

图 3　特色小镇规划实施路径

5.4　古镇更新

以历史风貌区的整体性、原真性和可持续性保护为基础，以优秀传统文化的创造性转化和创新性发展为路径，以多样人群共建共享美好生活为宗旨，构建本土生活、古镇体验、文化交流、创意发布、艺术集散、雅士教育、休闲度假于一体的文化休闲目的地。

5.4.1　规划策略

聚焦“界镇、桥镇、画镇 、吃镇、酒镇”五大特色，通过“理水、梳径、塑区”三大策略，对特色要素进行规划布局。形成南部慢生活组团、中部乐生活组团和北部创生活组团等三大功能组团和 11 个特色片区，提出不同的更新策略。保留现状主要河道，恢复等两条历史河道，理通断头河道，形成“五横五纵”的水网体系。通过整治提升，塑造休闲之河——市河、活力之河——薇枝浜、历史之河——界河、文化之河——友好塘、体验之河——白牛河等特色水系。优化古镇外围道路系统、完善配套交通设施，实现核心景区的人车分离。引入智慧公交系统，开发水上公交、出租等，提高公共交通服务水平。保护古镇原有街巷特征，塑造若干特色街巷，更全面地展现古镇文化特色（图4）。

图4　市河设计意向图

5.4.2　城市设计引导

枫泾古镇以特色街巷、特色河道及河街关系、特色桥梁、特色民居院落为主要构成要素。规划针对古镇建筑高度与风貌控制、街巷空间景观控制。保护街巷格局，营造多层次的公共空间。对于重点地区的通道、边界、节点和标志物予以更新引导。

5.4.3　近期实施项目

规划拟通过“空间梳理、业态提升、文化传承”三大行动计划推进古镇更新，共包括35个项目，其中公益性项目16个、经营性项目8个、综合性项目11个（图5）。

5.5　产业更新

以融合、创新、智慧、美丽为理念，打造上海建设具有全球影响力科创中心的重要承载区和辐射区，浙江省落实“八八战略”全面接轨上海的示范区，沪浙联动创新的融合发展示范区。

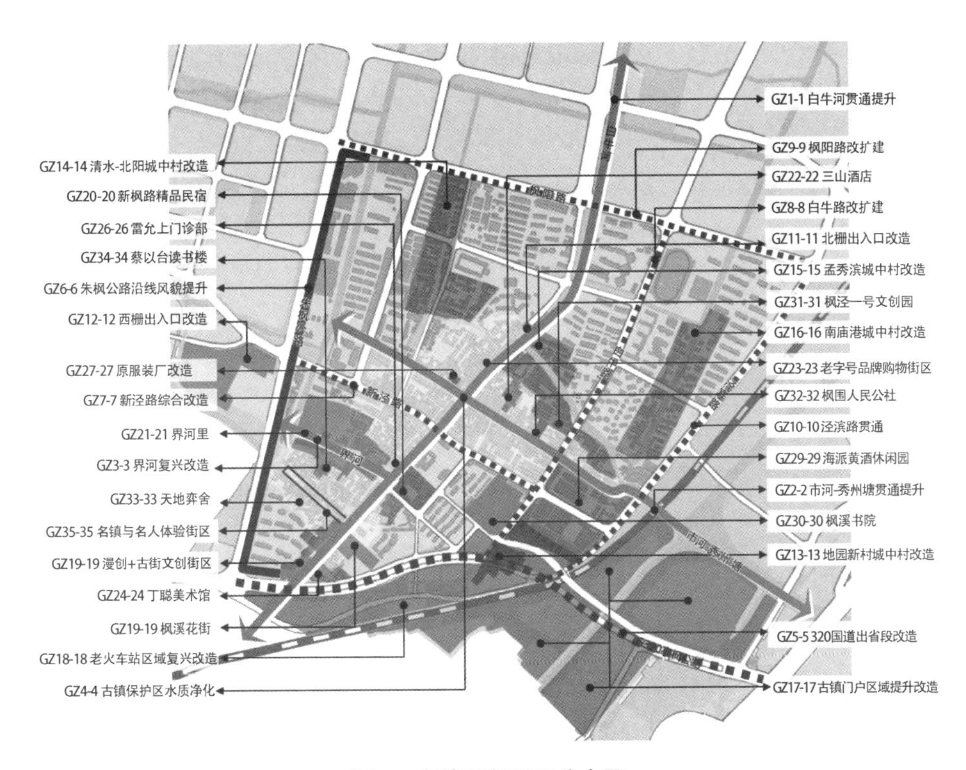

图 5 古镇更新项目分布图

5.5.1 规划策略

在枫泾高端装备制造、新能源及智联网汽车关键基础部件、黄酒、生命健康“四大特色主导产业”的基础上，盘活闲置存量资源，打造创新创业功能性平台，实现从传统产业向“众创平台”转型。张江长三角科技城将通过建设覆盖园区的智慧网络、智慧平台、云平台、企业协同平台等智能化、信息化平台，提高园区与园内企业的运营管理水平和竞争能级，为园内企业和居民带来全方位的科技互联体验，打造“科技新城”，形成智慧产业、智慧配套、智慧社区、智慧服务的国家智慧城市示范区。针对原有存量土地，通过科技服务、会议交流等触媒功能的引入，实现周边科研功能区的联动。

5.5.2 城市设计引导

通过绿廊休闲带、主要交通通路、道路环线等系统组织，将规划区内部各功能区进行联通，从而发挥有限空间的整体作用。规划以构筑区域协同的生态网络为导向，保证区域的生态廊道和城市的生态空间不因城市的扩张而遭到破坏，统筹两地城镇空间与景观，利用水乡特色资源，打造水绿交融、低碳生态的科技城环境。充分考虑现状建设与自然之间的关系，已建区域与现有建筑相衔接，建筑高度、密度适当提高；近河道区域考虑与自然之间的协调关系，建筑密度、建筑高度适当降低。

5.5.3　近期实施项目

规划通过“众创平台、盘活存量”两个行动计划推进产业更新，共包括 5 个项目，其中经营性项目 4 个、综合性项目 1 个(图 6)。

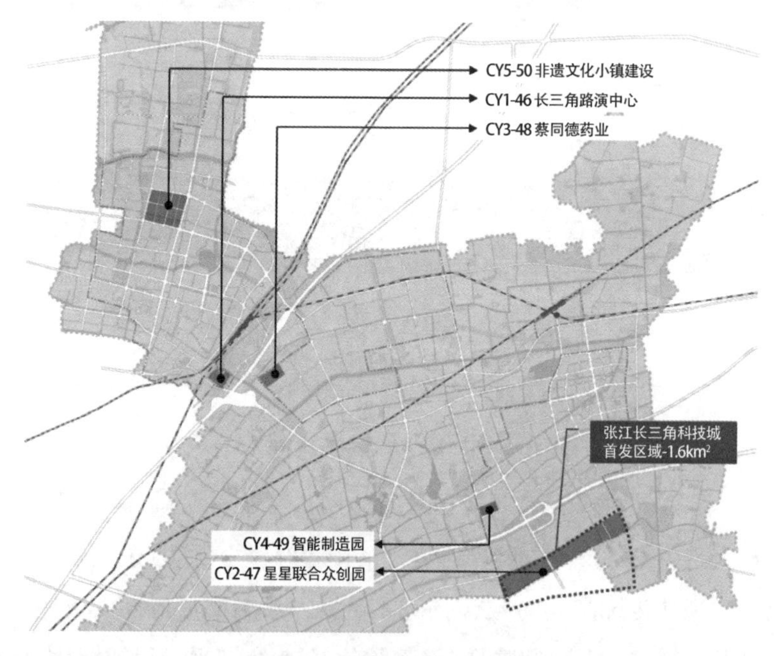

图 6　产业更新项目分布图

5.6　社区更新

5.6.1　规划策略

规划关注公平均等，完善民生保障类设施。提升城镇功能和市民生活质量，强化居民生活的便捷度，结合城镇圈、生活圈等不同空间层次，形成城乡一体、均等覆盖的公共服务设施网络，加强基本公共服务向现状短板地区和短板子项的倾斜力度。至 2035 年，规划镇域形成 7 个社区生活圈，包括

5个居住社区、2个产业社区。实现卫生、养老、教育、文化、体育等社区公共服务设施15分钟步行可达覆盖率100%。规划关注品质提升,引导布局特色化设施。进一步凸显枫泾历史文化名镇的资源条件,充分发挥文化领域的优势,规划建设一批文化类设施,实现从完善公共服务配套到发展文化产业的提升。

5.6.2 城市设计引导

由于社区更新项目分布在包括三个特色功能区和镇域范围内,因此,社区更新的城市设计引导遵循所在地区的城市设计要求。

5.6.3 近期实施项目

规划拟通过“民生保障、品质提升”两大行动计划推进社区更新,共包括10个项目,其中公益性项目6个、经营性项目3个、综合性项目1个。

5.7 乡村更新

按照生态引领,产业为基,旅游富民发展理念,融田园观光、生态餐饮、科普教育、蔬果采摘、文创办公、亲水活动、婚庆休闲等功能于一体,打造具有江南文化特色的“新义·故事水乡”。

5.7.1 规划策略

新义村乡村特色要素的发展通过“品牌打造、环境优化、体验升级、多维游线”四大策略来进行打造升级。创建乡村公共品牌——新义·故事水乡,进行系统的品牌化运营。通过打造农业品牌、民宿品牌和众创品牌创建新义自有品牌。着重景观塑造,打造农业景观及旅游景观,提升田、水、路、林、村的整体环境品质,包括水系梳理、驳岸生态修复、景观绿道修复、建筑风貌控制等。将“听、讲、创、演、寻”五种体验模式在不同的故事空间中实现,打造乡村体验新升级。规划二维游线、三维游线和四维游线,通过车行、骑行、步行游线,水陆空三维游览,一日、二日多日游组合来完善旅游的不同空间的体验感。

5.7.2 城市设计引导

针对乡村空间景观风貌特征和要素、乡土文化空间、村庄农业景观分别进行城市设计引导。拆除或整治与传统村落风貌不和谐的新建建筑,新建设项目在风格、色彩、材质、体量、高度等方面应与传统村落风貌相协调。强调对村庄农业景观的保护和塑造，延续和加强郊野地区农田与河流水网相互依存，优美自然、清新怡人的农业景观环境。

5.7.3 近期实施项目

围绕“新义·故事水乡”田园综合体项目，规划拟通过“环境美化、配套提升、产业升级”三大行动计划推进乡村更新，共包括16个子项目，其中：公益性项目10个、经营性项目6个(图7)。

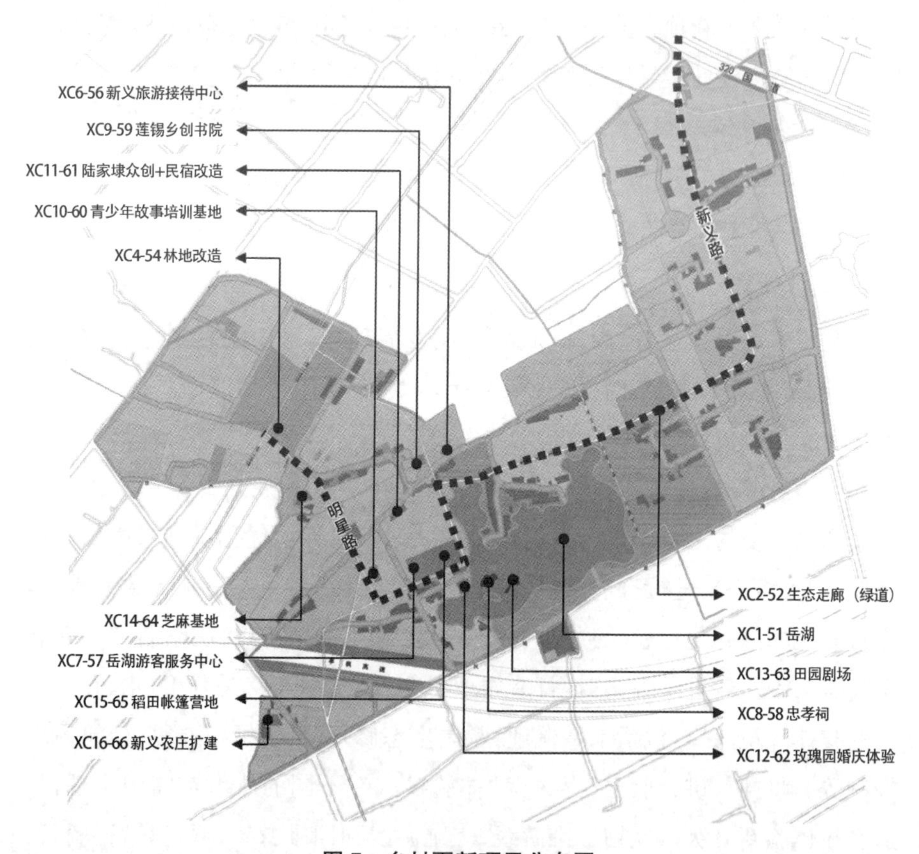

图7 乡村更新项目分布图

6 结语

由于上海市郊区相对缓慢的发展现状导致了上海市特色小镇建设更多的被视为带动乡村地区和城乡一体化的抓手。上海市规划建设用地总规模

“负增长”的要求和郊区低效建设用地的广泛存在使得上海市特色小镇规划建设必须走城市更新的路径。枫泾镇特色小镇规划在此背景下,依据小城镇发展特点,提出“小镇更新”的规划思路,为大都市郊区特色小镇规划和小城镇规划提供了借鉴。

上海市特色小镇规划作为控制性详细规划层次中专项规划纳入上海市法定规划编制体系中。但其近期行动规划的内容还无法取代控制性详细规划,特色小镇规划编制完成后仍需编制各类法定规划来推进近期项目。为更好地推动小城镇近期建设,还需要进一步整合现有的规划体系,有针对性地简化编制内容和流程,更好地服务新型城镇化建设。

上海市特色小镇规划中将产业规划、旅游规划、空间规划、近期规划等在规划内容中进行了统筹协调,实现了技术上的“多规合一”。但是由于在特色小镇规划编制的组织上是由规划和土地部门进行牵头,相关部门仅仅作为意见征询部门,难以形成部门合力,真正做到政策整合和形成有效的行政和管理机制。

参考文献

[1] 詹湛,黄哲,袁奇峰.特色小镇城乡总体规划编制思路探索——以南京市汤山街道城乡总体规划为例[J].规划师,2018,34(1):65-70.
[2] 彭震伟.小城镇的特色化发展[M].上海:同济大学出版社,2018.
[3] 陆勇峰.上海推进特色小镇建设研究[J].科学发展,2018(11):89-98.
[4] 路建楠.上海推进特色小镇发展的政策思路及典型案例研究[J].科学发展,2017(1):38-45.
[5] 朱建江.城乡一体化视角下的上海特色小镇建设[J].科学发展,2017(11):59-65.
[6] 上海市城市规划设计研究院.上海市域城镇体系和城市发展边界研究,2014.
[7] 钱家潍,金忠民,殷玮.基于上海郊野单元规划实践的土地集约利用模式研究初探[J].上海城市规划,2015(4):87-91.
[8] 上海市规划和国土资源管理局.《上海市特色小镇(特色功能区)规划实施方案》编制导则,2017.

红船旁湖畔边的村庄国土空间规划编制方法研究
——新背景下嘉兴市村庄规划改革实践

韩锡菲[1] 陈志平[1] 许 枫[2] 史冬行[1]
(1. 嘉兴市规划设计研究院有限公司
2. 嘉兴市住房和城乡建设局镇村建设处)

【摘要】 乡村振兴、国务院机构调整、国土空间规划体系的革新,以及近年来国家层面频频发布的重大政策和指导意见,都对城乡规划有着深远意义的影响,村庄规划作为城乡规划体系的末端,如何回应村规现状问题,如何适应机构改革需求,如何顺应时代发展趋势,是地方乡村规划师们需要直面的现实问题。本文在总结村庄规划大背景、嘉兴市村庄发展建设实践的基础上,结合村庄规划的相关意见指导,以嘉兴市平湖市独山港镇赵家桥村村庄规划项目为例,探索了浙北平原地区的乡村规划问题,提出要编制村庄国土空间规划代替传统村庄规划,阐述了新的编制思路和框架,提炼了该规划的创新内容,规划具有一定的地域特征,希望可以引发更多的思考。

【关键词】 村庄规划 国土空间规划 乡村振兴 改革 多规合一

1 研究意义

1.1 新的背景对村庄规划的新要求

1.1.1 乡村振兴战略——乡村地区的发展任务

2017 年 10 月,党的十九大提出实施“乡村振兴”战略,在国务院发布《中共中央国务院关于实施乡村振兴战略的意见》中,对实施乡村振兴战略、深化农村土地制度改革进行部署。2019年，全国两会再次热议“乡村振兴”，传递出许多与农业强、农村美、农民富息息相关的新政策、新思路，进一步指导农村地区的发展。

1.1.2 国务院机构改革——空间规划的重要变革

2018年3月，全国人大审议通过国务院机构改革方案，新组建的自然资源部被赋予统一行使全民所有自然资源资产所有者职责，负责建立空间规划体系并监督实施。村庄规划作为落地型、实施型的规划，更应“通盘考虑土地利用、产业发展、居民点布局、人居环境整治、生态保护和历史文化传承”，编制多规合一的实用性村庄规划，把土地、环保、产业、村镇建设方方面面融合在一起[①]。

1.1.3 生态文明建设——生态保护的规划遵循

2018年5月，第八次全国生态环境保护大会，开启了新时代生态环境保护工作的新阶段。习近平总书记强调，生态文明建设是关系中华民族永续发展的根本大计，是关系民生的重大社会问题。而农村是肩负生态建设与保护的主战场。

1.1.4 嘉兴六个聚焦点——建设高质量乡村振兴示范地的时代要求

2018年12月，嘉兴市委圈出2019年六个聚焦点，其中包含聚焦“产业兴旺、生态宜居、乡风文明、治理有效、生活富裕”，大力建设高质量乡村振兴示范地。

1.2 嘉兴全市村庄发展建设历程

1.2.1 第一个阶段(2003—2007年)，环境改造提升型规划

2003年，浙江省人民政府发布《关于实施“千村示范、万村整治”工程的通知》，嘉兴市开启了第一轮村庄规划浪潮。这一轮规划重点在改善环境、完善设施。该阶段通过提升村①庄道路、给水等基础设施的建设水平，使农村局部面貌发生了大的变化，为后续其他村庄的改造提供了示范。

---

① 2019年5月29日，《自然资源部办公厅关于加强村庄规划促进乡村振兴的通知》(自然资办发〔2019〕35号)发布，提出“要整合村土地利用规划、村庄建设规划等乡村规划，实现土地利用规划、城乡规划等有机融合，编制‘多规合一’的实用性村庄规划。村庄规划范围为村域全部国土空间”，“通盘考虑土地利用、产业发展、居民点布局、人居环境整治、生态保护和历史文化传承”。

1.2.2 第二个阶段(2008—2012 年),节地集地田园型规划

嘉兴市提出“两分两换”的政策要求,村庄规划在“1 + X”村庄布点(“1”为新市镇社区,“X”为城乡一体新社区)的体系下开展。规划重点在节约集约用地、优化空间布局。规划开启了全市村庄集聚的新篇章,新社区大量建设,村民住进了新农房,提高了生活水平,但大量兵营式的新农房与村庄传统格局和风貌并不协调,而全部集聚的规模之大、任务之难也逐渐显现。

1.2.3 第三阶段(2013—2014 年),美丽宜居示范型规划

该阶段是在浙江省提出“深化千万工程,建设美丽乡村”的要求下开展的。规划重点在改善居住水平、提高生活品质、保留传统村落。这一阶段新编了全市村庄布点规划,在原先“1 + X”的基础上,增加了“Y”点传统自然村落,对全市乡村地区的水乡风貌保护和传承做了铺垫,并缓解了新社区的集聚压力。通过十余年村庄的规划建设,村庄基础设施逐步完善,村容村貌日益美观,生活水平稳步提升,但仍面临新社区缺建设指标、风貌缺失,传统自然村落难保留、保留难等问题。

1.2.4 第四阶段(2015 年—至今),多角度探索型规划

近年来,中央到地方对“三农”的关注提升到了新的高度,在新的背景下对村庄规划建设提出了很多方向和探索。该阶段的村庄规划编制呈现出百花齐放态势,由发改、国土、建设、农办等多部门主导,分别开展了农村土地综合整治、县域乡村建设规划、美丽乡村、传统村落保护、乡村振兴、农村人居环境提升等多类型村庄规划。尤其是今年以来,陆续发布了《关于统筹推进村庄规划工作的意见》、《中共中央国务院关于建立国土空间规划体系并监督实施的若干意见》、《自然资源部办公厅关于加强村庄规划促进乡村振兴的通知》(自然资办发〔2019〕35 号)(以下简称“通知”)等指导村庄规划的政策文件。相比传统规划,新背景下,村庄规划考虑的内容更丰富,包括规土的融合,生态环境的保护,建设指标落地,文化风貌的传承,村庄产业的发展等。

这一阶段主要是在探索中前进,总结前十年村庄建设规划中的问题,通过理论与实践,努力实现多规融合,一张蓝图管到底(图 1)。

1.3 小结

嘉兴的农村,既要满足农民生活、生产的需求,还要肩负全市基本农田

图 1　嘉兴市村庄规划历程

保护、生态安全、建设用地减量等多重艰巨任务。尤其是近年来全市农民建房难问题突出，尽管进行了大量围绕农民建房的村庄规划编制探索，但因城规与土规长期存在的“两规”不一致及其他因素影响，至今无法脱离编制难、落地难、实施难的困境。

而时代发展也对村庄规划提出了新的要求：关注要素增加，从关注生活空间到统筹“三生”空间（生产、生活、生态空间）；规划内容增多，从规划建设用地到规划全域空间；规划作用加强，从一村编制多规划到一村一规划。另外，根据不同村、不同地方和不同要求，应加强因地制宜编规划。

基于此，新背景下嘉兴市村庄规划改革创新势在必行，用村庄国土空间规划代替传统村庄规划和土地利用规划，实现两规融合、多规合一，加强村庄全域空间管控和村民主导地位，重用地、重产业、重协调、重实施，有利于村庄更好地发展和落地。

2　基本思路

2.1　认知

平湖市独山港镇赵家桥村，是浙江省美丽宜居示范村和嘉兴市美丽乡村特色精品村。航天科普教育基地和400年历史的老集镇，是该村的独有资源，目前依托已建成的航空科普教育基地，正逐步开展乡村旅游。在村庄布点规划中，该村将形成一个新社区和三个传统自然村落的格局，本次规划既要承担农民集聚的任务，也要履行保护传统自然村落的职责(图 2)。

图 2　赵家桥的初步研判

然而在众多示范村中，该村在地理位置、村庄格局、风貌特色、发展层次等方面并不出众。如此特色不明、风貌不显、建房不易、新旧并存的村庄，是嘉兴市当下最普遍、最现实的村庄写照。因此，以此作为村庄规划创新的试点，更具有代表性和推广示范作用。

赵家桥村庄规划、未来发展五问如下：

传统村庄规划遇上空间规划革新——规划思路、框架的调整；

美丽宜居示范遇上美好生活需要——完成考核，改造农居点；

乡村旅游浪潮遇上航天教育基地——产旅结合特色化的加强；

传统村庄衰败遇上历史文化传承——八个方面村域整治提升；

规划技术下乡遇上保障建设落地——指导未来做什么怎么做。

2.2　谋划

规划从村域整体格局、发展模式、产业发展、迎接考核(美丽宜居示范村考核)、解决需求、传承传统、技术保障等方面，通过提出问题、解决问题的方式思考赵家桥村的未来发展之路(图 3)。

		村规	土规
两规均包含	空间发展框架		
	用地发展规模与空间布局	聚焦建设用地	明确建设用地、耕地用地等各用地类型的规模
	产业发展规划	统筹规划村域内的一二三产	主要以一产规划为主
村规独有内容		居民点详细设计	
		村庄安全与防灾减灾	
		村庄历史文化保护规划	
		景观风貌规划设计指引	
		近期建设规划	
		对布点规划的优化调整意见	
土规独有内容			农业空间安排（耕地与永久基本农田配套设施、设施农用地、承包地经营权流转安排）
			生态空间安排
			土地整治

2019版
两规合一
村庄规划

编制内容全覆盖 **+** **规划管理一张图**

编制内容： 村庄规划内容一览表

规划内容		基础性与扩展性内容	
		基础性内容	扩展性内容
村庄规划设计	现状概况（全域）	✓	
	发展目标与规模（全域）	✓	
	土地利用和空间管制（全域）	✓	
	生态用地规划	✓	
	农业用地规划	✓	
	建设用地规划	✓	
	产业发展规划	✓	
	村庄历史文化保护规划		✓
	景观风貌规划设计指引		✓
	土地综合整治规划		✓
	近期建设规划	✓	
	对布点规划的调整和优化		✓
	居民点详细设计	✓	
	规划实施的保障措施与建议	✓	

注：扩展内容还包括旅游规划、美丽乡村、农房整治、农村人居环境整治、乡村振兴等多项内容，应根据各村实际情况，可纳入两规合一村庄规划内，内容深度详略得当，并符合相关法规、规范、标准的要求。也可单独开展编制。

规划成果：

规划文本+规划附件+电子数据

文本+图集

现状分析+规划编制过程（会议、座谈等意见听取和采纳等）+专题研究报告（专项研究、政策设计、保障机制）+村民手册+规划说明

矢量数据+栅格数据+文档数据

图 3　制定新的规划内容和成果要求

3 规划创新

3.1 框架创新

2015 年,《嘉兴市村庄规划设计编制导则》出台,成为嘉兴各地村庄规划设计的指南。在当时的发展背景下,导则重点围绕村庄建设用地展开,与国土的衔接体现在对建设用地选址和规模的调整建议上。另外,对于非建设用地、产业发展等内容涉及较少(表 1)。

表 1 “3+N”村域发展目标一览表

指标类别	序号	指标项		单位	类型	备注
生活空间	1	近期(2023近期)	户数规模	670 户	预期性	
	2		村庄建设用地规模	35.58 公顷	预期性	
	3		新增村庄建设规模	5.22 公顷	预期性	
	4		集聚户数	159 户	预期性	
	5		人均村庄建设用地	159 平方米/人	约束性	
	6		户均宅基地面积	636 平方米/户	约束性	
	7	远期(2030远期)	户数规模	815 户	预期性	
	8		村庄建设用地规模	40.72 公颂	预期性	
	9		新增村庄建设规模	10.36 公颂	预期性	
	10		集聚户数	304 户	预期性	
	11		人均村庄建设用地	124 平方米/人	约束性	
	12		户均宅基地面积	499 平方米/户	约束性	
生产空间(2030 远期)	14	基本农田保护面积		443 公顷	约束性	
	15	耕地保有量		536 公顷	约束性	
	16	新增建设用地占用耕地面积		9 公顷	约束性	
	17	新增耕地(土地整治补充耕地)		50 公顷	约束性	
生态空间(2030 远期)	18	林地(生态林)		—	约束性	
	19	自然保留地		—	约束性	
	20	河湖水面率		5%	约束性	
产业发展	21	一产重点培育航天科普育种,精品水果,彩色苗木等农业特色主导产业;二产逐步转型,鼓励拓展农产品深加工,将特色农业资源转化为特色农产品、特色旅游商品;三产大力发展农旅结合乡村旅游				

（续表）

指标类别	序号	
历史文化保护	22	保护赵家桥村落原有传统风貌，平丘墩遗址按文保单位要求保护，对有保护价值的历史建筑史家老宅、陶家老宅、百年香樟、赵家桥列为后备文保单位按文保要求进行保护，对有一定风貌特色的赵家桥集镇对其进行整体管控
公共服务设施	23	重点建设赵家桥新社区，按相关要求建设公共服务设施，同时在传统自然村落内重点完善“一室一店一园”
基础设施	24	完善村内特别是传统自然村落的给排水工程，现有管线整治
道路交通	25	拓宽现有道路，确保居民出行与通车需求，完善公共网络，加强支线绿道串联

而本次规划根据以通知为主要参照的国家、省层面对村庄规划的新要求，结合嘉兴市实际情况，进行了重新梳理。首先解决的是全域空间问题，以解决村庄实际发展诉求为目标，在满足生态保护、农田保护的前提下，进行“三生”空间的合理布局。由于要对国土和城规进行融合，前期对两规的规划内容、技术方法等作了分析和比较，最终明确村庄规划新思路、新框架、新成果和协调技术新方法。

统筹村庄发展目标：确定村庄发展方向，提出规划“三生”空间而非仅规划建设用地。明确未来“三生”空间的发展规模和详细指标，制定各专项规划的发展目标。形成“3 + N”的发展目标表。跟以往村规相比，目标任务表内容有所增加，也更具有针对性和可指导性。

统筹生态保护修复：结合村庄的生态控制线和基础设施廊道，尽可能多的保留乡村原有的地貌、自然形态等，系统保护好乡村自然风光和田园景观。加强生态环境系统修复和整治，慎砍树、禁挖山、不填湖，优化乡村水系、林网、绿道等生态空间格局。

统筹耕地和永久基本农田保护：根据赵家桥村农业用地类型，梳理现状耕地、果园和养殖用地，衔接土地利用规划的永久基本农田和一般农田范围，确定各类农业用地的范围和规模，提出发展策略。同时对农地承包经营和设施农用地作出规划安排。

统筹历史文化传承与保护：深入挖掘村历史文化资源，划定乡村历史文化保护线，提出历史文化景观整体保护措施，并加强各类建设的风貌规划和引导，保护好村庄的特色风貌。

统筹产业发展空间：明确村域发展模式和发展思路，并对一二三产提供详细发展策略，重点围绕以航空科普、百年集镇为特色的农旅综合发展提出详细设计布局。

统筹建设用地及相关配套设施规划：综合部署村庄居民点的布局和建设用地管控，加强道路交通、公共服务设施、市政设施、防灾减灾等各专项建设内容。

明确近期实施项目：分2021年和2023年两个阶段，提出未来五年建设用地规模、农户建房布局、建设项目及相关投资估算。

3.2 技术创新

3.2.1 制定新的用地分类标准、协调制图方式——实现技术方法统一

在制定赵家桥村现状与规划用地图前，规划首先解决用地分类标准统一的问题，规划以《村土地利用规划编制技术导则》（国土资厅发〔2017〕26号）和《嘉兴市村庄规划设计编制导则（试行）》中的用地分类表做基础，对村庄建设用地和农用地细化，综合确定统一的规划用地分类标准（图4）。

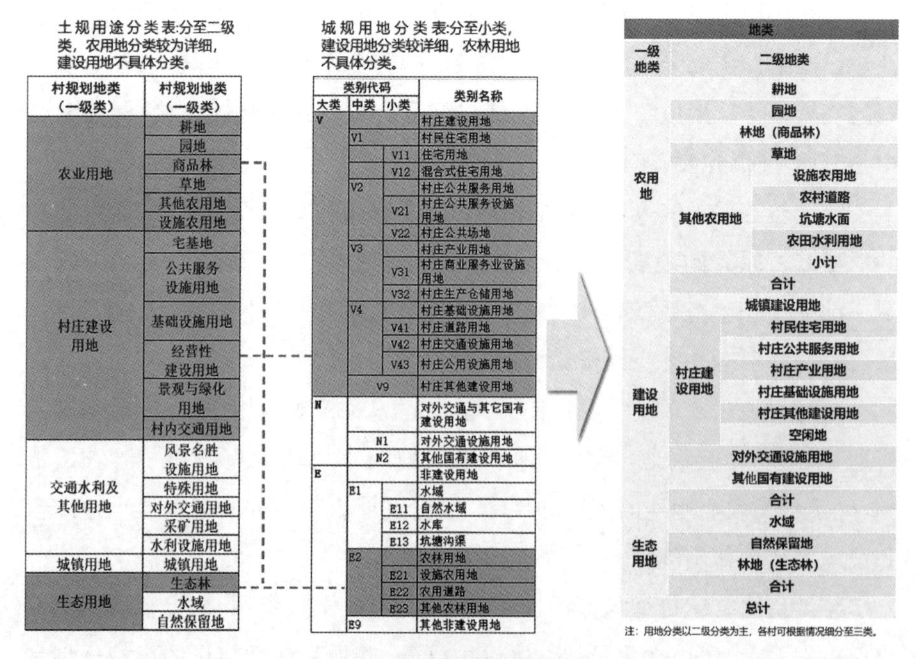

图4 两规用地分类比较

而图纸精度与格式上，采用了村域层面以国土部门 1∶2 000 数据库(GIS 格式)为基础，结合住建系统 1∶500 或 1∶1 000 地形图(CAD 格式)、高分辨率遥感影像图为参照，成果为 1∶2 000 数据库(GIS 格式)。居民点层面以 1∶500 或 1∶1 000 地形图地形图(CAD 格式)为主，方便设计及后期平面美化(图 5)。

图 5　村域层面 GIS 作图

3.2.2　规土融合——村庄国土空间规划方案

首先在村域三调现状的基础上，根据影像图和现状调研结果进行调整和深化，主要包括用地性质的调整和道路网的增加；其次，对上位规划和相关规划中重要的数据规模进行落实和优化：保证土地利用规划中永久基本农田不改变，对一般农田根据实际情况进行位置的调整。保证村庄布点规划中居民点的规模不突破，适当调整选址等；然后划定“三生”空间，并在此基础上进行空间管制，明确各类保护控制线和退距等要求，最终形成土地利用规划一张图(图 6)。

3.2.3　深浅适度——实现做有用规划

《关于统筹推进村庄规划工作的意见》(农规发〔2019〕1 号)中提出“详

规划远期村域用地汇总表

	代码	用地	面积（公顷）	百分比
农用地	11	一般基本农田	43.28	6.45%
	11	示范区基本农田	443.06	66.08%
	11	新增一般农田	50.60	7.55%
	12	园地	22.32	3.33%
	15	设施农用地	0.30	0.04%
	15	坑塘水面	0.61	0.09%
		小计	560.17	83.54%
建设用地	21	采矿用地	0.19	0.03%
	21	农村居民点用地	50.49	7.53%
	21	新增农村居民点用地	8.34	1.24%
	22	公路用地	17.91	2.67%
		小计	76.93	11.48
其他土地	31	河流水面	33.39	4.98%
			670.50	100.00%

图6　村域层面国土空间规划主要图纸

略得当规划村庄发展”②，结合嘉兴市每隔三四年开展新一轮村庄规划的情况，本次规划重点对未来五年的发展做详细设计，指导美丽宜居示范村的建设和农民建房工作，加强人居环境品质优化提升与公服市政设施提升；远期从空间规划角度进行全域规划统筹，以保护农田及生态用地、建设用地规模控制、村庄发展引导为主。此外，规划成果上，也分别制定了全本、简本和村民读本，以满足不同场合不同人群的需要。①

3.2.4　加强公众参与——开门编规划

为了突出村民主导地位，前期，项目组五次深度下乡调研，下沉入户，通过访谈、问卷调查、不满意度标注等方式收集村民意愿；中期，就方案稿多次征询村民意见；后期，将村民关心的规划内容制成村民读本，并开展村庄规划宣传动员会，向村民进行规划的讲解，使其知晓未来赵家桥村的变化（图7）。

① 2019年1月4日，《中央农办、农业农村部、自然资源部、国家发展改革委、财政部关于统筹推进村庄规划工作的意见》（农规发〔2019〕1号）发布，提出“详略得当规划村庄发展”，“一些地方需要深入细致，而有些地方则予以总体控制和结构规划。还需根据建设资金条件和当代村民需要，按照建设时序近、远期相结合。近期建设详细深入，远期规划则可‘粗线条’”。

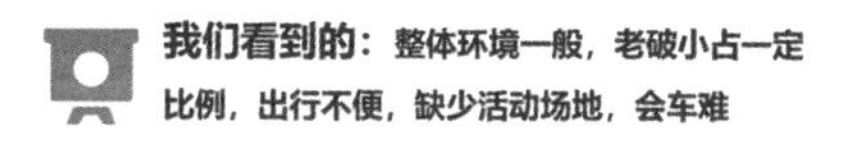

村民反映的： 总体满意，但对于机动车出行及停车、活动室和活动场地的需求较大

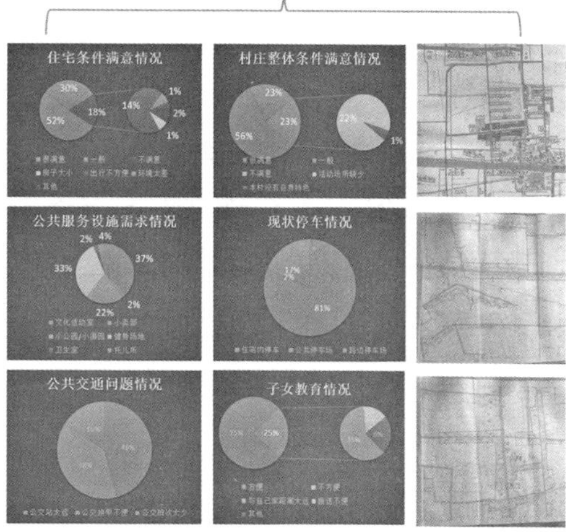

多角度、多方向了解需求

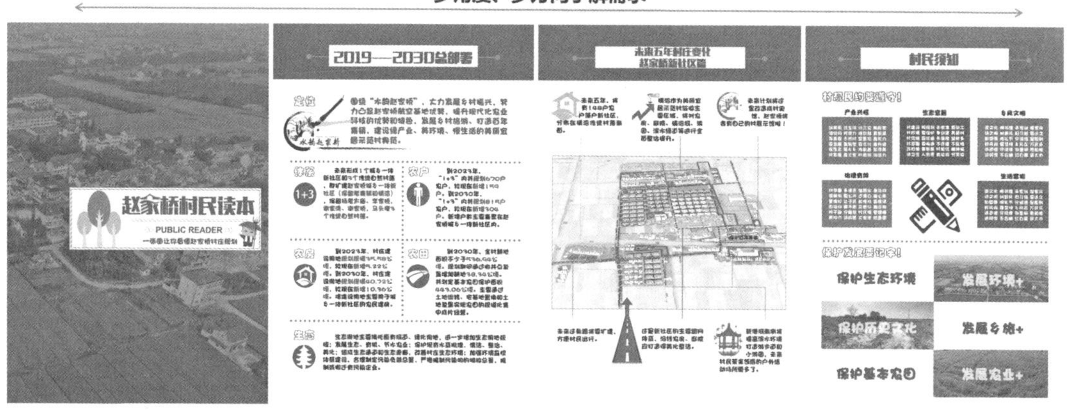

图 7　调研结果对比、村民读本及村规宣传会

加强多位一体参与，多次与村委、镇、市相关部门及当地建设施工团队座谈，了解各方对该村的发展愿景、任务要求和相关计划，从规划、建设、运营的角度探讨项目建设能否落地实施。

3.2.5　因地制宜，分类制定——精细化设计

（1）村庄肌理延续

提炼现状枕河临路、条状发展、整齐布局的肌理和南北朝向、私家庭院、面朝农田的农房格局，分析该布局的背后，是村民向滨水、喜阳光、重私密、好均等、崇自然的内在追求。因此，在后期的翻建和新建农房户型设计及建筑布局上，尽可能延续原有的形式，尊重当地村民的生活居住方式(图 8)。

图 8　村庄肌理分析

（2）历史文化传承

赵家桥集镇始成于明末清初，已有 400 年的历史，现仅存一条 300 米不到的港北街、一座赵家桥。老街被遗忘在新社区的背后，但紧凑的格局、大开间的商铺依然能想象当年的繁华景象。很多村民反映了重建老街、恢复活力的愿望。规划结合赵家桥村实际发展情况，以及和相关部门、村委的沟通，一致达成了近期重点发展围绕航空科普的乡村旅游，待有一定人气、规模后再推进老街改造提升的分期分重点发展策略。因此本次规划主要划定了老街管控范围和重点建筑保护范围，确保该范围内的肌理、建筑不被破坏(图 9)。

随着村庄的快速发展和本村人口的变动，关于赵家桥村发展的信息传递越来越少，甚至出现了断层现象。一些出处和典故，已消失在时间长河中。不只是赵家桥村，全市众多的保留村庄，或多或少面临同样的问题，而只有少数有条件的村庄编制了村史。规划希望以本村为起点，将每个村仅

存的一些发展变迁史记录下来，一方面是用于相关的分析和规划，另一方面也希望为村民们留下一份文化遗产。

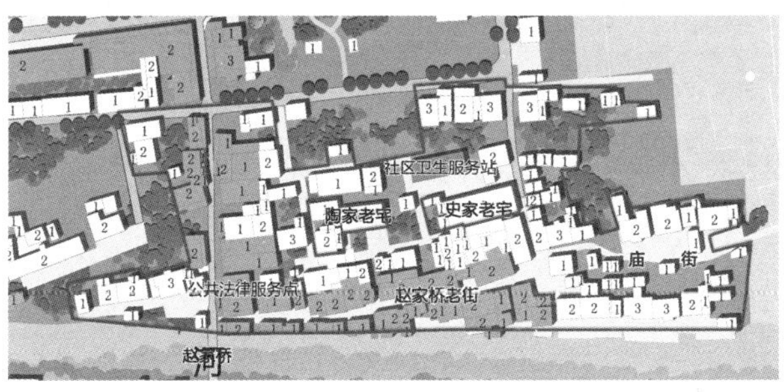

图 9　围绕老街的历史文化资源分布图及本次规划制定的老街管控范围线、重点建筑保护范围线

摇快船是平湖当地祈祷风调雨顺、顺风顺水的民间水上竞技活动。每逢端午节，赵家桥村村内的新港河上，都会举行摇快船活动，活动一直持续到了 20 世纪六七十年代。规划通过整理新港河沿线空间、新建桥梁，为恢复摇快船提供场地和相关活动安排。此外，对于村域内零散分布的勾起村里老人儿时回忆的古树和古桥，规划将这些打造成村域内的主要景观节点，并设置可步行路径，增加互动，以此重塑场所记忆，让村民的乡愁得到寄托、找得到出口(图 10)。

而对于省级文物保护单位平丘墩遗址，除了按照文物保护及紫线管理等要求进行控制外，规划控制遗址周边景观风貌，确保文保单位及周边历史风貌存续。

(3) 产业综合发展设计

规划系统梳理了赵家桥村的发展模式，前期输血为主，以美丽乡村、美丽宜居示范村等为抓手，投入大量资金改造村庄；逐渐转型成以彩色苗木、

图 10　利用村委南侧空置房改造为村史馆

精品水果、大棚果蔬为经济增长点的“换血式”模式；如今，围绕航空元素依托横沼传统自然村落，大力发展科普教育、航空育种结合乡村旅游的特色农旅综合发展之路，为“造血式”模式。未来，赵家桥应以“造血式”发展模式为主体，充分挖掘自身特色并利用，同时合理结合第一二种发展模式(图 11)。

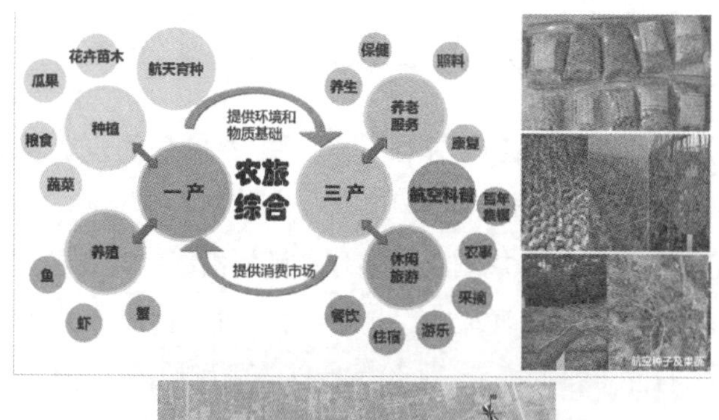

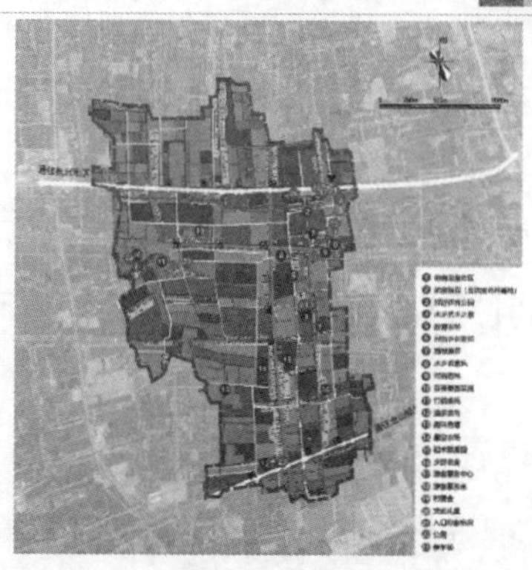

图 11　产业发展模式及相关用地布局

在此基础上,规划对赵家桥村未来产业发展做了详细布局设计和项目策划。

(4) 各类设施提升

一方面,尽管现状嘉兴乡村地区的基础设施和公共配套设施正日益完善,此次赵家桥村调查问卷的结果也显示,近一半的被调查者表示对村庄整体状况和居住状况比较满意。但村民对于出行、娱乐、体育、医疗等方面仍有较强烈的改善意愿,渴望其发展水平与城市同步。另一方面,现状各类设施普遍集中在新社区,传统自然村落设置得较少,这也是传统村落保留点的村民反映较多的问题(表 2)。

表 2 公共服务设施配置一览表

	分类	公共服务设施空间布局原则	建议公共服务设施空间布局细化要求
三个传统村落保留点	改造利用型	以保留或更新改造为主	综合室、便民店、小游园(含健身设施、游步道)
赵家桥城乡一体新社区	重点提升型	提升公共服务设施配置,另可根据村庄自身发展需求增设其他类型公共服务设施	社区服务中心、居家养老服务照料中心、社区卫生服务中心、文化活动中心、文化礼堂、红白喜事中心、村史馆、公共厕所、幼儿园、农贸市场(菜场)、停车位(场)

公共服务设施方面,为提升其覆盖面、便捷性和有效性,规划明确撤并点限制公服发展,新社区优化提升公服配置,传统自然村落酌情改善。相对于对新社区有较全的配套设施指引,本次规划重点强调传统村落建设完善"一室一店一园 + 一场",即综合室(可用于开展乡村会议、社区事务办理、医疗保健等事务、居家养老照料、文化活动等)、便民店、小游园(含游步道、健身设施),未来有条件的、有旅游发展需求的传统自然村落额外增加公共停车场。"三室"强调的是功能的落实,部分服务功能可以流动形式为村民服务,其功能选址可相对自由,保留、新建,或利用老旧集体房和空置房开展服务。

结合赵家桥村沿河而居、线型布局的特点,规划将主要的游园和活动空间设置在滨水岸线,形成线型的户外活动场地,并串联各种节点,重塑村民对水的向往;对家门口的农田进行整体提升,适当增设局部绿地休憩空间;寻找一些空置房屋,进行内外部的整治,作为老年人和儿童的室外活动室。

规划同样对交通整治、市政设施提升等方面明确了建设项目。

(5) 乡村风貌指引

规划从肌理、水系、农房、庭院、围墙、农田、道路和小品八个方面对各种风貌元素进行了现状解读、案例借鉴、整治策略和设计指引(图 12)。

而这些详细设计,规划主要以安排建设项目、选取节点设计、估算工程造价的方式进行指导,寄希望于通过此,让村委知道做什么、怎么做,能辨别美丑,并在村里进行宣传推广,以期指导落地。

4 结语

作为探索型规划,村庄国土空间规划编制的过程中遇到了很多问题和挑战,提出的编制框架和方法仍有待改进和完善,在技术方法提炼和普适性方面,还有待进一步的研究。但总体思路、方向和方法是积极的,国土空间规划在村庄层面是可行的。希望通过规土合一、多规融合的方式,真正从根本上消除多规打架的问题,最终实现一张蓝图管到底。同时结合规划理念的创新,让村庄规划更符合未来发展趋势,更容易让村民接受,让项目得以落地,完成村庄规划的最后一公里!

参考文献

[1] 王向东,龚健."多规合一"视角下的中国规划体系重构[J].城市规划学刊,2016(2):88-95.

[2] 黄峥,童心,常健,等.村庄建设规划与村土地利用规划联合编制方法研究——"多规合一"背景下村庄规划改革新实践,持续发展 理性规划[C]//中国城市规划学会.持续发展 理性规划——2017 中国城市规划年会论文集.北京:中国建筑工业出版社,2017.

类型	现状描述	整治原则
传统风貌建筑	多为60年代之前的农房，破败不堪，一二层，白墙灰瓦木窗木门，大多已经废弃，数量较少，主要分布在赵家桥老集镇。	史家老宅、陶家老宅：1.列为拟保建筑，划定保护范围，结合周边进行整体保护修缮设计，设置简介牌；2.结构加固，内部重新装饰，改善基础设施，植入新的功能；3.墙体立面清理，对墙面斑驳较多的采用白色涂料粉刷；4.对建筑细部进行维修保护，修编匾额窗户。
		其他建筑：1.修缮建筑原有坡屋顶，统一采用小青瓦，颜色以灰色为主调；2.墙体用白色涂料，空白处适当装饰农民画；3.对传统建筑的细部进行修缮翻新，修缮窗、门、匾额等。
一般协调建筑	多为60年代之后至2000年之前的建筑，二三层，包括农房和商店，比较破旧，水泥墙、马赛克、贴面砖、黑灰屋顶、彩色玻璃，商店因小镇颓败而废弃，农房大部分在使用中，该类型数量占比最大。	1.保留、复原代表时代特征的马赛克、贴面砖、彩色玻璃等立面特征； 2.修缮建筑原有坡屋顶，对部分位于重要景观视线、廊道内的平屋顶建筑做平改坡处理，屋顶统一采用小青瓦，颜色以青灰色为主调； 3.对赤膊墙进行白色涂料粉刷，重要节点区域绘制农民画； 4.对墙体、窗户轮廓进行灰色涂料描边，墙体分层通过增加木质装饰形成立面造型元素，窗台上悬挂花卉，丰富整体建筑立面。
不协调建筑	多为2000年前后，三层及以上的西式洋房，瓷砖贴面、琉璃瓦、欧式门窗、雕花，与水乡风貌风貌不协调，占一定比例。	位于重要景观视线、廊道内的西式洋房： 1.利用绿化、小品遮挡：针对建筑体量较高大，改造成本过高的，用多层次的植被绿化、小品进行遮挡。 2.部分构建风格协调：栏杆、门窗部分进行仿实木颜色涂饰或更换成仿实木铝合金材质。 3.部分立面重新粉刷：建筑立面过于颜色突兀的，主体立面用米白、浅黄重新粉刷，增加部分青灰色、暖灰色面砖或石材，尽量协调建筑整体立面颜色。
		其他类西式洋房：以清洁立面、绿化小品遮挡为主，减少多余装饰。
	违章建筑、危房、独立辅房、简易棚等。	积极引导村民自行拆除违章建筑、危房、独立辅房、简易棚等，拆除后用地改作他用。

图 12　乡村风貌指引

面向实施的美丽乡村减量规划编制探索

——以北京市平谷区中胡家务村为例

靳　猛　崔立达　李建勇
（深圳市建筑科学研究院股份有限公司）

【摘要】 在党的十九大提出的实施乡村振兴战略重大决策和《北京城市总体规划（2016 年—2035 年）》（以下简称“北京新总规”）新目标共同引领下，北京市在 2018 年 2 月部署了新一轮美丽乡村建设三年专项行动。本轮美丽乡村规划建设聚焦北京新总规确立的“用地减量、生态保护”等新目标，以实施农村人居环境整治为重点，确保规划的实施性和有效管控。本文基于对北京市美丽乡村规划政策背景及本轮规划编制特征的梳理，识别出本轮村庄规划编制呈现依据逐步完善、减量控制强化、空间提质聚焦、实施管控精细化等特征。结合已经开展的北京市平谷区中胡家务村（平谷区乡村振兴示范村）美丽乡村规划实践工作，探讨用地减量提质、产业发展优化、公共空间活化、多元主体参与建设及实施管控措施等主要内容的方法路径，以期为乡村振兴战略背景下的美丽乡村规划建设提供有效可实施的借鉴经验。

【关键词】 美丽乡村　实施管控　减量规划　微改造

1　引言——回望乡村建设的初心

村庄，是人类聚落发展中的一种初级形式，可发挥最底层级的中心地职能，在那里人们主要以农业生产为主。自古以来乡村就是社会治理的“最小”单位，地位特殊，所以在开展此次美丽乡村规划工作之前，有必要回顾一下百余年来乡村建设的初心，尝试寻找一种大的指引方向。从清末颁布的

《城镇乡地方自治章程》之后引发的一系列传统乡村建设算起，历经 1920 年到 1940 年间的民国时期的乡村建设运动、1949 年到 1978 年间的社会主义改造时期的乡村建设、1978 年到 2006 年间的改革开放背景下的乡村建设探索、2006 年到 2012 年间的新农村建设运动以及 2012 年至今聚焦人居环境建设和城乡统筹等重点内容的美丽乡村建设等五个大的阶段，到目前为止仍是进行时。特别是乡村振兴战略发布和“五级三类”国土空间规划体系重新构架以后，美丽乡村规划的内涵和使命更加丰富和聚焦，也更进一步坚定了建设人民真正满意和需要的村庄的百年初心。

2 北京市美丽乡村规划政策背景

2013 年，中央一号文件首次提出“建设美丽乡村”奋斗目标。2014 年，北京市委、市政府启动美丽乡村建设工作，规划自 2014 年起全市每年以不低于现有村庄 15%的比例推进美丽乡村建设，力争到 2020 年将郊区农村基本建成“绿色低碳田园美，生态宜居村庄美，健康舒适生活美，和谐淳朴人文美”的美丽乡村。2014 年至 2016 年，北京市“美丽乡村”验收达标率为 55%，主要问题集中在缺少村庄绿化美化设计内容、投资分配和标准不合理及部门协调联动机制不完善三方面。[1-2]

2018 年 2 月，在党的十九大提出的乡村振兴战略“产业兴旺、生态宜居、乡风文明、治理有效、生活富裕”总体要求引领下，北京市委、人民政府印发了《实施乡村振兴战略扎实推进美丽乡村建设专项行动计划(2018—2020 年)》，开启了新一轮美丽乡村建设工作，提出在前期美丽乡村建设的基础上，以实施农村人居环境整治为重点，进一步提高建设标准，增加建设内容，提升建设水平等要求。[3]

3 本轮北京市美丽乡村规划编制特征

3.1 规划编制依据逐步完善，编制深度要求明确

当前北京市美丽乡村规划编制依据日趋完善，涉及编制内容、编制人

员、工作形式等方面的详细要求，对切实解决村庄可持续发展、增强内生发展动力等方面提供了可实施、有效的编制依据。2017—2019年，北京市陆续发布实施了适用于北京美丽乡村规划编制的标准及要求文件。

本轮规划编制期间，北京村庄导则也进行了修订，在村庄类型划分和内涵、用地分类和代码及成果形式等方面做了优化调整。此外，本轮规划对规划师的职责提出了更高标准，如要求规划师通过驻村编规划并使用工作台账App全程记录调研、沟通交流、编制过程，严格控制次数和深度。平谷区也发布了《平谷区美丽乡村有机规划导则（试行）》，在村庄建设发展规划、美丽乡村建设实施方案、工作流程及成果审查等四方面提出了具体标准化的编制工作要求。

3.2 以“两线三区”为底线，聚焦空间减量提质

从集聚资源求增长，到疏解功能谋发展，北京成为全国第一个“减量”发展的城市，减量发展、绿色发展、创新发展，成为首都追求高质量发展的鲜明特征。[4]北京新总规中明确了“用地减量、生态保护”等新目标，提出加强“两线三区”空间管控，限建区内集体建设用地明确腾退减量和绿化建设等要求。基于北京新总规的总体要求，北京村庄导则中也明确了需落实减量提质要求，以“集约高效、减量提质”为原则，结合村庄实际，明确村庄建设总量，从不同路径落实减量发展要求。[5]平谷区在推进美丽乡村建设工作中也明确提出要以“两图合一”成果为基础，本着集约、节约用地的原则，重点落实各村的减量任务，明确减量时序，以确保规划和方案的落地和实施。

3.3 规划编制审查、实施及管控更加精细化

强化规划编制成果审查，本轮规划编制要求成果验收需要村庄两委班子审查、乡镇（街道）政府3次以上审查、规自委、农委及各委办局联合审查及区政府审查等四个阶段。确保资金投入有保障，资金分配和标准更加合理化。在本轮美丽乡村行动计划中市级安排引导资金，并根据市新农办审定的标准、年度任务量、年度考核情况，及时调整各区的资金投入力度。强化监督考核力度，保障规划有效落地实施。要求各区按照《美丽乡村创建考核验收表》自查，市相关部门聘请第三方对创建结果核查验收，验收合格后统

一授牌;建立复查机制,复查不合格的摘牌整改,整改完毕并验收合格后再授牌。建立更健全的长效管护机制。为巩固村庄环境整治成果,保证公共设施长久发挥效益,各区制定了相应的基础设施管护机制。

4 中胡家务村村庄现状特征及需求

中胡家务村位于北京市平谷区新城北部,属于新城单元内唯一完整的村庄,距离新城中心约 5 公里。2017 年年末,村域总面积为 177.54 公顷,村庄建设用地面积 23.43 公顷,户籍人口 643 户, 1 475 人。中胡家务村是典型的平原村落,村落呈团状集中布局在村域中部,街巷呈东西南北十字结构展开,整体环境整洁、风貌优美(图 1)。上位规划将该村定位为整治完善型村庄,重点开展集体产业用地整理、原地微循环整理等工作,现状村庄主要有以下特征及需求。

图 1 村庄现状实景图

4.1 生态本底条件较好,但尚未得到合理保护与利用

中胡家务村位于生态涵养区,北侧有浅山为背景,村域内有水塘、林地、田地、果园等自然资源,植被覆盖度超过 80%,植被资源数量和种类较为丰

富，村庄整体生态环境本底条件较好。缺少生态绿植、部分生态资源未得到合理保护与利用等问题。

4.2 村庄产业发展缺乏科学合理的引导，经济活力不足

中胡家务村现状产业结构单一，面向村庄外部的服务项目主要为农业采摘体验园，但品质一般，附加值较低，未形成突出和优势产业，其中一产表现为多而不强，销路不畅；二产表现为逐渐清退，清洁生产；三产表现为规模较小，特色不显。总体来说，中胡家务村缺乏合理的产业发展引导、策动村庄发展的主导产业项目、转型所需的人力资源及与外界的有效联系和互动，整体的造血能力较弱。

4.3 村庄有一定的人文底蕴，但缺少展示载体和推广通道

中胡家务村汉代成村，始称日勤村，明朝在此处设中营防胡府，村落遂成中胡家府，随后演变为中胡家务。在村庄中部纸箱厂现存两棵一级保护古树侧柏，已有上千年历史。现状缺少公共文化空间，文化展示及宣传载体主要为村委会活动室、公告牌、广播、宣传单等。大部分村民认为古树名木和农林特色为该村最应延续的乡村特色，希望增加文化推广力度，提高该村的知名度。

4.4 村庄公共生活空间品质一般，空间活力有待提升

村庄公共生活空间主要包括中心广场、公园、街角健身场地、村委会活动室及街巷空间等，整体空间品质一般。白天村民活动呈现“大分散、小集中”的特征，整体分散在村庄街巷内，在局部空间较大且有树荫或遮蔽建筑处形成小聚集；晚上6～8点村民主要聚集在中心广场开展健身、交流、娱乐等活动。

5 面向实施的美丽乡村减量规划编制实践

5.1 科学开展综合评估，明确减量提质实施路径，落实减量要求

5.1.1 划定生态保护空间，夯实生态本底

接北京新总规有关“两线三区”的管控要求，落实平谷区“两图合一”确

定的中胡家务村生态保护用地范围、永久基本农田保护范围，对生态控制区实行最严格的保护，严控与生态保护无关的建设活动，确保生态控制区面积只增不减、土地开发强度只降不升，生态功能不断提升。结合规划用地布局划定“两线三区”和“五线”的管控范围，合理控制村庄建设用地，保障村庄经济发展、人居环境改善与生态环境保护相协调。

5.1.2　确定适宜的建设规模，提出可行的减量路径

在中胡家务村“2016 土地利用变更调查”数据（以下简称“土地变更数据”）的基础上校核现状建设用地指标，同时以“两图合一”建设用地指标为刚性要求，在满足村庄建设发展需求的基础上，明确村庄建设用地的减量规模与实施路径（图 2）。

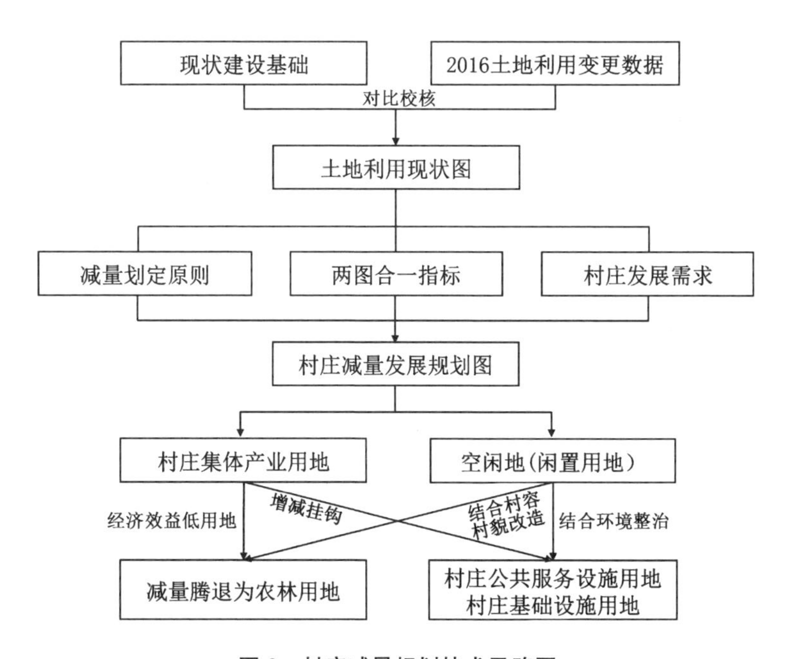

图 2　村庄减量规划技术思路图

通过现场踏勘、地形图对比、村民走访等方式充分了解村庄现状实际建设情况，厘清现状建设底数，核定现状“两规合一”地块用地性质，建立目标、指标、坐标一致的“两规合一”现状空间数据平台。[6] 具体对比校核原则如下：村庄范围外划入土地变更数据内，但现状无明显构筑物的地块不予划入建设用地（图 3）；将村庄内部部分宅基地现状已在土地变更数据内的全部划

为建设用地，将村庄内部不在土地变更数据内的宅基地不予划入建设用地（图 4）。校核前土地变更数据中村庄建设用地为 23.87 公顷，校核后现状村庄建设用地为 23.43 公顷，较变更数据减少 0.44 公顷（表 1）。

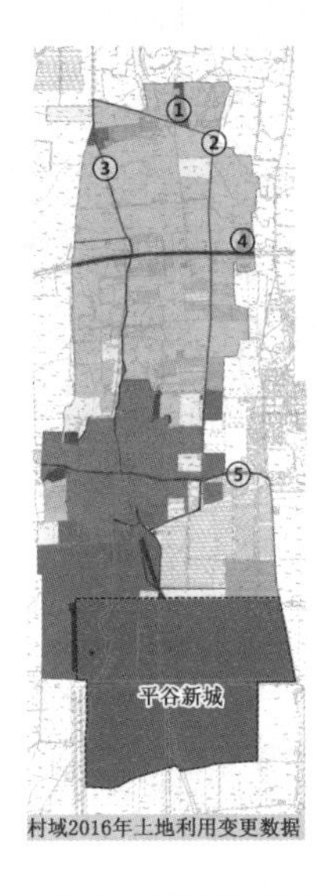

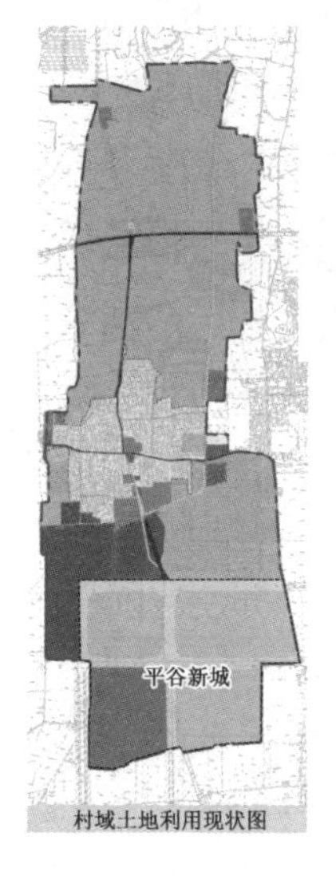

图 3　村域现状建设用地校核对比图（标号为指标调整）

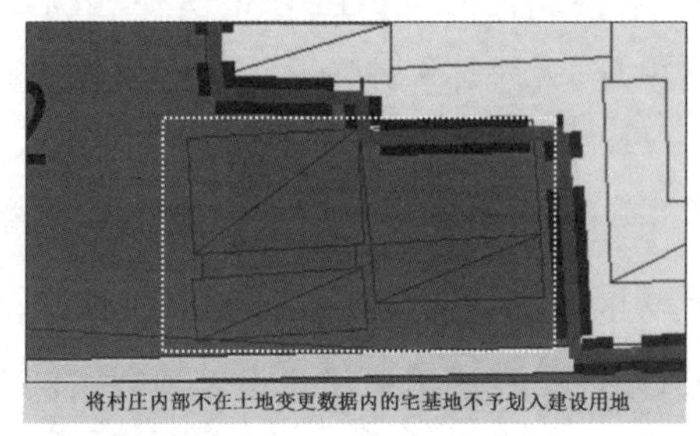

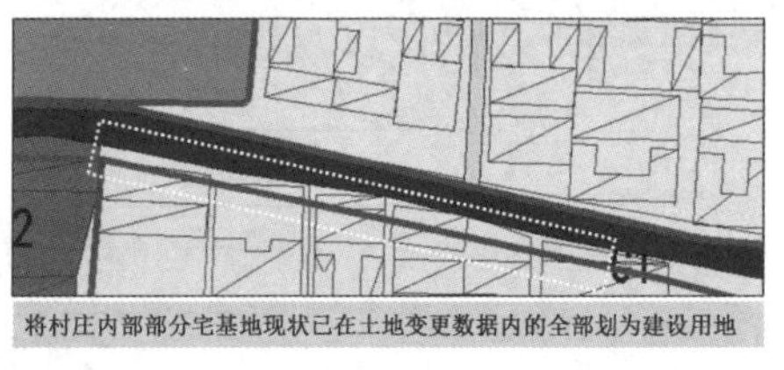

图 4　村庄现状建设用地校核图

表 1　中胡家务村 2016 土地利用变更调查数据与现状用地校核情况

标号	2016 土地利用变更用地性质	校核后现状用地性质	校核后建设用地指标调整	调整原因
1	村庄建设用地	农林用地	减少 6 048 m^2	场地无明显构筑物
2	村庄建设用地	农林用地	减少 559 m^2	场地无明显构筑物
3	村庄建设用地	农林用地	减少 137 m^2	场地无明显构筑物
4	村庄建设用地	村庄产业用地	增加 428 m^2	结合实际建设情况调整
5	村庄建设用地	农林用地	减少 625 m^2	场地无明显构筑物
—	村庄建设用地	农林用地、水域	减少 1 306 m^2	全部不在变更数据内的不予划入
—	农林用地、公路用地	村庄居住用地	增加 3 840 m^2	部分位于变更数据内的全部划入
	总计	—	减少 4 407 m^2	—

在现状建设底数基础上，以“两图合一”中给定的 22.18 公顷的建设用地

指标为刚性要求，合理布局村庄建设用地，规划期末村庄建设规模为 22.13 公顷，较现状建设用地减量 1.3 公顷(图 5)。通过产业用地腾退置换、空闲地(闲置用地)减量等措施落实减量指标，同时在村庄建设用地范围内腾退 0.32 公顷产业用地，规划为新增村庄公共服务设施用地(表 2)。

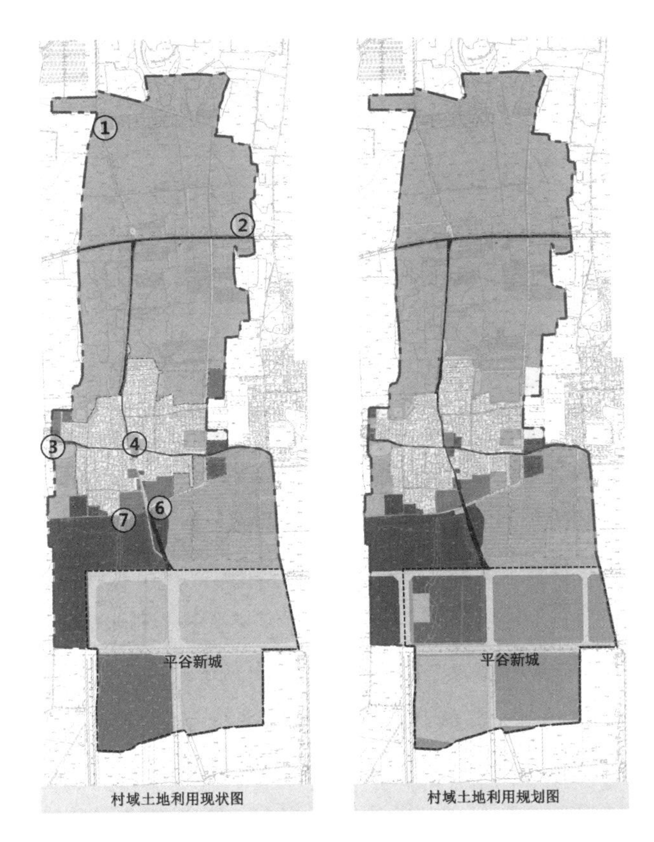

图 5　村域建设用地减量前后对比图(标号为指标调整)

表 2　拆除腾退及规划情况

标号	现状用地性质	拆除减量原因	占地面积(m^2)	规划用地性质	减量实施措施
1	产业用地	不在两图合一的建设用地范围内	3 381	农业用地	街道层面增减挂钩
2	产业用地	不在两图合一的建设用地范围内	4 750	农业用地	街道层面增减挂钩

（续表）

标号	现状用地性质	拆除减量原因	占地面积（m^2）	规划用地性质	减量实施措施
3	广场用地	不在两图合一的建设用地范围内	877	农业用地	空闲地复垦
4	产业用地	纸箱厂、低效用地	3 197	村庄公共服务设施用地	功能置换
5	产业用地	低效用地	204	农业用地	街道层面增减挂钩
6	产业用地	低效用地	1 669	农业用地	街道层面增减挂钩
—	村庄基础设施用地	低效用地	2 521	农业用地	低效用地复垦
	合计	—	16 599	—	

5.2 协同推进产业调整和空间活化，赋能村庄经济和文化发展

5.2.1 合理引导产业结构调整，促进村民增收

结合村庄良好自然资源条件和区位优势，引导一产向多元化、定制化发展，三产向“体验、休闲”发展。通过优化农产品结构和农作物品种，提高农产品质量等方式打造中胡家务村的竞争优势，探索与周边村庄的差异化发展之路。同时以村合作社为主体，逐步建立中胡家务自有统一品牌，通过具中胡家务村特色的包装、新媒体推广等方式进行品牌展示。积极探索家庭联合果园、农业合作社、企业农庄等多种生产方式，以及城村对接、农企合作、观光采摘等多种营销模式，构建农产品配送系统，线上线下双管齐下，扩宽农民增收渠道。

发挥近城区位优势，聚焦科普教育为主的休闲体验农业方向，将中胡家务村建设为平谷区近郊休闲农业示范点，重点发展农业科普教育体验园、市民农园、农业公园及农夫集市等新型农业观光产业经营形态，以休闲农业带动村庄经济发展。

5.2.2 通过低成本空间微改造，提升乡村活力和文化内涵

(1) 构建村庄、村域两条休闲活力体验环，激活低效空间，丰富村民活动交往空间

通过环形健身步道将现状消极空间、分散绿地及水面串联起来，节点处设置绿化、座椅、景观小品、墙绘、宣传栏、长廊等内容，结合各节点周边环境及功能特色设置相应主题的文化展示元素，成为村庄内部集健身、休闲、教育于一体的步行空间(图 6、图 7)。结合主要道路构建串联农业空间的村域郊野体验环，为村民提供丰富的休闲体验空间(图 8)。

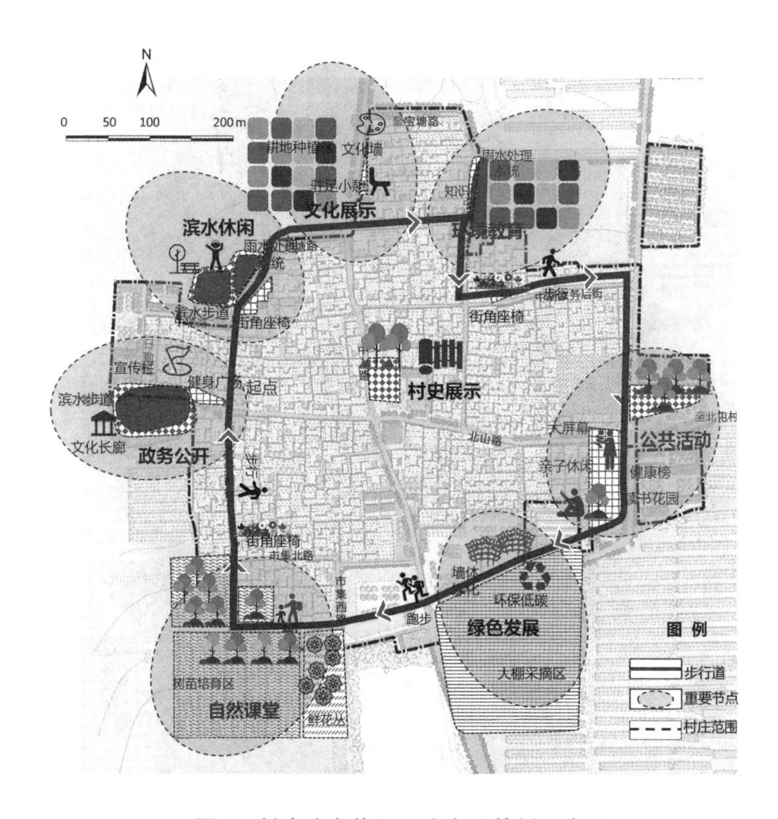

图 6 村庄建身休闲环线布局策划示意图

(2) 结合村庄古树和旧厂房改造村史馆和文化展示广场

以集约、节约土地为原则，规划对位于村庄中心的现状纸箱厂进行腾退置换，结合纸箱厂内部的百年古树配建公共服务设施和文化活动广场，通过新建、改建、扩建等多种方式灵活布置村史馆、村庄健身活动中心、休闲广场等公共服务设施，形成村庄公共文体活动中心，满足村民的健身和文化娱乐需求(表 3)。[7]

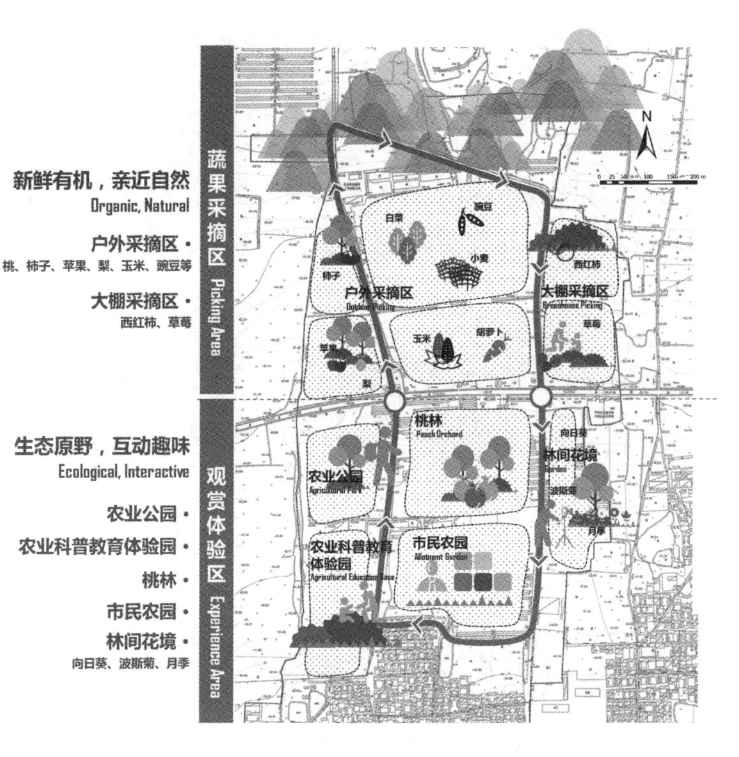

图 7　村域郊野体验环线布局策划示意图

图 8　村庄健身休闲环线改造前后对比示意图

表 3　村庄低成本公共空间微改造方式

现状空间	低成本公共空间微改造方式
广场公园	在现状基础上，增加科普类、游戏类设施和空间，如读书花园、自然课堂、科普广场等，选用当地软石、砖、瓦片、砂土等材料进行局部场地改造，种植可食果树

（续表）

现状空间	低成本公共空间微改造方式
街巷三角消极空间	通过墙面和地面彩绘突出节点空间，结合绿植和景观小品丰富空间形式，增加可移动模块化座椅和照明设备，满足变化性
街巷道路	结合现状主要街巷的道路，对市政井盖进行美化、彩色涂料区分步道、增加休闲座椅和标识系统、增加绿化种植。结合院墙种植垂直绿化、组织村民共同绘制文化墙、与周边学校合作展示学生美术作品
古树、旧厂房	结合现状两棵古树和周边空地，设计村庄文化广场，将旧厂房进行微改造，承载村史馆、文化馆功能，成为村庄文化磁场

5.3 统筹规划编制和实施管控全过程管理，确保编制不偏向、实施不走样

5.3.1 搭建多元主体参与平台，保证规划编制方向不偏向

本次规划编制涉及四类利益群体，即受益主体本村村民、服务主体规划师、支持主体政府及相关单位、社会企业等其他主体，[8]通过搭建共享交流平台，为社会不同群体提供了深入参与交流机会，充分调动了大家的积极性，对本次规划能够切实解决村民诉求提供了保障。倡导自下而上的乡村规划，[9]其中在与村民的互动中，通过问卷调查、规划宣讲、村庄 logo 设计、村庄微改造活动、制作规划明白卡等具体方式，充分了解村民的真实诉求，调动村民参与规划的积极性。规划师通过驻村编规划工作台账 App，全过程记录规划编制、沟通交流、公示等情况，做到过程留痕可追溯，便于统一管理（表 4）。

表 4　村庄规划实施管控各阶段不同参与者的主要参与方式和内容

角色		工作阶段				
		调研阶段	方案编制阶段	成果审批阶段	规划实施阶段	规划管控阶段
受益主体	本村村民（村两委、村集体负责人、村民代表及其他村民）	① 问卷调查 ② 入户访谈 ③ 村两委座谈	① 参与宣讲会，了解规划意义，提意见和需求 ② 参与村庄 logo 设计 ③ 负责人通过微信及时了解编制进展和成果	① 村两委审查 ② 通过明白卡了解规划成果 ③ 成果公示 ④ 村民代表大会表决、签字同意成果	① 村负责人组织村民共建 ② 参与农夫市集、街巷空间改造活动	① 村负责人对基础设施进行长效管护

（续表）

角色		工作阶段				
		调研阶段	方案编制阶段	成果审批阶段	规划实施阶段	规划管控阶段
服务主体	规划师	① 踏勘现场 ② 掌握需求 ③ 综合评估 ④ 宣传推广 ⑤ 相互了解，建立联系 ⑥ 驻村规划台账	① 宣讲规划思路 ② 实时沟通进展 ③ 请专家把关 ④ 驻村规划台账	① 与村两委沟通 ② 与乡镇政府沟通汇报 ③ 向各委办局汇报 ④ 针对各方意见完善成果编制	① 跟踪服务 ② 技术支持 ③ 项目建设指导	—
支持主体（政府及相关单位）	乡镇（街道）政府	① 搭建合作平台 ② 介绍项目基本情况和背景 ③ 明确诉求	① 初步成果审查 ② 第二轮成果审查	① 第三轮成果审查	① 乡镇（街道）负责人组织共建	—
	区级各委办局	① 规划编制工作培训会	① 规划导则宣讲 ② 试点案例介绍 ③ 规划沟通答疑会	① 联合审查	—	—
	区政府	① 工作部署及要求工作会	—	① 区政府审查 ② 区政府批复 ③ 上报市政府备案	—	① 组织美丽乡村创建考核验收自查
	市规自委等市级委办局	—	① 推进村庄规划工作培训会 ② 标准规范解读	—	—	—
	市政府	—	—	① 市政府备案	① 提供项目建设资金	① 请第三方机构核查验收
其他主体	社会企业	① 投资意向和诉求	① 了解规划编制情况，提出建议 ② 编制村庄文化旅游升级项目提案	—	① 投资建设村庄文化旅游升级项目	—

5.3.2 谋定“规划—实施—管控”三位一体新路径，保障规划实施不走样

在规划阶段，基于村庄建设发展规划同步编制美丽乡村建设实施方案（图 9），明确近期建设任务，主要包括村庄环境整治、村庄绿化、基础设施建设、产业发展等七大方面 24 项，并明确具体建设类型、实施内容、建设规模、

时间节点等内容。在规划实施阶段，结合实施方案中近期建设任务，村、镇(街道)级负责人组织建设，由市级及相关部门给予资金支持，同时规划师及各委办局给予技术支持，以保证项目的稳步落实。在管控阶段，通过区、市级组织的美丽乡村考核验收自查和他查及农村基础设施长效管护机制，共同保障规划实施不走样，保障村庄设施的长久维护与使用(图 10)。

村庄绿化与庭院美化

□ **整治提升内容：**

- 2019年完成老年驿站北侧、村庄东侧、大队南侧水塘旁、村庄北侧中山路西部、杜宝玉宅后、村卫生室后六处绿化，合计绿化面积3320平方米。

□ **完成时间：**

- 10月31日前

□ **负责人：**

- 镇级负责人：张玉芳
- 村级负责人：张国良

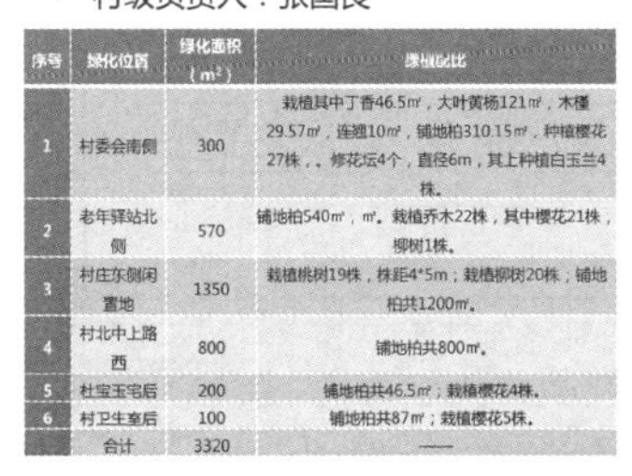

序号	绿化位置	绿化面积(m²)	绿植配比
1	村委会南侧	300	栽植其中丁香46.5㎡，大叶黄杨121㎡，木槿29.57㎡，连翘10㎡，铺地柏310.15㎡，种植樱花27株，。修花坛4个，直径6m，其上种植白玉兰4株。
2	老年驿站北侧	570	铺地柏540㎡，㎡。栽植乔木22株，其中樱花21株，柳树1株。
3	村庄东侧闲置地	1350	栽植桃树19株，株距4*5m；栽植柳树20株；铺地柏共1200㎡。
4	村北中上路西	800	铺地柏共800㎡。
5	杜宝玉宅后	200	铺地柏共46.5㎡；栽植樱花4株。
6	村卫生室后	100	铺地柏共87㎡；栽植樱花5株。
	合计	3320	——

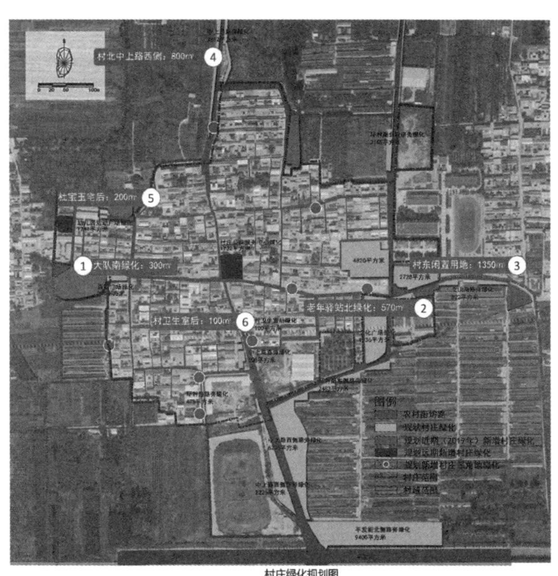

图 9　美丽乡村建设实施方案

6　结语

本文基于对国家及北京市美丽乡村规划政策及北京新一轮美丽乡村规划编制特征的梳理和解读，对北京市平谷区中胡家务村村庄建设发展规划和美丽乡村建设实施方案的编制工作进行了深入剖析，总结出三点实践经验：第一，一村一规划，在乡村做百姓真正需要的乡村规划。在编制方法上贯彻落实“统筹编规划、开门编规划、驻村编规划”新要求，以现状发展问题与村民实际需求为导向，充分尊重村民意愿，通过入户调研、问卷访谈、

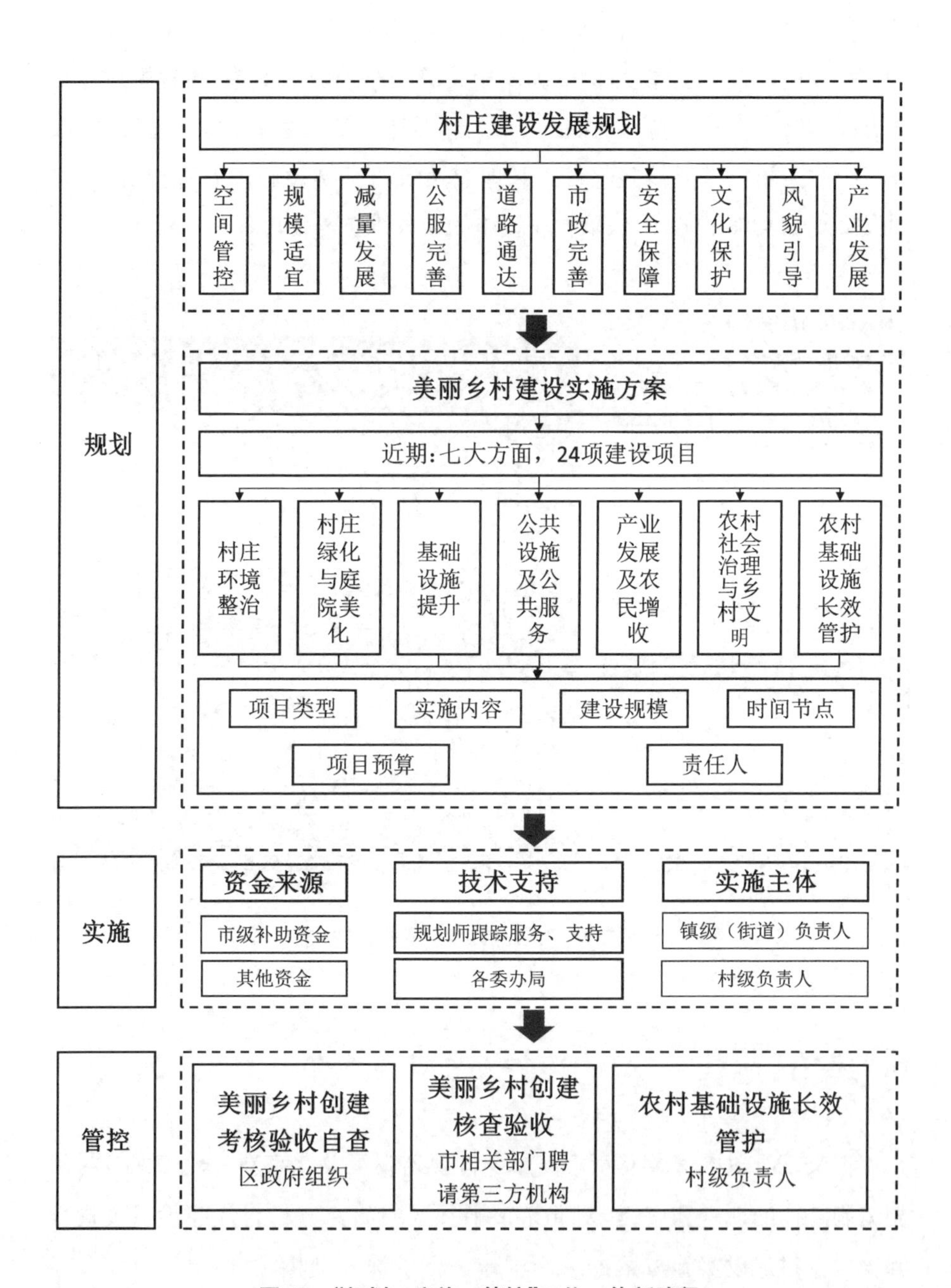

图 10 “规划—实施—管控”三位一体新路径

规划宣讲、规划明白卡、村庄 logo 设计等多种方式全面调动村民参与规划的积极性，同时规划师要做好驻村工作及全过程跟踪、服务、指导工作，自下而上做百姓满意的规划。第二，一地一识别，在乡村做百姓真正认同的减量规划。在规划编制内容上明确村庄现状土地使用情况，以“两图合一”建设用地指标为刚性要求，充分识别各类用地信息，在满足村庄建设发展需求的前提下明确村庄建设用地的减量规模与实施路径。第三，一事一沟通，在乡村做百姓真正支持的实施规划。在规划实施管理方面立足老百姓最真实的意愿，通过实施方案将建设项目具体规模、费用、责任人、资金来源落实明确，区层面结合验收标准进行自查，市相关部门聘请第三方对创建结果进行核查验收，并建立农村基础设施长效管护机制，保障村庄基础设施的长久使用。

参考文献

[1] 张国祯，赵传森.北京美丽乡村建设的现状与对策探讨[J].国土绿化，2017(5)：48-51.

[2] 张政，陈喆.关于北京市美丽乡村规划建设的思考[J].城市建筑，2017(35)：26-28.

[3] 中共北京市委办公厅、北京市人民政府办公厅.实施乡村振兴战略扎实推进美丽乡村建设专项行动计划(2018—2020 年)[R/OL].(2018-02-04)[2018-06-01].http://nw.beijing.gov.cn/zfxxgk/fgwj/zcxwj/201805/t20180521_398578.html.

[4] 蔡奇.如何理解北京成为全国第一个“减量”发展的城市[EB/OL].(2018-05-14)[2019-05-01].https://app.peopleapp.com/Api/600/DetailApi/shareArticle? type=0&article_id=1739945.

[5] 北京市规划和自然资源委员会.北京市村庄规划导则(修订稿)[Z].2019-03.

[6] 朴佳子.乡村振兴战略下村庄“三生空间”规划探索与实践[J].北京规划建设，2019(4)：85-88.

[7] 马永强.重建乡村公共文化空间的意义与实现途径[J].甘肃社会科学，2011(3)：179-183.

[8] 孙莹，张尚武.我国乡村规划研究评述与展望[J].城市规划学刊，2017(4)：74-80.

[9] 贺贤华，毛熙彦，贺灿飞.乡村规划的国际经验与实践[J].国际城市规划，2017(5)：59-65.

农村社区住宅的政府、村民、建筑师共同参与式设计思考*

秦媛媛[1]　周铁军[2]

（1. 重庆大学建筑城规学院

2. 重庆大学山地城镇建设与新技术教育部重点实验室）

【摘要】 村民应当是乡村建设的主体，是设计过程的重要参与者。由政府主导农村社区化住宅建设作为一种"自上而下"的模式缺乏本应作为主体的村民的参与。本文从管控、村民角色、建筑师介入方式三个方面分析了村民"自下而上"的需求难以诉诸设计的现实困境。发现过于全面的政府管控和途径缺失是村民难以参与设计的主要问题，提出构建由政府、村民及建筑师共同参与式的设计模式，并从"形"与"质"、村民参与途径、建筑师角色要求方面探讨了共同参与式设计模式的构建与可实施路径。

【关键词】 建筑设计　参与式设计　农村社区　村民参与　参与模式

村民必须成为"乡村建设的主体"、成为"乡土设计过程的重要参与者"（饶小军，2009；彭怒，2010；贺勇，2011；王磊、孙君，2016；王冬，2017），但问题在于建筑与百姓真实生活之间的关系远不像建筑学理论认知中那么简单，如何坚持乡村建设中村民的主体地位，不仅关系设计，还要对现实背景及具体建设模式有所反思。

1　社区化住宅建设村民主体地位的现实境遇

政府主导推动"农村新型社区"建设是一个农宅建设不断规范化、管理

* 基金支持："十二五"国家科技计划课题"山地村庄集约化规划与建设关键技术与示范"(2013BAJ11B01)。

不断被强化的结果(陈东强,1998;朱杰, 2013;蒋万芳、肖大威, 2011),体现了国家权力主动介入乡村建设,通过专项资金快速注入,短时间内实现乡村人居环境改善(叶露, 2016;龙灏, 2019)。但"自上而下"的建设视角侧重住宅与美丽乡村建设整体目标的协调,往往难以看到不同农村家庭或个体在住宅需求上的差异性,对"自下而上"的、居住主体微观的生产生活需求及变化的反应是滞后的。很多村民被动卷入这个过程,现实又缺乏村民住宅需求表达的可行机制,很多地方出现了社区化农宅不适应农户实际需求、被认可度不高的现实问题。

与传统自建住宅相比,统一规划、统一建设的社区化农宅既要符合制度管控要求,又要适应用户的生产生活,其建设主体、经济主体也发生改变,新的技术主体介入设计已经成为必然(王冬, 2015;卢峰, 2016),村民主体地位的维护面临着更为复杂的局面。对建筑师来说,在介入乡村建设时首先要考虑的是建立怎样的机制,而不是怎么造房子(张晓波, 2015)。在建筑价值标准回归公民的反思中,很多建筑师结合实践做了"代位表达"的尝试,以一种"中立"的身份,主动投身乡村深入调查,以自身的积极性和思辨能力代为表达村民的需求和价值观,维护村民的主体性(华黎, 2013;黄孙权, 2014);面对市场主体的介入,也出现了建立多元主体参与的建设模式的探索(吴祖泉, 2015);台湾地区的"社区营造"在重塑物质形态的过程中不断尝试推动居民参与规划、建筑设计,为大陆新农村建设村民主体地位的坚守提供了良好的借鉴(赵容慧, 2016;吴金镛, 2013;莫筱筱, 2016)。

尽管很多已有研究已经注意到了这种"自上而下"的模式和"自下而上"需求之间的矛盾,但把希望仅仅寄托于建筑师是不够的。要解决设计与用户实际需求的脱节问题,聚居点及住宅的设计需要建立在与使用者、受益者更直接更充分沟通的基础上。所以本文通过对乡镇政府主导下农村社区建设模式的分析,弄清社区化住宅建设中村民参与设计的困境,并基于参与式设计理念,提出建立由政府、村民和建筑师共同参与的设计模式,以及对村民参与途径、建筑师角色和实施路径的思考。

2 政府主导建设模式的村民参与困境

2.1 制度管控对村民可决策内容的剥离

农村社区化住宅建设管理制度呈现出一种“自上而下”“家长式”的全方位管控(图 3)。首先是聚居点建设用地、宅基地必须服从土地管理法规的严格约束;其次通过村镇规划约束选址、规模、布局、配套设施、人均建筑面积、层数等,并以导则、图集规范住宅的外观、颜色、材质等风貌内容。地方政府还通过与专业技术力量合作,透过规划师、建筑师管理具体的住宅套型设计,甚至是套型种类数、套型内空间布局、结构形式、房屋造价等,也都受到乡镇政府建设部门的干预(图 1)。

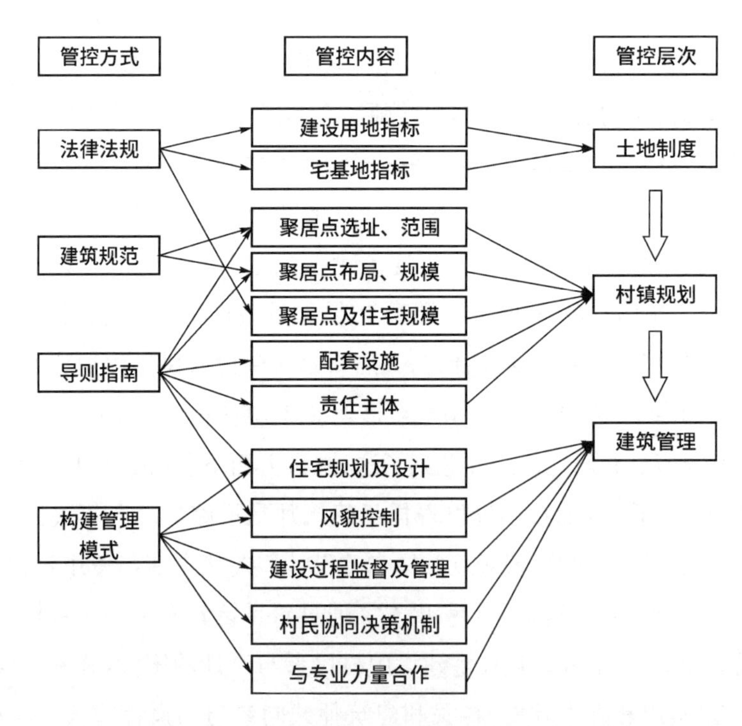

图 1 制度对农村社区建设的管控内容、方式及层次

不同内容的管控方式及力度是不同的,对于建设用地通常是“严格控制标准”,对建设风貌是“加强管控”,对住宅的设计、建设是“加强监督”“加强指导”(表 1)。正是由于这种较为全面的政府管控和干预,聚居点的设计实际上由主导建设的地方政府和建筑师共同完成,与村民没有关系。

表 1 部分省市农村建房管理中主要内容的管控强度对比

	省市名称	湖南省	四川省	重庆市大足区	福建省厦门市	浙江省
	发布时间	2016.11	2017.1	2017.6	2016.4	2017.7
1	建设用地	严格控制	规范	严格控制	严格管理	严格管理
2	建房规模(面积、层数、高度)	控制	控制	控制	控制	严格控制
3	建造及质量	强化管理	监督巡查	加强监督	加强监督	加强监督,推行监理机制
4	风貌特色	突出特色	—	加强管控	—	—
5	住宅设计	有资质单位/个人设计,符合规范、技术导则等	符合规范、技术导则	鼓励使用图集	统一设计	有资质单位设计,鼓励使用通用图集
6	来源	湖南省人民政府办公厅关于加强农村建房管理的通知	四川省农村住房建设管理办法	重庆市大足区人民政府关于进一步加强农村住宅建设管理的通知	关于厦门市完善农村村民住宅建设管理有关意见的通告	浙江省人民政府办公厅关于切实加强农房建设管理的实施意见

2.2 角色分化导致村民设计话语权被分割

传统自建中村民(农户)的角色具有复合性,但政府主导农村社区统规统建,村民角色被“分割”(图 2)。住宅建设管理主体、责任主体变成了乡镇政府,经济主体也并非只有村民,村民主体角色被削弱,话语权被切割。其次由于“强政府”角色的存在,农村社区的立项、前期准备、设计再到建造通常都是由政府全程负责,即使村民有表达需求的意愿,也缺乏参与这个过程的机制和途径。实践中不少社区项目从立项到建造都独立于村民,只在建成后交付村民使用,其设计过程与村民更是不直接发生关系,村民无从表达诉求。此外,从资本与话语权对等的角度,很多示范性项目,村民只承担新农村社区中住宅建造的成本,地方政府则需要承担其基础设施、公共服务、环境建设等的开支，以及组织协调方面的成本，并提供一定的房屋建安成本补贴（表 2），村民实际承担的经济成本低，话语权容易被忽视。如重庆市 2012 年建成的江津区龙华镇燕坝村"巴渝新居"，除去基础设施，360 套住宅的建筑成本每套达到 20 多万元，但村民的购买成本平均每套只要 2 万多元。这其中固然有宅基地复垦的收益，但政府给予的补贴还是占了很大部分。所以，"自下而上"的村民具体需求表达面临的主要问题是难以有平等话语权，缺乏参与设计的机制和有效途径。

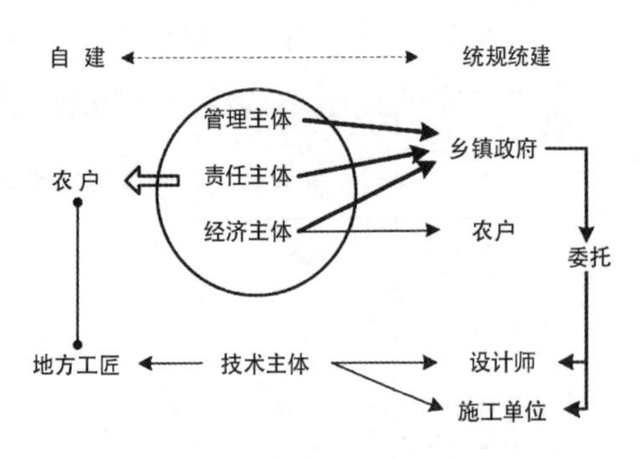

图 2　统规统建住宅与传统自建的主体分化对比

表 2　两种类型社区建设成本承担对比

成本项目	示范项目	一般项目
基础设施	政府	政府
公共服务设施	政府	政府
环境建设	政府	政府
房屋建安成本	村民定额投入，政府负担剩余部分	政府定额投入，村民负担剩余部分

2.3　技术介入缺乏黏合上下需求的有效机制

建筑师介入新农村社区建设主要有三种方式：一是受乡镇政府"委托"，面向委托方提供技术输出（杨宇振，2009），这是政府主导建设时建筑师最主要的介入方式；这种模式常常被质疑脱离实际使用者，过多着眼于设计形式表达，缺乏对乡村实际社会问题的关心和思考（卢峰，2016）。二是以谢英俊、吴恩融为典型代表、建筑师主动介入的"营造"模式；建筑师角色较为泛化，从设计者逐步转化为组织者、监理者到施工组织（张晓波，2015；窦瑞琪、龚恺，2016），甚至尝试整合从投资到设计再到建造的一系列环节。三是由各省、自治区、直辖市的建设厅组织向建筑设计院(单位)征集农村住宅设计方案,形成新农村住宅设计图集供建设时选用[①]。第一种在项目周期和效率上更有优势,但建筑师是被动的技术输出,村民被动;第二种存在建筑师职能的泛化,权力边界过于模糊,并不适合政府在建设中的主导需求。第三种模式中建筑师更多是基于知识、经验性认知的纯技术表达,缺乏实践检验,设计基本与具体项目的状况隔离。此外,近年来很多高校、研究团队基于研究课题的示范,积极以提供技术支持的角度介入,与地方政府并没有"委托—被委托"关系,对农村社会问题和用户需求的思考更为主动,但主导建设落实的仍然是地方政府。不管哪种介入方式,都没有建立起符合"自上而下"的管控又能满足"自下而上"具体需求的设计桥梁。

3 共同参与式设计模式的构建

3.1 整体架构

委托式建筑设计通常见"物"不见"人",设计直接基于条文化、指令性的要求,用户呈现出"类型化"和"扁平化",只是设计所需信息的提供者(表3中委托式设计)。用户参与式设计(User Participatory Design,简称UPD)的概念起源于60年代的北欧(Schuler D, Namioka A.,1993),在不同领域,如软件工程、公共政策、心理学、建筑学、城市规划、商业营销等开展的研究和实践非常广泛。UPD是以用户需求为目标的一个开放的设计模式,强调"参与",用户与设计师共同寻找满足用户需求的最佳途径(表3中用户参与式设计),其重点是通过不同的"参与"方式将用户整合到设计师推动的设计过程中(蒙小英,1999)。

① 农村住宅设计图集的制定开始于1981年,每年都会有大量的设计图集、指南、手册出版。2005年开始由各省、自治区、直辖市建设管理部门组织制定新农村住宅设计图集并推广,也随着乡村发展状况陆续进行修订。

表 3　两种设计模式的比较

模式	委托设计	用户参与式设计(UPD)
模式图	地方政府 ↓ 建筑师←X→用户 ↓ 设计方案	建筑师←合作→用户 ↓ 设计方案
说明	建筑师受地方政府委托进行设计,与用户间缺乏直接链接	用户参与设计,与建筑师共同完成住宅设计

共同参与式设计(Co-Participatory Design,简称 CPD)则是基于 UPD 理念,构建在地方政府领导下,由政府、村民和建设师共同参与的设计工作开展模式(由于社会资本介入农村住宅建设目前还是比较新兴的形式,过于简单移植城市住宅区开发模式,此处暂不考虑社会资本加入平台构建)。如图 3,CPD 要体现地方政府在农村社区建设中的主导地位,符合政府管控建设的现实要求;重点是在设计中给予村民平等的位置,创造村民参与设计、表达诉求的可行途径,让村民加入到原本由政府和建筑师完成的设计过程中来;明确各参与方在设计过程中的角色及相应的话语权范围,并探讨适宜的实现方式。这个架构中村民直接与建筑师对话,保证村民对设计结果的参与权、决策权,地方政府可以直接参与设计过程,但不能直接决定设计方案,最终成果是多方合作的结果。

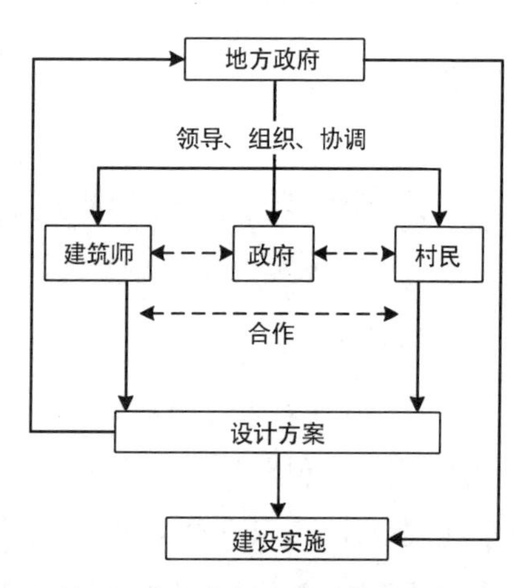

图 3　共同参与式设计整体架构

3.2　参与者

参与者包括乡镇政府、村民和设计师,CPD 关注用户(村民)的需求,也关注地方政府管理农村社区建设的合理利益。所以参与者包括作为整个设计过程的领导者和协调者的地方政府，住宅的直接使用者和设计师。在实践中要根据具体项目情况选择参与人，尽可能地包括所有的利益相关方，但也要避免范围过大，导致信息泛滥，工作效率降低。比如，村民建房委员会的代表本身是村民，具备一定知识、会表达，虽然不能完全代表村民意愿，但可以提供一定地域范围内农村家庭的共性意见，是很好的参与主体。乡镇建设管理部门作为一个机构需要由某个或某些，能够代表机构意见的具体的人来参与设计，否则设计就会疲于应对机构中的不同声音。

3.3 减少政府对住宅设计的干预

鉴于地方政府在聚居点建设中过于全面的管控和设计干涉，要实现村民参与设计，政府要适当退出对村民主要关注内容的干预，把部分决策机会移交给村民。

主要是住宅建筑设计，其次是聚居点的布局、公共环境等外部设计内容也应该加入村民的意见(图 4)。建设用地、宅基地受到国家土地利用及耕地保护法律法规约束，社区设计要符合乡村规划要求，适应资源调配及乡村整体建设目标，这些要求会形成聚居点设计的相关经济技术指标和原则，属于乡村住宅建设管理方面的要求，不管是乡镇政府，还是村民和建筑师都必须遵守。

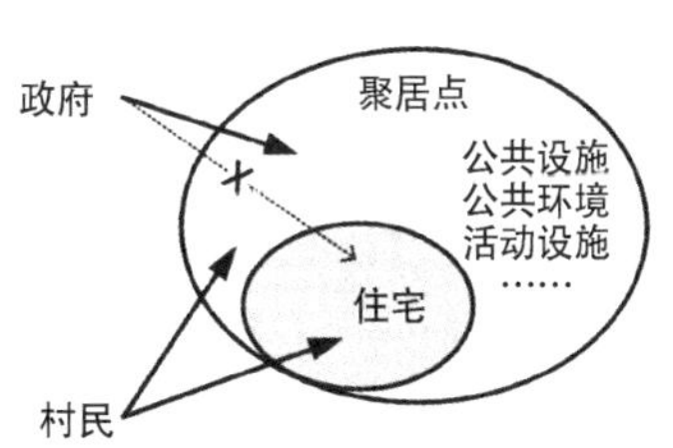

图 4　政府与村民对设计参与内容的划分

在 CPD 模式下，政府直接管控聚居点修详规设计的内容，包括选址、规模、建设用地、配套设施、公共服务设施。村民则直接参与住宅套型、室内环境设计，造型、材料及外观的确定，节能设计及效益控制内容。此外，两者共同参与聚居点建筑布局、公共环境的设计，控制建造成本；村民对成本的经济敏感度高，财政对住宅建安成本通常实行定额补贴，成本的主要话语权应该在村民(图 5)。

3.4 注意“形”与“质”

“形”指的是设计参与形式。实现“参与”的重点是不同的“参与”方式和设计进程的整合，通常在一个参与过程中会灵活用到多种参与方式，乡村项

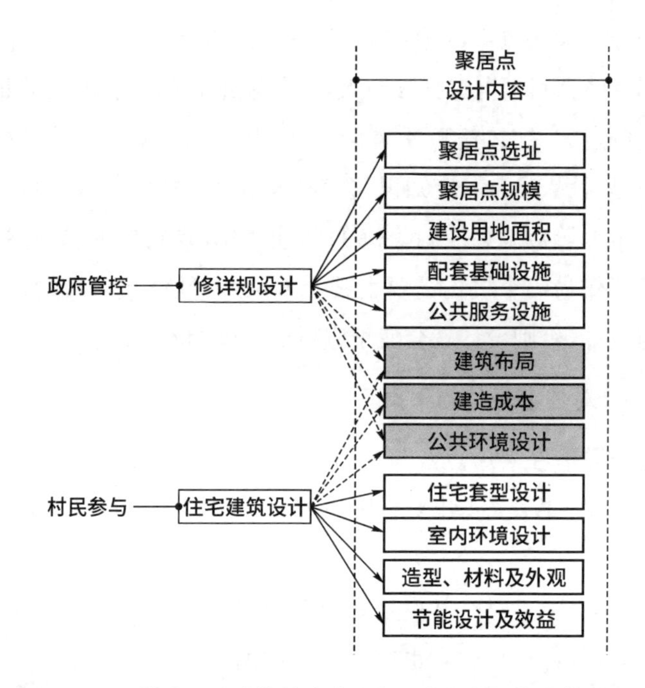

图 5　CPD 模式下政府管控内容和村民直接参与内容的划分

目的设计参与形式可以非常灵活(表 4)。集中的会议座谈在讨论设计方向、阶段成果、设计调整方面作用突出,可以在较短的时间集中各方的意见;而非正式的座谈会,尤其是小范围座谈则是村民更为乐意的方式,这种形式较为轻松,灵活不限场所。“质”指的是参与程度和参与者在设计中起到的作用,让参与方知道自己的“声音”被接受,并在设计中有体现往往更为重要。

表 4　乡镇政府及村民参与设计的主要方式

参与方	参与方式	说明
乡镇政府	会议、座谈	设计构想交流,进程中设计方案意见反馈
	现场分析	使用后评价,总结以建设项目的相关经验,结合现场直接具体指出设计构想
	委派专业人员	专业人员代表地方政府与设计方一起工作,形成日常工作团队

（续表）

参与方	参与方式	说明
村民	访谈、问卷	参与访谈和问卷调查，直接表达住宅需求，反馈生产生活习惯
	会议座谈*	住宅设计构想提供、进程中提供设计方案反馈意见，协同调整设计
	小范围座谈	与乡镇政府、村民代表、研究团队、设计是小范围讨论设计问题和细节
	一对一设计	与设计师直接就自家住宅面对面共同设计

备注：表中会议座谈会议是所有设计参与方同时参与的设计方式，村民代表（如建房委员会、选出的少数村民代表）参与得比普通村民多。

3.5 灵活应用适宜村民的参与方式

给予村民平等的设计机会是让村民“知道”自己可以全程参与设计，在不同的阶段共同决策；是让村民了解，为了达到共同的目标，需要他们提供关于住宅需求的具体信息，包括他们的住宅构想、经验，允许建筑师对他们进行访谈、入户调查，并不定期地开展讨论。村民还可以主动通过口头、文字、图画、照片等多种形式表达他们的意愿，以便设计要求的具体化，并消除共同设计过程中的信息误解。“高频小范围”的交流方式更适合深入的理解用户需求。对建筑师来说，不管是与管理部门还是村民进行交流，频繁但有间隔的沟通设计工作能够让参与者之间联系更紧密，参与感更强，同时给予消化和思考的时间。

3.6 以建筑师为节点的信息传递架构

建筑师所长的是专业、系统的知识，拥有分析、处理问题的技术，缺少的是对于乡土环境和具体现状的理解。CPD中建筑师要专注于设计问题及解决，坚持乡村背景下技术服务主体的角色，成为设计大方向和进度的把控者。

追溯和重建用户需求是CPD的重要工作，所以建筑师与村民，尤其是确定的直接使用者必须密切合作开展设计；政府的构想及管控目标透过专业设计师表达到设计方案中，最终在设计中实现所有参与方的构想，设计成果再反馈到政府(主导方)进行建设实施(图 6)。

所以,乡镇政府、村民、建筑师作为共同参与者都要对设计成果产生作用(图 7 中设计信息传递方向);但前两者不会是成果的直接生产者,这意味着建筑师是处理信息的关键节点;参与方的构想,阶段性设计成果的反馈等信息都需要汇集到建筑师,再集中转化为可视化成果,包括图纸和模型。这个过程中,建筑师还需要依据建筑规律对信息进行甄别、分析,提出自己的专业意见。这种信息的传递和反馈实际构成了以设计为核心,建筑师为重要节点的"一心两翼"循环架构。

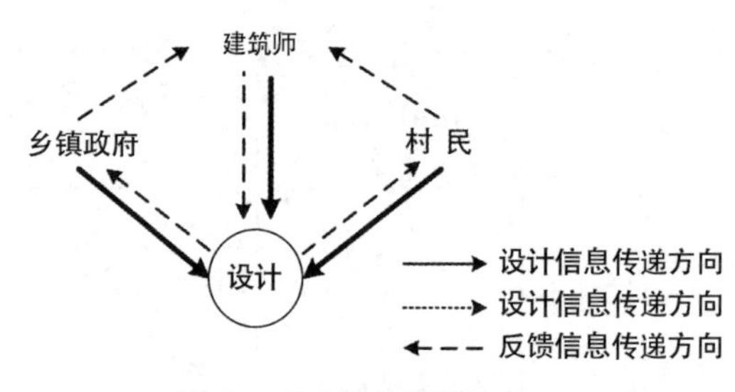

图 6　CPD 信息传递架构

4　共同参与式设计的实施路径设想

CPD 的实施过程可以分为设计预备阶段和设计开始阶段(图 7)。在"设计预备"阶段先要由利益相关方组成设计工作组,包括村民、地方政府代表和建筑师,并从村民中选出相对固定的村民代表,比如建立村民建房委员会。由建筑师组织开展用户住宅需求调查,通过入户访谈,生产生活行为时态记录等社会学的方法采集信息,开展不同范围的村民讨论。地方政府委派专人(通常是村镇建设管理部门的技术人员)与建筑师一起案例分析、现场讨论,以进一步明确政府在设计中的诉求;同时建筑师及其团队还要收集地方经济社会发展状况、上位规划资料,开展信息分析,将设计聚焦在主要矛盾上。

遵循"设计—征求意见—反馈"的循环工作流程,进入"设计开始"阶段后,各个参与方采取会议座谈、合作设计、建成案例现场分析、小范围座谈等多种形式开展设计工作。反馈意见经建筑师整理、筛选,要得到地方政府和村民代表的共同认可,然后由建筑师完成设计调整,再展开讨论。设计过程循环推进到最终获得三方共同认可(图 8 中循环过程)。

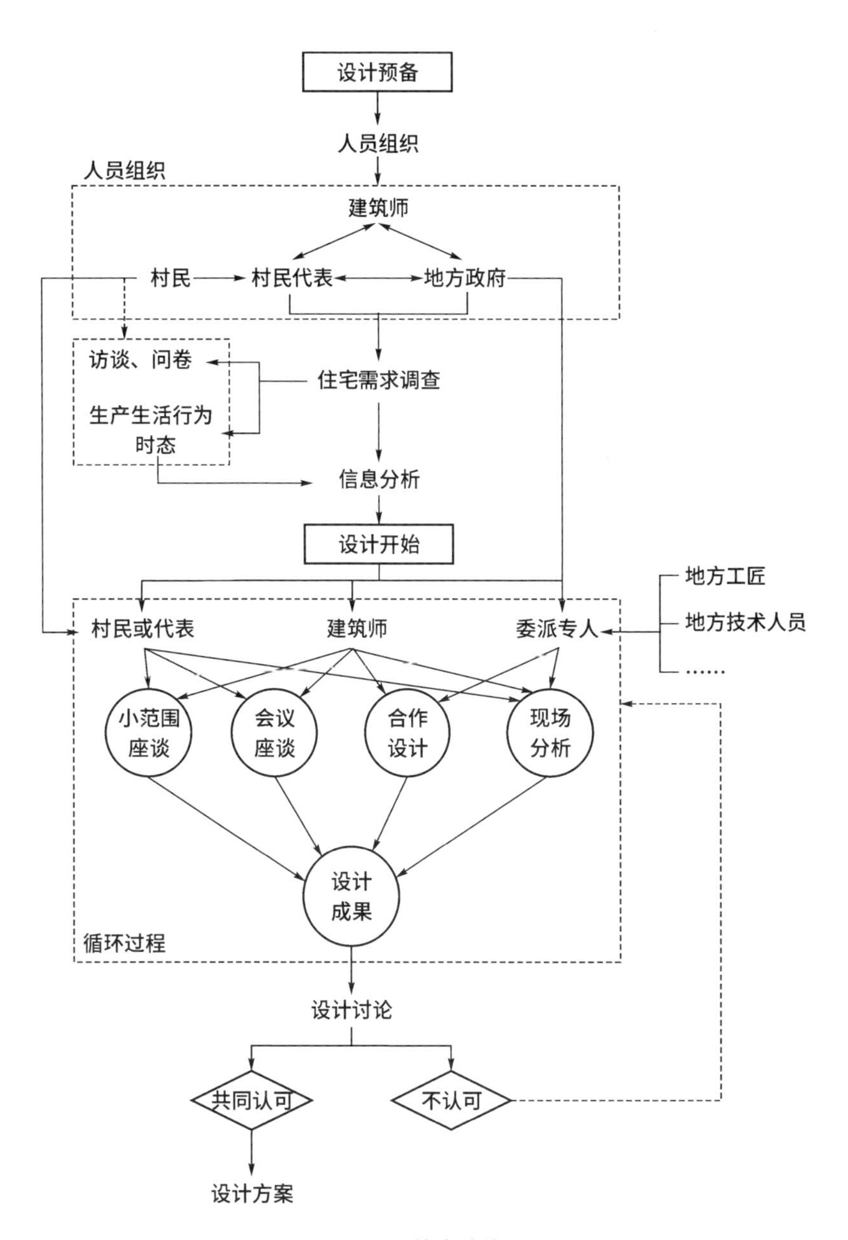
设计预备
人员组织
人员组织
建筑师
村民
村民代表
地方政府
访谈、问卷
住宅需求调查
生产生活行为
时态
信息分析
设计开始
地方工匠
地方技术人员
……
村民或代表
建筑师
委派专人
小范围
座谈
会议
座谈
合作
设计
现场
分析
设计
成果
循环过程
设计讨论
共同认可
不认可
设计方案

图 7　技术路线

5 结语

在农村住宅建设不断趋向规范化的新的历史发展时期，乡镇一级政府既是农宅建设管理者又是建设者，村民如何真正成为“乡土设计过程的重要参与者”，让“自下而上”的需求与实际的设计、建造发生关联，是当下乡村设计中面临的具体问题。共同参与式设计（CPD）更准确的说一个交互式设计过程而不是一个方法，其关键是让不同群体能直接参与设计并对结果产生作用，其过程重于结果，让政府、村民都实在的参与设计中是 CPD 的核心。所以其实施的技术路线中，充分的用户需求信息采集和设计过程中的参与反馈是重点。对共同参与设计的思考是试图重塑村民作为乡村建设主体的探索，寻找新的居住形态下住宅与人需求的契合，以达到人、建筑、环境的和谐。

参考文献

[1] 饶小军.公共视野：建筑学的社会意义——写在中国建筑传媒奖之后[J].新建筑，2009(3)：42-45.

[2]《建筑学报》编辑部.蜕变与复兴——“乡村蜕变下的建筑因应”座谈会[J].建筑学报，2013(12)：4-9.

[3] 彭怒.从“公民参与”角度讨论“社区营造”第二届中国建筑・思想论坛简述[J].时代建筑，2010(1)：129.

[4] 贺勇，孙炜玮，马灵燕.乡村建造，作为一种观念与方法[J].建筑学报，2011(4)：19-22.

[5] 王磊，孙君.农民为主体的陪伴式系统乡建——中国乡建院乡村营造实践[J].建筑师，2016(5)：37-46.

[6] 王冬.乡村：作为一种批判和思想的力量[J].建筑师，2017(6)：100-108.

[7] 赵辰.建筑师所面对的当下中国乡村复兴[J].建筑师，2016(5)：6-7.

[8] 华黎，朱竞翔.有关场所与产品华黎与朱竞翔的对谈[J].时代建筑，2013(4)：48-51.

[9] 黄孙权.三种脉络，三个方法——谢英俊建筑的社会性[J].新建筑，2014(1)：4-9.

[10] 吴祖泉.建设主体视角的乡村建设思考[J].城市规划，2015，39(11)：85-91.

[11] 赵容慧，曾辉，卓想.艺术介入策略下的新农村社区营造——台湾台南市土沟社区的

营造[J].规划师,2016,32(2):109-115.

[12] 吴金镛,Jin-YungWu.台湾的空间规划与民众参与——以溪洲阿美族家园参与式规划设计为例[J].国际城市规划,2013,28(4):18-26.

[13] 莫筱筱,明亮.台湾社区营造的经验及启示[J].城市发展研究,2016,23(1):91-96.

[14] 王冬,施红."三"村论道——从"大曼糯"到"纳卡"到"洛特"[J].西部人居环境学刊,2015(2):20-24.

[15] 卢峰,王凌云.建筑学介入下的乡村营造及相关思考——当代建筑师乡村实践中的启示[J].西部人居环境学刊,2016,31(2):23-26.

[16] 赵辰,李昌平,王磊.乡村需求与建筑师的态度[J].建筑学报,2016(8):46-52.

[17] 陈东强.论农村住宅建设的规范化[J].中国农村经济,1998(11):64-68.

[18] 蒙小英.住户参与设计过程的基本模型建构[J].新建筑,1999(5):10-12.

[19] 蒋万芳,肖大威.农村住宅建设管理的思考与探讨——以广东省增城市为例[J].规划师,2011,27(2):83-87.

[20] 叶露,黄一如.资本动力视角下当代乡村营建中的设计介入研究[J].新建筑,2016(4):7-10.

[21] 叶露,黄一如.设计再下乡——改革开放初期乡建考察(1978—1994)[J].建筑学报,2016(11):10-15.

[22] 叶露,黄一如.1958—1966年"设计下乡"历程考察及主客体影响分析[J].建筑师,2017(6):91-99.

[23] 杨宇振,唐琳.谁的策略?——快速城市化进程中的建筑策略讨论[J].西部人居环境学刊,2009(3):3-5.

[24] 张晓波,江嘉玮.近十年乡土营建的若干典型案例与社会效应分析[J].时代建筑,2015(3):32-35.

[25] 窦瑞琪,龚恺.三个阶段,三种策略——乡村自建房与协力造屋的案例比较与经验借鉴[J].西部人居环境学刊,2016,31(4):49-57.

[26] Schuler D, Namioka A. Participatory Design: Principles and Practices [M]. Mahwah, NJ: L. Erlbaum Associates Inc., 1993.

三、小城镇的生态保护与历史文化

基于社会生态低冲击视角的乡村振兴路径*

——以山西省河曲县五花城堡村为例

任　凯
（东南大学）

【摘要】 过去单纯依赖城市资本驱动的乡村振兴对乡村社会生态的冲击较为严重，而社会生态低冲击视角可以从物质空间、社会秩序、意识形态三个层面助力乡村实现复兴。在社会生态低冲击视角下，乡村振兴的内涵在于从广义生态链中寻求可持续振兴路径，并且依托高度自治化的优势构建乡村社会生态系统，包括物质空间建设中的格局—过程—机理营造模式、被动城市化作用下的状态—响应—适应机制以及文化生态的暴露—融合—创造体系。本文以山西省忻州市河曲县巡镇镇五花城堡村为典型案例进行实证，认为其振兴路径符合社会生态低冲击视角的发展路径。

【关键词】 社会生态低冲击　乡村振兴　营造模式　适应机制　创造体系　五花城堡村

1　引言

乡村在新中国成立后长期处于二元制经济结构的下端，表现出经济结构脆弱、传统文化异化、现代文明缺失、生态环境恶化等与先进文明断裂的面貌特征，整体上远离成熟社会体系的控制。导致乡村基本处于自由发展

---

* 本文原载于《小城镇建设》2020 年第 8 期。

基金项目：国家重点研发计划“绿色宜居村镇技术创新”重点专项“特色村镇保护与改造规划技术研究”课题“特色村镇的科学内涵、谱系划分和数据库建设”（编号：2019YFD1100701）。

阶段，尤其是计划生育这项政策逐渐取消之后，乡村的发展更是全面失去来自上层的监督和管理，基本陷入自我认知和被动调整的阶段。从 20 世纪 80 年代开始，城市化速度加快，城市建设量猛增，农村大量剩余劳动力涌向城市形成“民工潮”，但是由于劳动力市场的分层性、城乡分割制度等，进城务工的农村人在整个社会体制中始终处于被排斥的状态中。2010 年后，国家发起美丽乡村建设行动，然而欠发达地区的农村普遍面临自我发展能力不足的问题，主要表现在人力资源外流频繁和资本供给有限。乡村振兴自 2017 年党的十九大报告首次提出实施乡村振兴战略之后，最近几年乡村的发展在多方面表现优异但存在部分结构性失调。本文基于乡村特殊的社会等级地位、文化结构、社会秩序，结合以往振兴过程表现出的权利缺失、经济脆弱、生态恶化等不可持续表现，提出社会生态低冲击，以期为乡村全面振兴发展提供基本价值取向和可能方向。

低冲击开发（Low Impact Development，简称 LID）是美国于 20 世纪 90 年代提出的“城市基础设施设计”和“城市土地保护及发展”战略[1]，目前主要用于城市生态系统的建构。在此基础上，本文提出了社会生态低冲击（Low impact of social ecology）①概念，扩大了原有概念的辐射面，用于破解乡村振兴困局。在目前的研究中，针对社会生态系统的研究大部分认为这一生态视角强化了人类行为和社会环境的共生关系[2-6]，但多数集中在物质空间层面，缺乏通过多维空间关系对社会生态进行系统性建构。中观层面的已有研究虽然提出了乡村振兴过程中的“生态位”价值观说法[7-8]，但是大部分认为乡村仍处于整个城乡体系的末端[9-10]，并未针对乡村做进一步的解读。2018 年 9 月 26 日，中共中央、国务院印发《乡村振兴战略规划（2018—2020 年）》[11]，明确提出通过重塑城乡关系和优化乡村内部空间以实现农村全面振兴的要求；同时住建部要求按照《农村人居环境整治三年行动方案》[12]，到 2020 年之前全面完成县（市）域乡村建设规划编制或修编，国家层面为乡村的社会生态低冲击建构提供了强有力的政策保障。

针对目前乡村与城市在自然性、经济性和社会性等多方面存在断裂的情况/的问题，社会生态低冲击振兴的首要任务是对其进行功能再定位，形

① 社会生态低冲击是一个社会学概念，本文在传统生态学内核基础上扩大概念范畴最终形成这一广义生态学概念。

成适应农村“可行能力”的产业结构，将劳动力充分动员起来，实现以集体经济、合作经济为基础的“农村经济再组织化”[13]。基于乡村强大的自组织能力，乡村振兴更容易自下而上进行，以提升乡村自我发展能力。

乡村的生态环境和人文环境都较为敏感，运用低冲击理念进行振兴是广义生态系统的全面表达，本文从社会生态低冲击视角的架构出发，对当前乡村的振兴路径从文化供给、产业供给、秩序供给三方面进行解读。乡村社会系统网络方面存在机能完整度严重不足的问题，具体表现为一方面在经济和产业结构方面存在很大缺陷，而另一方面在乡村系统完整性及主动性上存在严重不足，因此迫切需要从社会生态视角进行乡村重构。

2 社会生态低冲击视角下乡村振兴内涵

2.1 概念内涵和理论渊源

本文提出社会生态系统这一概念，旨在用一种复合生态思维对乡村空间进行思考，并且这种思维趋向于开放和多元共生，本文主要吸收日本新陈代谢学派的共生理论和美国芝加哥学派的人类区位学理论。

黑川纪章认为，共生理论的核心是认可二元论的存在，同时又强调流动、循环和多元性①。在乡村空间系统中，抽象空间和具象空间都具有明确的载体，同时又存在大量的共用载体。这种边缘并不十分明确的空间连带关系，使乡村呈现出一种错综复杂的网状结构，此时诸如村民生产生活、社会组织管理等社会行为构成了网状结构的节点，建构了乡村社会生态的基础。

人类区位学的核心思想认为人居空间是一种生态程序，存在着明确的结构和层次。帕克②认为区位包括四个层次：生物、经济、道德和政治，区位（空间）是一种具备结构条理的“文化综合体”。帕克提出的“区位是生态、经济、文化三种基本过程的综合产物”这一论断是本文三重空间同构模式的理论渊源。

---

① 黑川纪章，长于理论的日本建筑师，《共生思想》是其代表作，书中的核心观念覆盖社会各领域，完全超越传统建筑领域。

② R. E.帕克与 E. N.伯吉斯、R. D.麦肯齐共同组成芝加哥学派三剑客，他们的代表作《城市》系统地阐释了用生态学方法对城市空间进行研究，形成了人文区位理论。

2.2 乡村三重空间同构模式

受到资源、投资、信息、文化习俗等因素的影响，农村发展需同时依赖内外关系而展现其自身特殊性。在城乡一体化的大背景下，城市资本不断进行着空间再生产，大部分乡村面临收缩问题，因此在空间格局上，历史文化基础、经济产业结构、资源禀赋条件、区域发展政策等都会影响乡村空间的演变路径。

目前资本在驱动乡村振兴的过程中对乡村原有的社会生态冲击较为严重，打乱了原来的节奏，社会生态不仅仅包括生产关系，还包括社会秩序和生态格局。社会生态低冲击旨在建构村镇化与城市化“双轮驱动”的城乡发展格局，乡村形成多元化产业联动发展模式、能人富户带动发展模式和政府协调引导发展模式，鼓励和引导民众发挥“自下而上”的主观能动性，保护乡村生态空间以实现现有村镇的节制发展，最终提高乡村的秩序性，促进其高效发展。在城市资本的作用下，乡村空间的发展显示出社会生态的变动，低冲击的着眼点在于协同，即城市投资和乡村生态的协同（物质空间）、空间生产和空间修复的协同（社会空间）、城乡同构和乡村秩序力的协同（文化空间）。

基于高度自治的优势，借助城市动力，乡村的三重空间同构将社会－文化空间和物质空间放在同等重要的位置[14]，最终落实到乡村本体进行消化，保证乡村的振兴发展是一个持续、动态的过程，实现了社会生态的低冲击（图 1）。

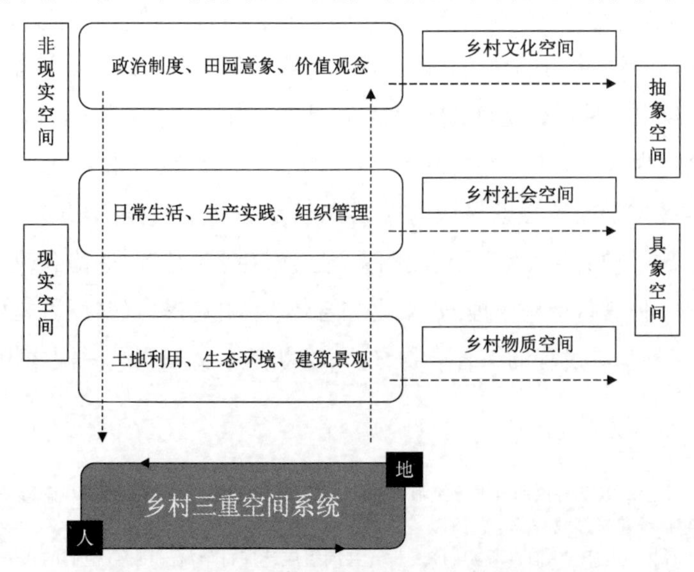

图 1　乡村社会生态的三重空间关系示意图

2.3 社会生态系统的秩序优化

乡村空间的三重建构是社会生态低冲击视角的重要表达方式，三重同构关联到乡村资源利用方式变更、文化流动趋势、产业结构转型等，而物质—文化—社会三重同构相互交织[15]，因此乡村的社会低生态冲击实践涉及到资源、景观、文化、人口等一系列宏观政策安排和资源环境配置，面临着乡村社会生态的结构性异化与表征自相关这个主要矛盾。振兴过程中乡村社会生态系统利用自发优势(自然资源/劳动力资源优势、经济后发优势、社会自组织优势)，通过资本流动、人群流动、文化融合、公共资源流动、要素作用等空间建构手段重新调整了乡村的资源配置，并对社会生态系统进行了秩序优化(图 2)。

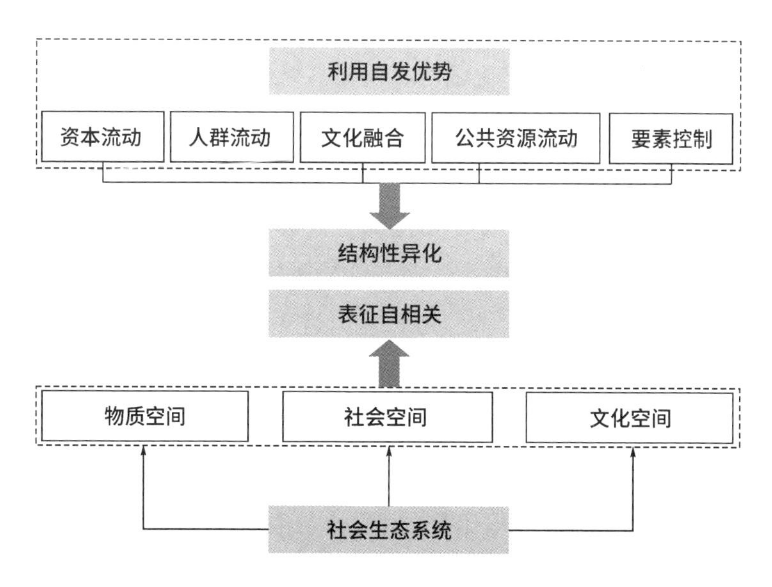

图 2　广义社会生态系统框架图

健康的社会生态系统是乡村振兴发展的必备“社会资本”，社会资本是村民民主制度的文化基础和社会基础，核心是将乡村从本质上纳入现代城乡体系，即将乡村置于动态城乡体系的管辖范围中。新乡村社会生态秩序的建立要做到三点：首先，政府试图要通过平等的政策来塑造乡村的发展道路，并对预期的结果进行规划并实施正式干预；其次，乡村群体通过自发的习俗和规则，从文化上对乡村社会产生影响，使乡村表现出地方性、表征性、生活性[16]；最后，建构资源流动机制，对外来资本、技术、人力等进行界定和保护，避免反向极化，实现城乡资源平衡，助力乡村自我监督机制建立。

3 五花城堡村案例观察：三重空间构建过程

本文选取的实证对象是西部后发地区的典型村庄，其振兴路径从方法论讲是积极的，符合本文提出的论点。但是由于村庄本身的基础薄弱，外加周边城市环境的后发特征，目前表现出来的特征并不是村庄最终的振兴结果，因此本文只是抛砖引玉，目的在于引发更多的共鸣来促进这一规模最为庞大的乡村群体的有效更新。

3.1 物质空间营造

山西省河曲县巡镇镇五花城堡村位于晋陕蒙交界处，该地区属于典型的后发地区（呼包鄂榆城市群辐射范围之内），因此构建乡村政治—经济—社会生态体系是为了建立一个更大的或者开放的社会系统，使乡村在一个成熟的范式中与城市资本及各种文化发生直接关系（图 3）。作为一个初步的探索和尝试，河曲县乡村在社会生态系统建构中最核心的是提升其经济结构，而诺斯①对西方现代经济的增长提出过一个经典的结论：有效的经济组织是经济增长的关键，因此动力机制和资源环境成为五花城堡村振兴过程中的首要导控要素，影响其经济组织，最直观的就是格局布置。

据史料②考，大明王朝为了防止蒙古骑兵突破陕西外边之后，在冬季踏冰强渡黄河进入山西，在今天山西省偏关县老牛湾经河曲县至保德县境内，沿黄河修筑了百公里的长城，建四座大型驻兵屯粮的古堡军塞，分别是桦林堡、楼子营、罗圈堡、焦尾城，前后共十六座营堡绵亘牵连。五花城堡正处在这条绵延百里的战线之上，是那个年代修建的其中一处营堡。20 世纪 90 年代之后，生产大队解体，村民才开始在城堡外围大规模修建民屋（多为平房）、商业、学校、工业等建筑群体，村庄的历史发展脉络为沿河带状扩张

① 该观点来自美国经济学家道格拉斯·诺斯（Douglass C. North）在 1977 年出版的《西方世界的兴起》。

② 《河曲县志》，清同治 11 年出版。

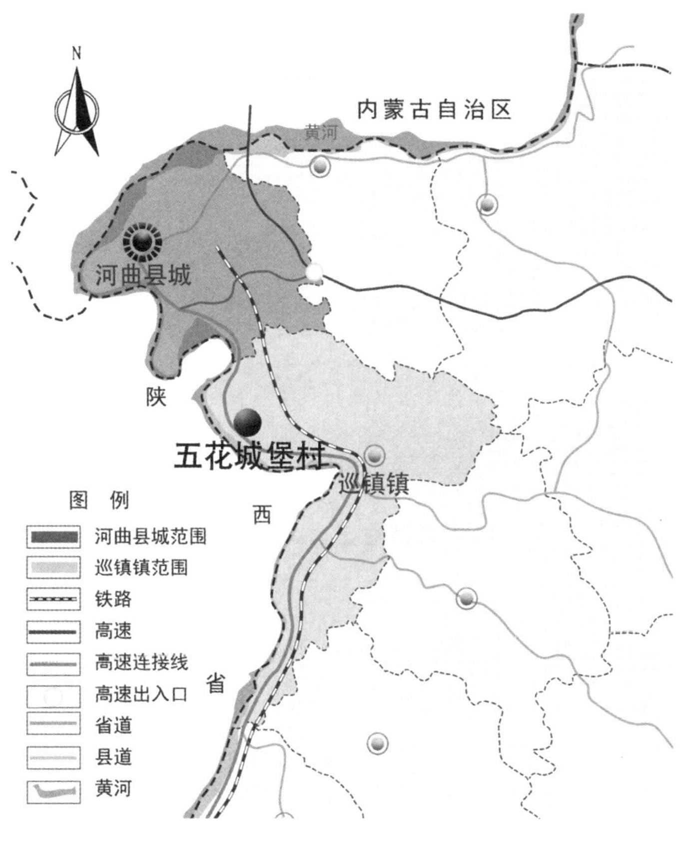

图 3　五花城堡村地理位置示意图

图片来源：山西省河曲县住房保障和城乡建设管理局。

（图 4）。作为后发地区的村落，加上恶劣的气候环境，五花城堡村在国家大规模现代化建设的过程中并没有享受到直接红利，然而其从物质到精神都较为薄弱的现状给予了村落极大的振兴自由度。

格局作为五花城堡村振兴设计中物质空间营造的第一个步骤，关系到后面的社会秩序和文化意识。格局包括乡村中一系列有意规划的和无意识形成的聚居地、日常便利的交通路线、服务系统以及更多象征性的负载生产的场所，需要打通节点（乡村元素：历史文化、生活模式、农产品种类、交通条件、外来文化、外来人口等）之间的脉络结构，强调它们之间的竞争和共生。其次是过程的形成，五花城镇具有农业生产、非农业生产、社会保障、文化传承和生态保护等多种功能，因此选取表征各功能强弱的“态”指标和反应功

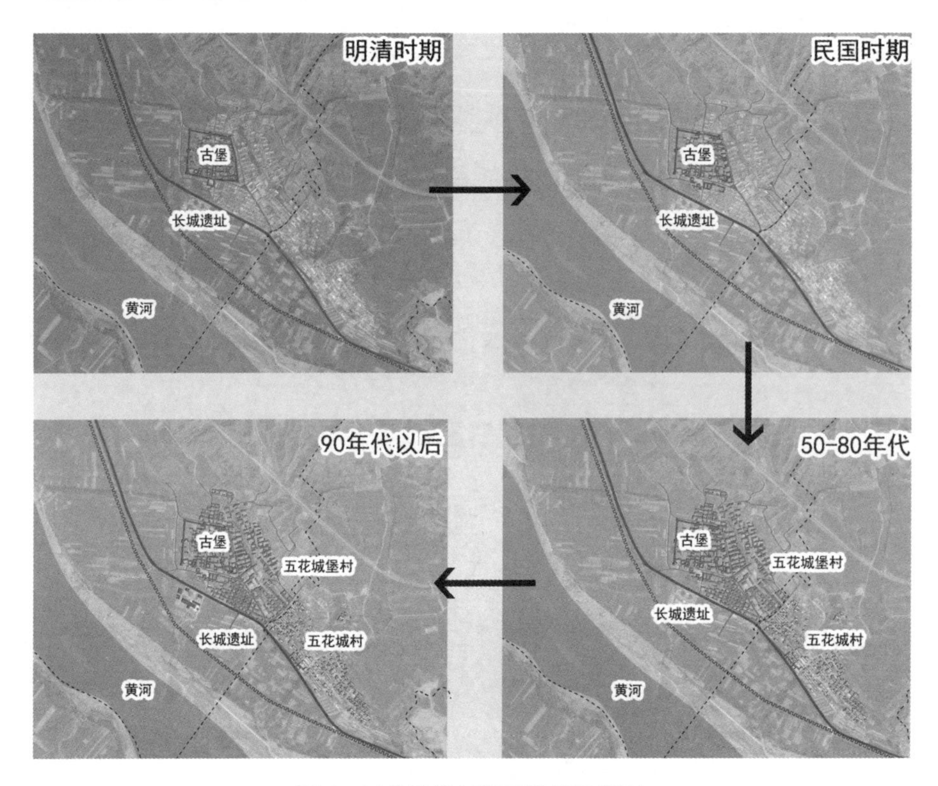

图 4　五花城堡村发展脉络示意图

图片来源:山西省河曲县住房保障和城乡建设管理局。

能发展变化趋势的“势”指标,构建了乡村地域多功能性能评价指标体系[17]。最后是机理营造,乡村在连续性和自组织性方面表现很强,原本在空间尺度上引起强烈改变的随机因素诸如私宅建造等在格局营造中被不断弱化,而健康社会生态系统所主导的空间自相关引起的结构化机理改变则越来越显著,这里的空间自相关主要指乡村物质空间之间的自发性联系。

物质空间营造的方法是将五花城堡村看作一个有功能差异的空间系统。在这个具有主次的功能系统中,能发挥主要功能者占据着中心位置,其他部分则在这一系统中处于次要甚至边缘地位,很显然五花城堡村的主要功能是以历史文化为基础的旅游产业。五花城镇在中微观生态体系中借助旅游区位优势,以村落保护发展为首要社会活动,并涉及包括经济、政治、社会、文化等诸多因素的空间系统,而社会生态系统中物质空间的有效营造确保了五花城堡村整个系统的开放性(图 5)。

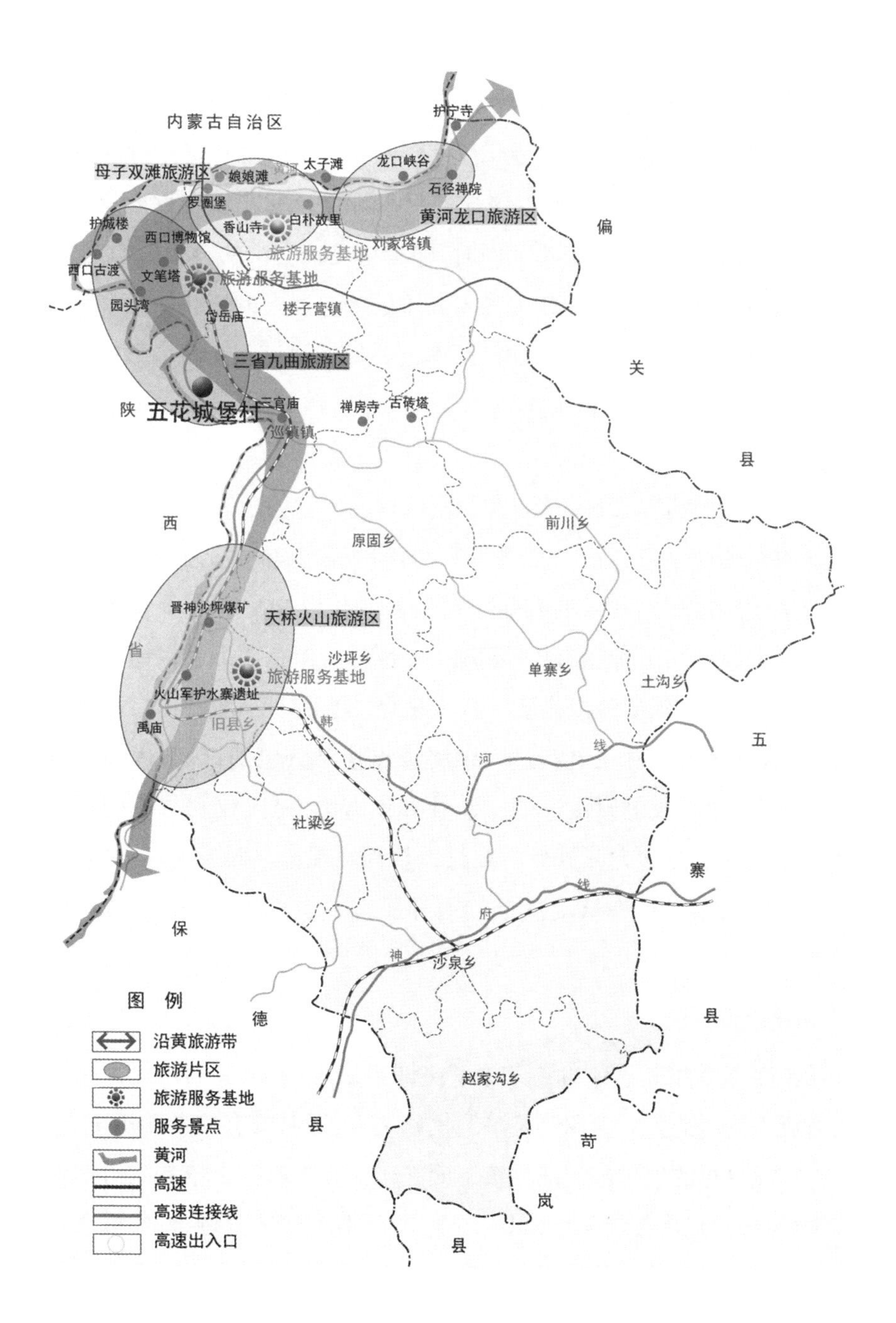

图 5　五花城堡村在沿黄旅游带中的位置示意图

图片来源：山西省河曲县住房保障和城乡建设管理局。

3.2 社会空间响应

社会空间响应主要表现为乡村再振兴过程中实现政治权利和村民社会融合。乡村具有强大的自治能力，因此乡村和城市的本质区别除了地方性表现不同之外，更重要的是实际表征即村民社会。五花城堡村要解决的重点是如何在借助强大城市资本的同时，建构村民社会中的自主性和创造性。村委会认同村民团体对政府权力渗入其中的响应通过制度化协商和谈判来执行，因为只有当乡村社会与政府（资本）在对话、协商和交易中形成一种均势[18]，才可能使政府（资本）的权力表达与村民（乡村）有效保护之间达成一致，相互适应。

跟大多数中西部农村一样，五花城堡村的农村问题是双重叠加的。落后地区农村的公平权包括财富平等和身份平等，其中财富公平是基础，在村镇权利响应过程中农村的有效生产资料是传统文化和乡土技术。虽然历史文化资源的实际价值有可能超越一般资源，但是如果不借助村民的构筑力量，也无法做到单独依靠政府权力来保护它。与一般的古村落被统一治理不同，五花城堡村在更新过程中将重点建筑分包到户，并优先实施保护，最大限度地吸收了原住民的主动性和创造力，村民权利与政府权利实现相互渗透。河曲县大部分乡村在村民权利实现这方面表现较为均质（较差），而五花城堡村率先从内涵上趋向异质[19]，为实现乡村的村民社会吹响号角。

3.3 文化空间创造

社会生态低冲击本身的含义除了协调与稳定，更重要的是保证传统文化具有巨大的创造力。河曲县是华北民歌之乡，同时具有悠久的历史文化。然而五花城堡村的保护与一般村镇不同在于其并没有完全依赖旅游产业进行经济振兴，而是将传统文化、现代农业、生活服务等充分融合，实现文化资源和人力资产的双重自我实现。借助旅游的带动作用，吸纳但是不仰仗城市资本的乡村振兴模式划分为三个维度，其导控因子通过三个等级进行指标属性表达和解释，最终形成了五花城堡村多元整合的经济结构（表 1）。属性通过具体行为表征和文化象征进行表达，生产同构在物质层面，通过行为表征表达，即城市资本和精英下乡；共同缔造在社会层面，通过文化象征和行为表征共同表达，即环境低冲击企业、社区营造、乡土符号等；文化基质在文化层面，通过文化象征进行表达，即文化传承、农业景观和乡村秩序。

表1　五花城堡村——城市资本互馈经济结构框架表

目标指标	分级指标	次级指标	表征及属性
文化空间融合-创造体系	生产同构（物质）	乡村与城市的分配关系	城市资本下乡/城市精英回乡
		后生产主义乡村[①]	去农业中心化/空间价值多元化
	共同缔造（社会）	乡村建造活动	乡土元素/符号/各种园区规模/建筑影响力
		生态环境整治	环境低冲击企业/流动分工
		社会关系共同赋权	社区营造/村民权利
	文化基质（文化）	乡村聚落连续性	文化传承/农业景观/田园产品/文化节
		乡村现代化	职业农民/乡村管制多元化

列斐伏尔在《空间的生产》[②]一书中强调，抵抗资本积累危机的形式是空间修复，因此目前乡村领域的重点是乡村的重构和转型。首先将乡村地区从一个"简单的经济动力源"变成一个"多元价值空间"，这个过程中首先暴露出来的就是传统文化在空间中的表达，之后从乡村生产空间分化与重组、社会文化变迁与重构、空间管理与治理等角度，都要通过对传统文化进行融合和创造来强化乡村空间的重构机制和保护路径（图6、图7）。

① 后生产主义概念引自西方国家20世纪70—80年代提出的乡村指导思想，本文借用其中的农业去中心化思想而不赞同其生态安全意识放松思想。

② 列斐伏尔（Henri Lefebvre，1901—1991），在1974年出版退休前最后一部著作《空间的生产》。

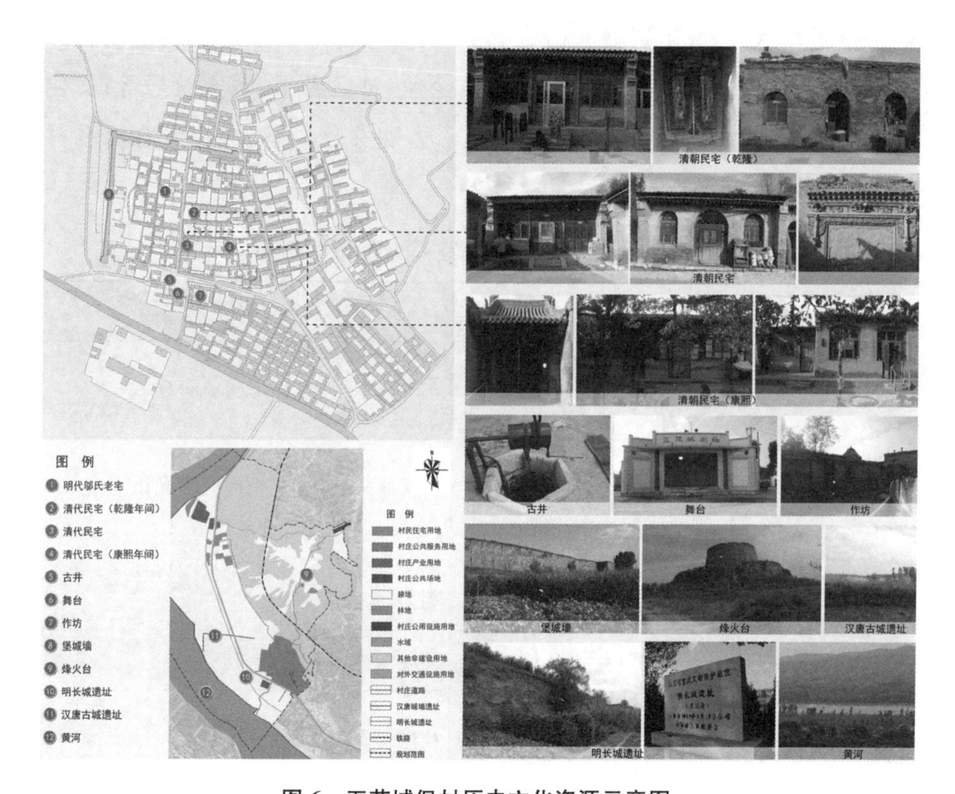

图 6　五花城堡村历史文化资源示意图

图片来源：山西省河曲县住房保障和城乡建设管理局。

4　五花城堡村案例解释：社会生态系统的驱动力量

4.1　社会生态系统的开放性和主动性

费孝通在《乡土中国》[20]一书中写到，中国没有政治民主，却有社会民主。中国政治结构可分为两层，并且不民主的那一层压在民主的那一层上边。社会生态系统要建立新的生产系统和人地关系，资本是残酷的，在对乡村进行促进的过程中，大部分时间在冲击着底层人民的主动权和创造力。民主政治的形式是综合个人意志和社会强制的结果，因此应对资本带来的危机，当前新社会关系的主要转变是从发展理念和空间修复两方面进行着手，而空间相对于资本，一般具有超前性。

在较为完整的以“堡内”为核心的保护框架上，五花城堡村并不只关注

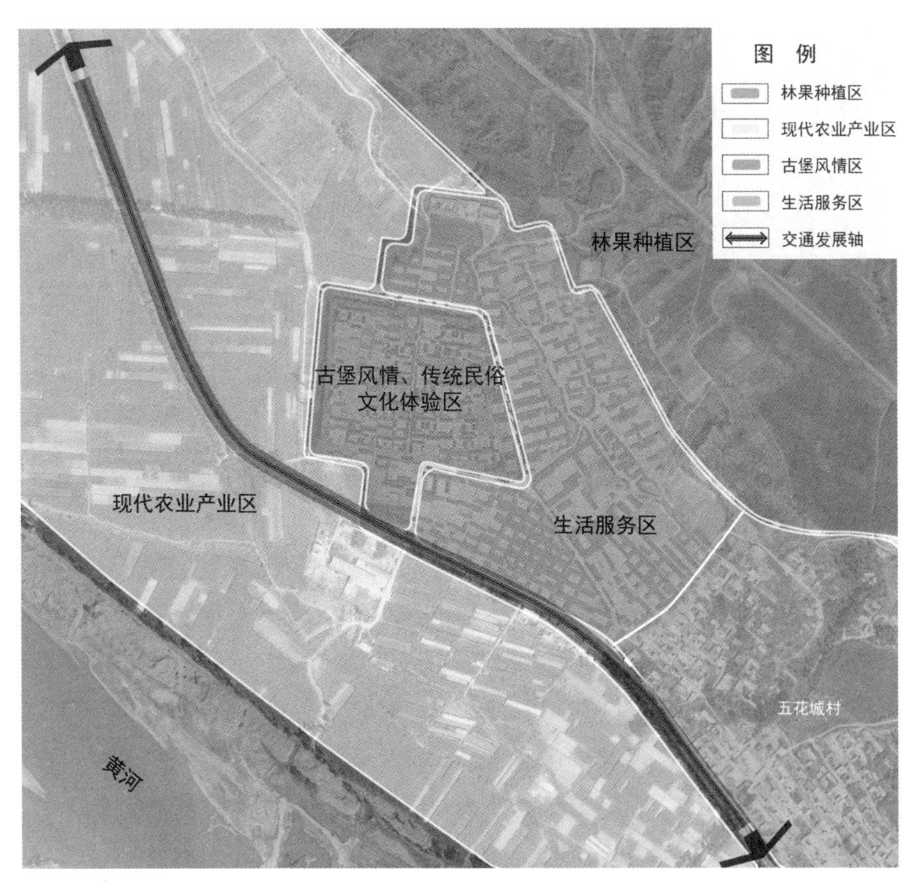

图 7　产业发展和文化创新同步进行

图片来源：山西省河曲县住房保障和城乡建设管理局。

农业或者这个固定的物化文化符号，而是以村民社会作为乡村振兴的最高目标，走了一条充满危机感的道路(图 8)。不管以前对于乡村的忽略还是现在对于特色乡村的重视，都是将乡村本身视为一个特殊的存在，并没有普遍对待；然而个体本身并不是个性化的来源，社会性作为一个事实存在，没有任何乡村或者城市能够脱离整个社会网络的共生关系而存在。因此，虽然乡村本身存在着落后生产力或者意识形态的制约，五花城堡村在城市资本的驱动过程中极力争取主动性和开放性，这种与城市一体的循序渐进的共生模式明显要优于将乡村看成是一个特殊群体而进行的振兴或者特色化。

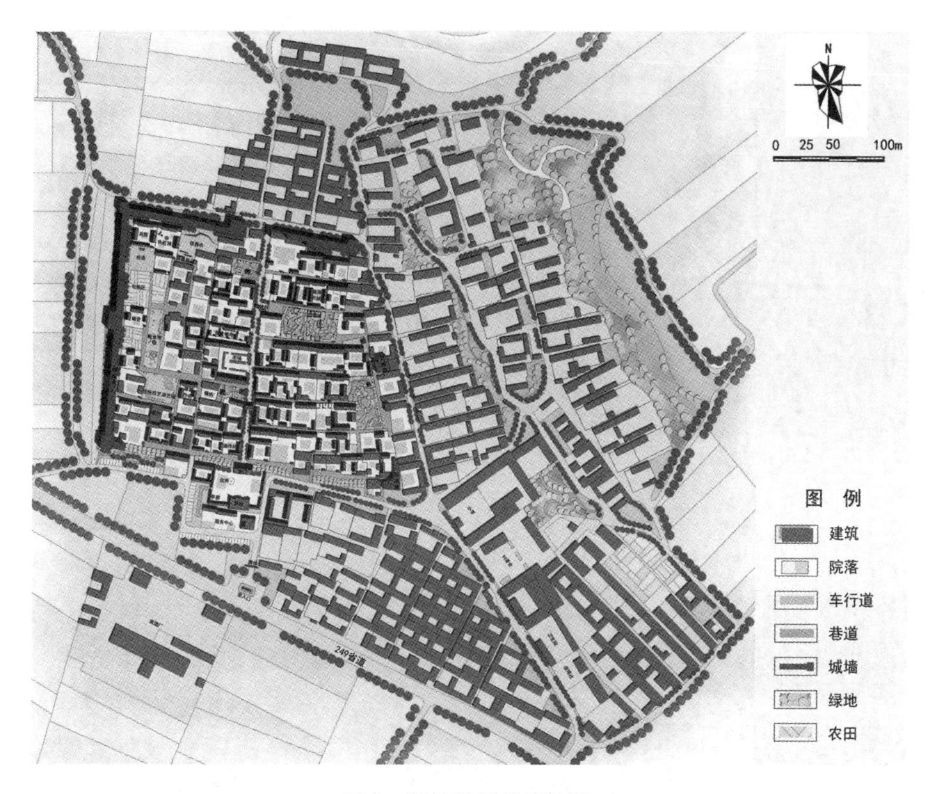

图 8　保护规划总平面图

图片来源:山西省河曲县住房保障和城乡建设管理局。

4.2　正向流动和要素作用机制

社会生态系统并不仅仅指物质、社会和文化空间,而且包括发生在空间中的各种自组织行为,最终希望通过理性路径实现村民社会并达到乡村的全面自由[21]。村民社会的存在基础是具备社会自我监督机制,针对外来的技术、资本、人力和公共设施的流动趋势[22],本文提出了有利于乡村社会生态建构的正向流动概念,并建构了要素流动的作用机制(图 9)。

要素在城市和乡村之间流动,在此定义有助于乡村社会生态建构的流动为正向流动,反之为负向流动。①资本:从城市流向乡村为正向,有助于提升乡村的产业结构。然而大规模的资本并不适合直接冲击乡村,容易引发异化和浪费问题,因此城市多余和闲置资本适合流向乡村,并与乡村现有资源发生共鸣。②技术:从城市流向乡村为正向,技术应充分借助资本这一载体,但应避免极化倾向,避免完全吞噬乡村传统文化和传统工艺。③人力:从城市流向乡村为正向,要竭力避免乡村空废化,大力提高乡村创业环境,吸引精英和外乡人返乡,但是应避免绅士化倾向。④公共设施:从城市流向乡村为正向。与资本和人力共同构成城市资源体,同时推动乡村的公共资源朝多样性和适应性发展,避免短效性倾向。

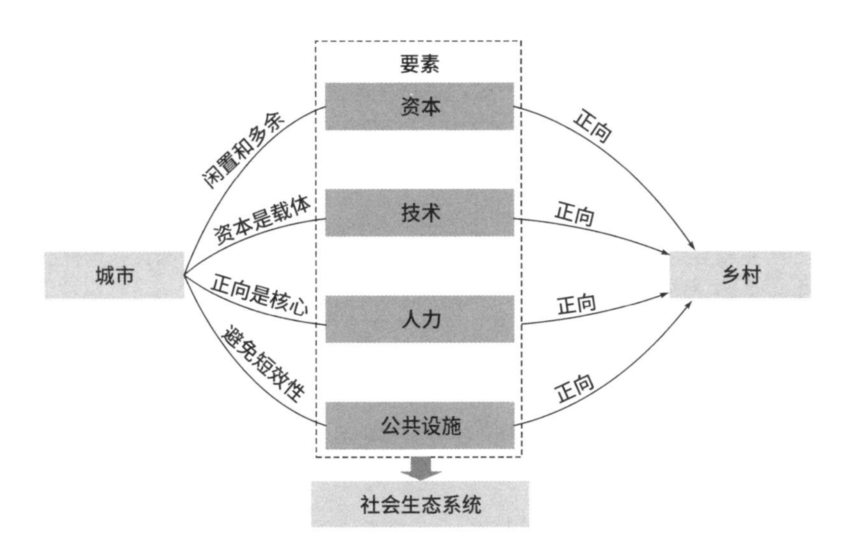

图 9　要素构成及流动的正向作用机制示意图

5　局限和展望

首先从乡村社会生态的建构过程性看,本文的乡村社会性生态建构以复合生态思想为基础,从乡村三重空间同构过程着重分析了村民社会营建和村民权利提升。然而村民社会是一个不断生产的过程,要求村民的不断参与和地位保证,因此社会生态建设过程具有危险的成分,中国的乡村目前在这方面并没有给出危机处理方法,这方面在将来的研究中需要我们进行辩证分析。

本文还试图建构乡村正向的城乡要素流动和底线控制机制,但是如何将这种机制与乡村社会生态系统进行有机耦合,本文并没有给出解释和模型,希望后续研究中能够进一步深化。

参考文献

[1] 张园，于冰沁，车生泉.绿色基础设施和低冲击开发的比较及融合[J].中国园林，2014，30(3)：49-53.

[2] 马道明，李海强.社会生态系统与自然生态系统的相似性与差异性探析[J].东岳论丛，2011，32(11)：131-134.

[3] 田健，曾穗平.社会生态学视角下的城镇体系规划方法优化与实践[J].规划师，2016，32(1)：63-69.

[4] 余中元，李波，张新时.社会生态系统及脆弱性驱动机制分析[J].生态学报，2014，34(7)：1870-1879.

[5] 王思斌.社会生态视角下乡村振兴发展的社会学分析——兼论乡村振兴的社会基础建设[J].北京大学学报(哲学社会科学版)，2018，55(2)：5-12.

[6] 毛蒋兴，郑雄彬.社会生态平衡：新时期城乡规划调整思考[J].规划师，2012，28(12)：10-14.

[7] 史培军，汪明，胡小兵，等.社会——生态系统综合风险防范的凝聚力模式[J].地理学报，2014，69(6)：863-876.

[8] 张军.乡村价值定位与乡村振兴[J].中国农村经济，2018(1)：2-10.

[9] 刘和涛.县域村镇体系规划统筹下"多规合一"研究[D].武汉：华中师范大学，2015.

[10] 杨忍，陈燕纯.中国乡村地理学研究的主要热点演化及展望[J].地理科学进展，2018，37(5)：601-616.

[11] 中共中央，国务院.乡村振兴战略规划(2018—2022年)[Z].2018.

[12] 中共中央办公厅，国务院办公厅.农村人居环境整治三年行动方案[Z].2018.

[13] 李平星，陈雯，孙伟.经济发达地区乡村地域多功能空间分异及影响因素——以江苏省为例[J].地理学报，2014，69(6)：797-807.

[14] 李红波，胡晓亮，张小林，等.乡村空间辨析[J].地理科学进展，2018，37(5)：591-600.

[15] 龙花楼，屠爽爽.乡村重构的理论认知[J].地理科学进展，2018，37(5)：581-590.

[16] Francis Fukuyama. The great disruption: human nature and the reconstitution of social order[M]. New York: International Creative Management, Inc., 1999.

[17] 刘彦随.中国新时代城乡融合与乡村振兴[J].地理学报，2018，73(4)：637-650.

[18] 王京海，张京祥.资本驱动下乡村复兴的反思与模式建构——基于济南市唐王镇两个典型村庄的比较[J].国际城市规划，2016，31(5)：121-127.

[19] Kaisu Kumpulainen. The discursive construction of an active rural community [J]. Community Development Journal, 2017, 52(4):611-627.

[20] 费孝通.乡土中国[M].北京:中华书局,2013.

[21] 周其仁.城乡中国[M].北京:中信出版社,2017.

[22] 程响,何继新.城乡融合发展与特色小镇建设的良性互动——基于城乡区域要素流动理论视角[J].广西社会科学,2018,(10):89-93.

小城镇“工业-生态风险”综合评价研究

——以霸州市扬芬港镇为例*

郭海沙　曾　坚

（天津大学建筑学院）

【摘要】 针对目前工业型小城镇的工业发展、空间扩张带来的生态环境恶化、人民生产生活受到严重影响的问题，本文以霸州市扬芬港镇作为研究对象，基于Arc GIS平台，首先选取高程、坡度、河流湖泊等景观生态因子，以及土地利用、交通可达性、旅游资源等社会经济因子，采用层次分析法确定权重，进行叠加分析，得到生态适宜性评价图；其次，分析得出不同工业业态的安全防护距离、卫生防护距离以及缓冲距离与生态安全等级的评价图，将其与扬芬港镇生态适宜性评价耦合分析，最终得到扬芬港镇的“工业-生态风险”综合评价结果，并提出扬芬港镇空间结构优化的规划策略。由此，为扬芬港镇的用地选择和功能布局提供一定的指导和借鉴，使当地既能保证产业的健康发展，又能使人民享受到和谐宜居的生态环境。

【关键词】 工业型小城镇　生态适宜性分析　“工业-生态风险”综合评价　用地布局优化

1　引言

近年来，随着我国新型城镇化建设进程不断推进，建设产业互动、生态

* 基金项目：国家自然科学基金——基于污染防控的高密度产业集聚区低碳布局与风场设计耦合优化的数字技术方法（课题一）（项目号：51708387）；村镇聚落空间重构数字化模拟及评价模型（课题五）（项目号：2018YFD1100305）。

宜居的新型城镇成为很多现代化小城镇的发展诉求。在这些城镇中,有一批工业型小城镇,它们抓住时代发展机遇,以工业作为主导产业推进社会经济发展,取得了令人瞩目的成绩。然而,这种发展模式不仅会导致环境污染,还致使建设用地无休止地扩张,给生态环境带来严重的影响和破坏。如何在建设过程中处理好生态环境与工业企业的发展关系,成为小城镇发展中不可忽视的问题。

扬芬港镇在发展过程中也面临着同样的挑战。由于扬芬港是霸州三大产业集聚区之一,特色乐器制造业产业基地,现状工业基础雄厚,发展工业优势明显,因而工业成为其谋求发展的必经之路。因此本文选取扬芬港镇作为研究对象,进行小城镇的"工业—生态风险"综合评价研究。

2 概况与方法

2.1 研究区概况

扬芬港镇位于霸州市区东 41.6 公里,东邻天津市西青区,西与东段乡为邻,南邻静海县,北连武清区王庆坨镇。镇域总面积为 85.1 平方公里。在大区域范围内,扬芬港东邻天津,西接保定,北联廊坊、北京,作为津雄发展走廊上的重要节点,它是扼守天津对接雄安的重要门户,地理位置十分优越(图 1)。

扬芬港镇属华北平原,地势较为平坦,水资源条件丰富。区域内南有大清河,北有中亭河横穿全境。镇域中耕地面积 1 206.68 公顷,园地 435.77 公顷,林地 568.79 公顷,草地 2 211.25 公顷,水面 315.21 公顷,道路及城市占地面积 613.46 公顷。

在工业发展方面,扬芬港镇借力津港开发区的发展带动,已形成了以电子信息、乐器制造、精细化工、食品加工、机械制造五大现状产业为基础的产业集群。

2.2 数据来源

本文数据主要源于扬芬港镇政府各部门提供的 2018 年扬芬港镇上位规

图 1　扬芬港镇宏观区位图

图片来源:网络。

划相关资料、各专项规划资料、调研数据,以及从地理空间数据云网站下载的分辨率为 30 m 的扬芬港镇域的数字高程数据等。

2.3　工业-生态风险评价

本文为研究扬芬港镇这一工业型小城镇的生态化规划策略,基于 ArcGIS 平台,选取了高程、坡度、土地利用、交通可达性、生态敏感性等因子,采用层次分析法(AHP)确定各因子的权重,得出生态适宜性分析;并根据基地现状不同业态工业区的卫生防护距离、安全距离等,得出工业区的生态防护等级评价图;最后,通过将生态适宜性分析与工业区生态防护分析进行耦合分析,得出一套普适性的工业型城镇生态风险评价的评价指标体系与评价方法(图 2)。

3　建设用地生态适宜性评价

3.1　评价体系的构建和权重确定

根据对扬芬港镇的实地调研、政府部门获取、地理空间数据云等平台获取的相关规划数据,综合考虑方案的可行性以及评价方法的普适性,选取了

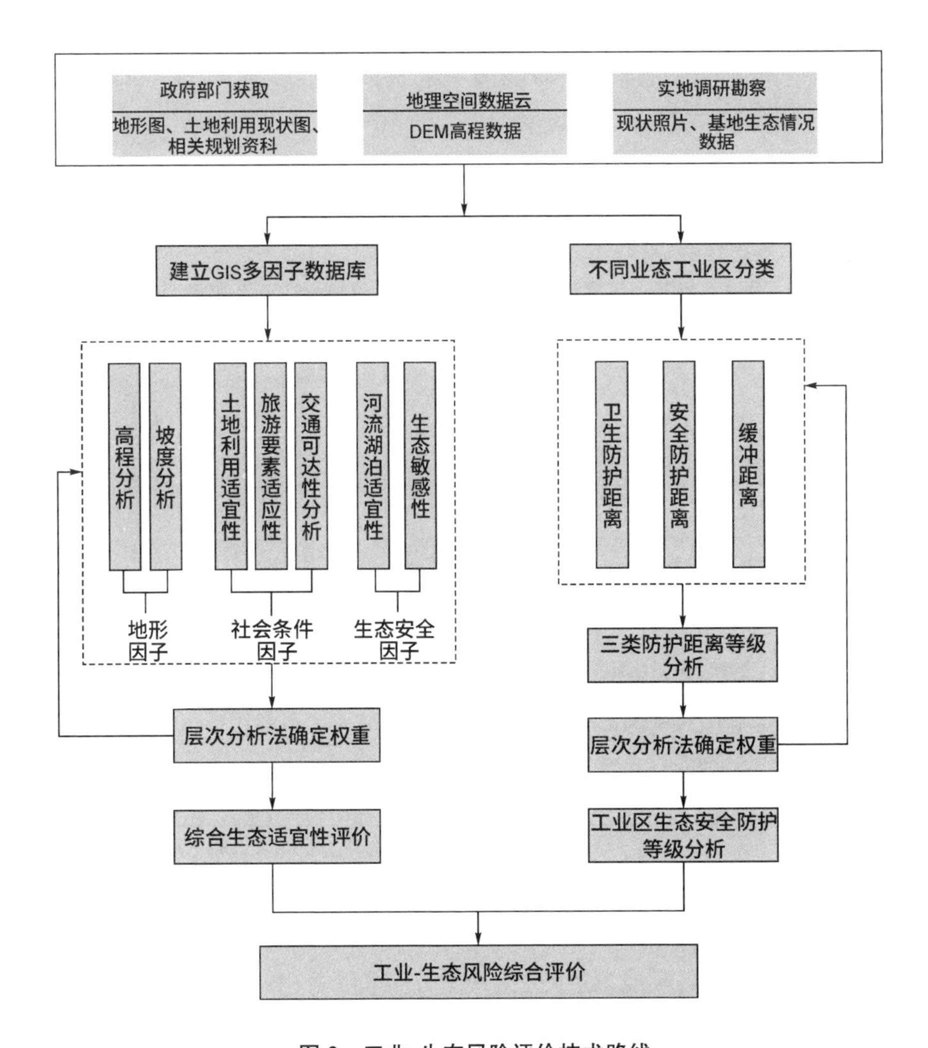

图 2　工业-生态风险评价技术路线

地形、社会条件、生态安全三方面的评价因子进行空间分析。地形因子包括高程和坡度，决定基地是否平整，对土地利用规划中的城市发展方向选取和空间布局有着重大影响。社会经济方面，土地利用中的耕地、林地、草地等分布情况影响着土地的开发和建设；旅游资源是扬芬港镇生态环境中条件优越的资源，其合理的开发利用能够对城镇的生态适宜性产生积极作用；交通的可达性则决定了扬芬港镇与外界的联系强度，对生态环境的系统性和一体化有重大价值。此外，在生态安全因子方面，由于扬芬港镇为工业型小城镇，其河湖水系的污染防治以及基本农田保护区、生态安全控制区的生态敏感性需要特别重视，因此在研究因子的选取中也着重考虑了该方面的因素。

在权重确定方面上，采取层次分析法(AHP)，通过“建立层次结构—构建两两判别矩阵—进行层次排序”的方式，获得各个因子所占的权重(表 1)。

表 1　扬芬港镇建设用地生态适宜性评价指标体系及权重

评价模型		指标体系等级划分					权重
		5	4	3	2	1	
地形因子	高程	2～7 m	7～15 m	15～29 m	29～55 m	29～55 m	0.1431
	坡度	<2°	2°～6°	6°～15°	15°～25°	>25°	0.1382
社会条件因子	土地利用	建设用地	林地、草地	园地	耕地	水域	0.1053
	旅游资源	0～100 m	100～200 m	200～300 m	300～500 m	>500 m	0.1975
	交通要素	0～0.5 km	0.5～1 km	1～1.5 km	1.5～2 km	>2 km	0.0919
生态安全因子	河流湖泊	0～100 m	100～200 m	200～300 m	300～400 m	>400 m	0.1427
	生态敏感性	其他用地区	—	—	基本农田保护区	生态安全控制区	0.1813

3.2　评价结果

3.2.1　景观生态层面分析

从生态层面对各类要素进行分析(图 3)，可以看出，扬芬港内除中部偏东一小片区域有一定的高差，坡度也比较高之外，其余地区均比较平缓，地势偏低，适宜进行城镇建设。由于境内有中亭河和大清河经过，沿河附近多种植着生态树木，因此扬芬港镇的中部、西北部和西南部的生态适宜性较好；西北部则多为基本农田，尚未开发利用；除此之外，镇域内的建设用地零散分布，不够集中也不成体系。

3.2.2　社会经济层面分析

从社会经济层面来看(图 4)，扬芬港镇的现状建设用地零星分布于中亭河以北，有一定的建设基础但不成体系，大多属于村庄建设用地。交通可达性方面，大多为村路或土路，连贯性及对外连通性较差。镇域内还存有一定比例的旅游资源有待保护，为扬芬港镇带来一定的生态价值。

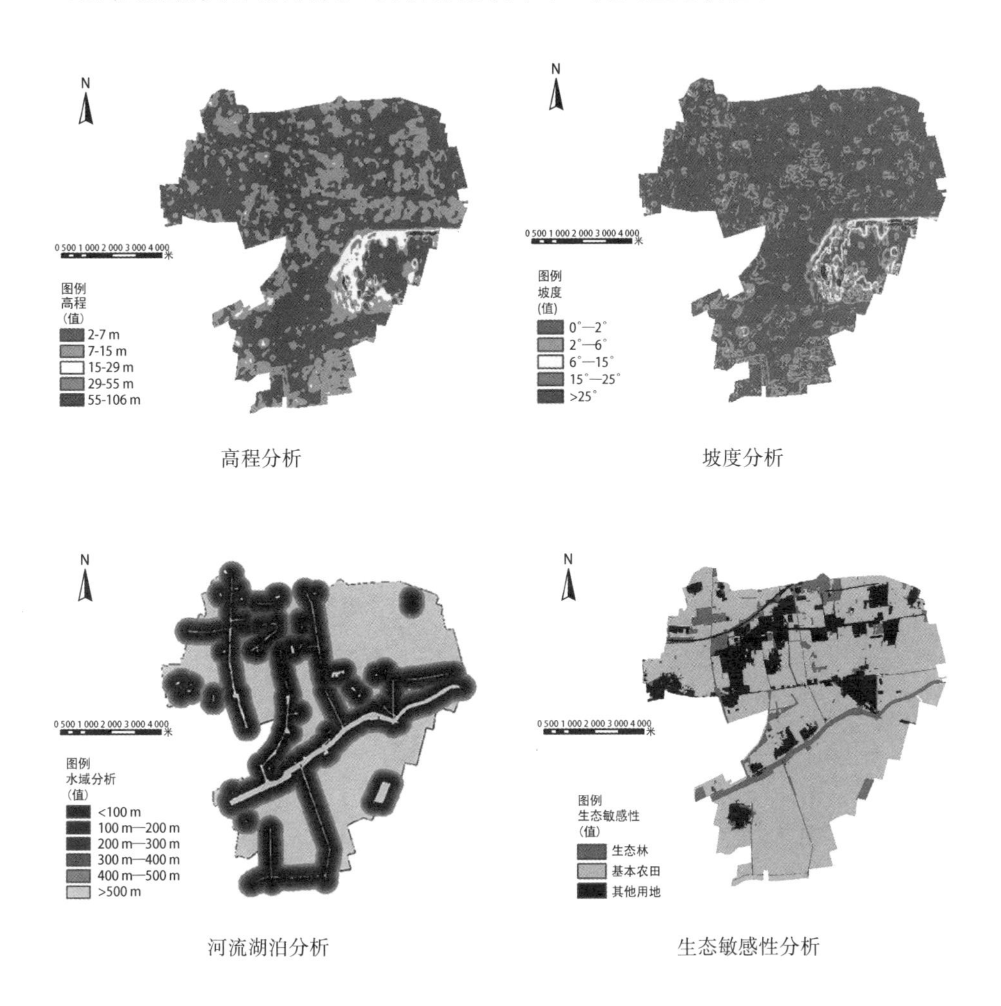

图 3　景观生态因子分析评价

3.2.3　建设用地生态适宜性分析

根据评价结果以及层次分析法确定的权重，对各因子进行叠加分析，从而得到建设用地生态适宜性的综合评价（图 5）。从图中看出，扬芬港镇西部、西北部以及中部和东北部的部分用地生态适宜性较好，适合通过选址规划，进行功能布局。而东南部、南部地区，以及东北部的部分用地则不适宜作为建设用地。

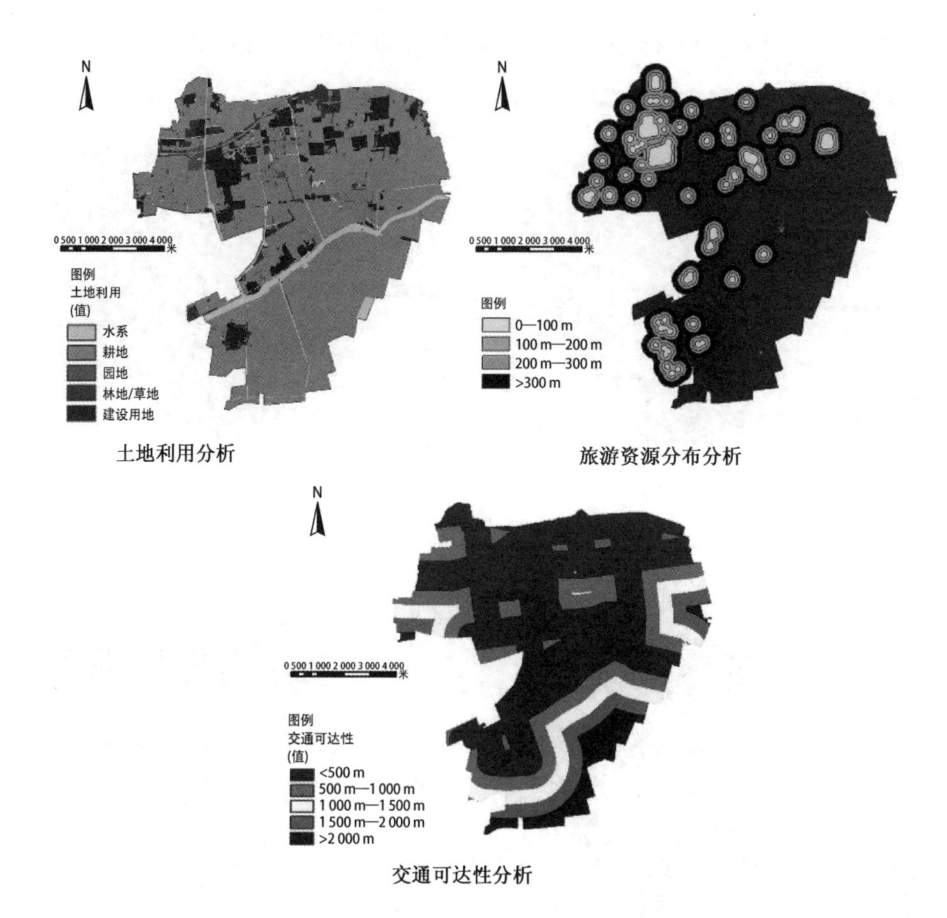

图 4　社会经济因子分析评价

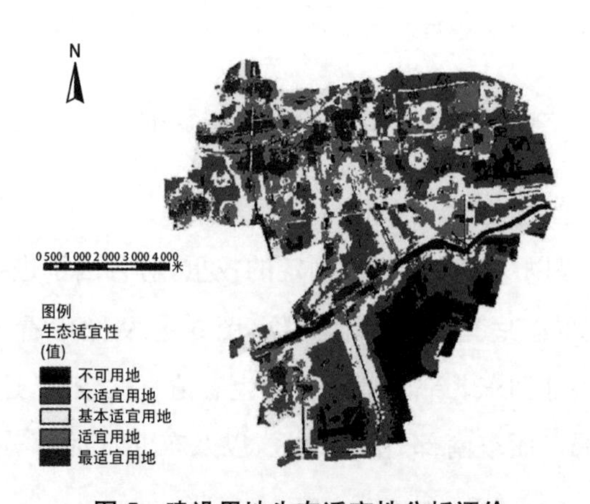

图 5　建设用地生态适宜性分析评价

4 “工业—生态风险”综合评价

4.1 “工业防护距离—生态安全等级”评价

对于工业型小城镇，工业园区是镇区的重要组成部分，也是生态化规划设计需要重点考虑的片区。工业型城镇的工业业态选取、工业区位置布局，都会对城镇生态环境带来严重的影响。

扬芬港镇区内现状工业布局分散无序，用地粗放且效益整体偏低，大多沿路零散分布。相对成规模的工业用地为霸州超拨乐器有限公司、霸州扬芬港橡胶厂、汽车制造厂等。其余大部分工业用地为小作坊，包括塑造厂、包装印刷等产业。根据《工业企业卫生用地防护标准》(GB 18068～18082—2000)以及相关经验数值，列出镇区内各类业态工厂的最小卫生防护距离、最小安全防护距离以及缓冲距离的数值(表 2)，对镇区内的“工业防护距离—生态安全等级”进行评价分析。

表 2 不同工厂业态最小防护距离

工厂业态	最小卫生防护距离(m)	最小安全防护距离(m)	最小缓冲距离(m)
橡胶厂	1 200	500	800
硫酸厂	600	300	500
乐器厂	100	100	80
塑料厂	100	100	80
包装厂	100	100	80
汽车制造厂	300	200	300

首先，基于 GIS 平台，分别得出卫生防护距离、安全防护距离以及缓冲距离的缓冲区分析，再通过经验值确定权重，将三类防护距离分析进行叠加，从而得到不同业态类型工业的综合防护距离-生态安全等级评价图。

由图 6 可以看出，扬芬港镇的现状工业位于东北部以及中部，会辐射到镇域东北部建设用地内的居民生活，且对生态环境产生一定的影响和破坏。

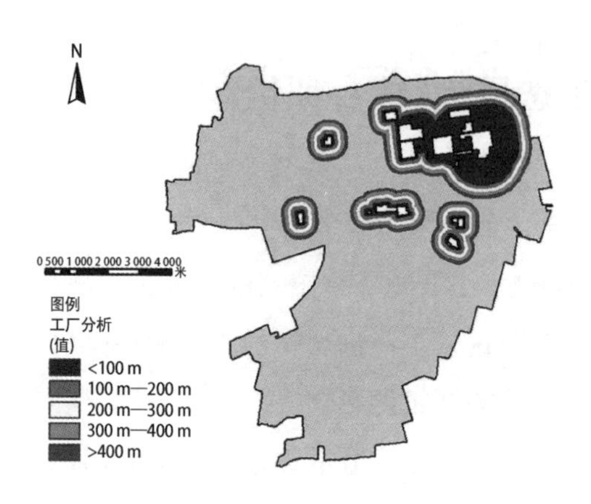

图 6 “工业防护距离—生态安全等级”评价

4.2 “工业—生态风险”耦合评价结果

将“工业防护距离—生态安全等级”评价结果与上文 3.2 中得到的建设用地生态适宜性分析进行耦合，最终得出“工业—生态风险”耦合评价结果。

根据图 7 中的结果，扬芬港镇域内的东北、东南片区以及中部的少部分地区“工业—生态风险”较高，尤其以东北部最高。这表明该部分地区由于生态适宜程度较低，以及受到工业区集聚效应的影响，生态破坏严重，不适宜作为城市建设用地。

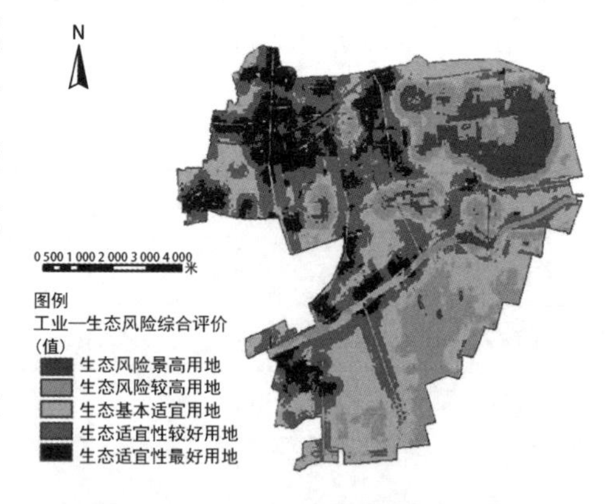

图 7 “工业—生态风险”耦合评价

东南部片区为“工业—生态风险”较高的片区。说明该片区临近中亭河的生态本底已遭到破坏，需要采取生态涵养措施来进行修复，促进中亭河生态带的活力提升。

西南部片区的为“基本适宜”用地，应作为“三生空间”中的生产空间，为作物的生长提供场所，作为镇域发展农业的重要场所。

在镇域的西北部和中部部分地区，“工业—生态风险”最低，生态适宜性最好，应将其作为镇区的适宜选址方位，为城镇的建设发展提供必要空间，进行扬芬港镇的合理开发建设和功能布局，并为居民的生活留出充分的休闲居住场所。

5 基于评价结果的用地布局结构建议

5.1 用地布局结构建议

依据“工业—生态风险”耦合评价图，对扬芬港镇域的空间结构进行一定的优化调整。本文提出“两轴一带六区”(图 8)的空间布局建议。

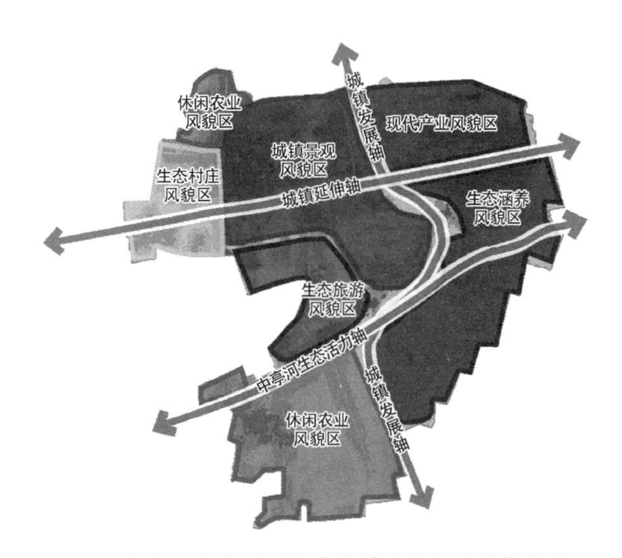

图 8 基于研究结果的扬芬港镇空间布局结构建议

“两轴”是指沿码扬路的南北向城镇发展轴，以及中部东西向的城镇延展轴。

“一带”是指镇域南部沿中亭河的生态活力带。

“六区”是在镇域东北部，规划“城镇景观风貌区”，利用生态适宜性较好的片区进行镇区的建设和发展；“城镇景观风貌区”以西，结合现状居住用地设置“生态村庄风貌区”；对于镇域以北的中部，生态基本适宜的片区，合理利用其现状工业基础，在不影响生态环境的前提下进行现代产业的规划建设，打造“现代产业风貌区”；在镇域以东，中亭河南北两边“工业—生态风险”较大的片区，实行自然修复，规划“生态涵养风貌区”来进行封禁保护相应措施；在中部片区，利用适宜的生态环境建设“生态旅游风貌区”；其余片区则作为农作物的种植基地，将其打造为“休闲农业风貌区”。

5.2 结语

（1）土地利用布局与生态环境之间有着相互影响、相互制约的关系，生态环境的适宜性影响土地的开发建设、用地布局；土地利用的功能分布也反过来对生态环境产生影响。本文将工业用地的防护距离与扬芬港镇的生态适宜性进行耦合分析，得出扬芬港镇的现状土地利用分布与生态环境之间不甚协调，存在一定问题，建议通过用地布局的调整来改善生态环境。

（2）在小城镇发展方向选取和功能布局时，应将城镇的用地功能诉求和不同土地的生态适宜程度进行综合分析，统筹考虑用地布局。如工业、居住、物流仓储、商业等用地各自需要何种生态适宜性的用地，以及生态适宜性不同的土地分别适合生态保育、生态涵养、建设开发等哪一类型的发展。运用GIS平台、遥感等技术手段，将各个因素进行耦合分析，从而更加科学地进行城镇用地的建设与生态环境的保护，更加合理地利用土地。

（3）小城镇相比于大城市来说，拥有更加优越的生态资源。例如扬芬港镇境内的大清河、中亭河，以及丰富的旅游资源。因此，工业型小城镇在未来的建设发展中，不应摒弃良好的生态环境资源，或与其对立发展。在小城镇的发展中，应当转换思路，发展生态型产业，在产业的发展中避免对江河林田湖的占用，实行精细化、生态化发展。

参考文献

[1] 赵会杰，赵璟.安宁小城镇建设的生态位态势分析[J].西南林业大学学报（社会科学），2017，1(6)：37-40.

[2] 邵丽亚，陈荣蓉，侯俊国，等.城镇建设用地生态适宜性评价研究——以重庆市荣昌县为例[J].中国农业资源与区划，2013，34(6)：86-92.

[3] 陈婧，王丽娜，王博.河北省小城镇生态环境建设策略研究[J].河北能源职业技术学院学报，2018，18(4)：40-41，55.

[4] 姚瀛珊.基于生态适宜性分析的小城镇空间结构优化——以淮南市曹庵镇为例[J].

大众文艺,2019(8):57-58.
[5] 薛丹.生态地区小城镇规划与发展路径探析——以六合竹镇镇总体规划(修编)为例[J].住宅与房地产,2018(36):209.
[6] 郁颖姝.工业型小城镇规划设计生态化策略探究——以安吉县天子湖镇及梅溪镇为例[C]//中国城市规划学会、杭州市人民政府.共享与品质——2018 中国城市规划年会论文集.北京:中国建筑工业出版社,2018:11.
[7] 刘畅.结合生态系统服务量化评价的小城镇绿道选线方法探究——以哈尔滨市太平镇为例[C]//中国风景园林学会.中国风景园林学会 2018 年会论文集.北京:中国建筑工业出版社,2018:9.
[8] 庄园,冯新刚,陈玲.特色小城镇发展潜力评价方法探索——以 403 个国家特色小城镇为例[J].小城镇建设,2018,36(9):31-42.
[9] 耿虹,时二鹏,王立舟,等.基于 GIS-DEA 的大城市周边小城镇发展效率评价——以武汉为例[J].经济地理,2018,38(10):72-79.

山地历史文化城镇“生态-人文-技术”耦合研究初探*

魏晓芳
(苏州科技大学建筑与城市规划学院)

【摘要】 山地历史文化城镇有其独特的地理位置、空间形态与历史价值。通过研究，初步探讨了山地历史文化城镇建设过程中的“生态-人文-技术”耦合现象，即其生态系统、人文系统和技术系统通过系统要素的相互作用而彼此影响的现象；以典型山地历史文化城镇为例，总结了山地城镇空间从宏观到微观的基本山水格局，以及不同历史时期的耦合过程与阶段特征，并讨论了山地历史文化城镇耦合现象与保护规划要素的关系，提出了构建“生态-人文-技术”协同规划模型、建立全民协同保护体系，以及适时执行规划干预等基于耦合规律等山地历史文化城镇保护规划的优化策略。使得山地历史文化城镇在新时代的技术条件下，通过规划干预达成三个系统之间的良性互动与协同，实现可持续发展。

【关键词】 山地　历史文化城镇　“生态-人文-技术”耦合　空间过程

1　引言

山地历史文化城镇往往具有独特的空间形态与文化价值。它的选址与周边自然环境的关系、布局的空间肌理、街巷的空间尺度，以及建筑的组合与形态都具有独特的魅力与价值。随着社会经济的发展，人们对山地历史

* 基金项目：国家自然科学基金项目“西南山地典型历史文化城镇‘生态-人文-技术’耦合机制与规划干预研究”(51508047)。

文化城镇历史价值的认知的提高，越来越多的历史文化城镇受到了重视，对该类城镇的保护、修复、重建或开发也日益增多。然而，不少历史文化城镇的珍贵原生肌理和空间形态受到了建设性的破坏，进而使其历史文化价值逐渐被现代仿古商业文化所替代，甚至带来生态环境的恶化、各类灾害的频发。究其根源，是该类城镇的发展规律以及与自然、人文及生产力之间的作用机制，即其“生态-人文-技术”耦合机制尚未得到设计者、建设者和管理者们的重视。

2 山地历史文化城镇建设过程中的“生态-人文-技术”耦合现象

耦合原本是物理学的概念，一般指两个或两个以上的系统通过某些系统要素的相互作用而彼此影响的现象。这种现象能促使各系统要素在系统内部和系统之间进行优化组合与有序再生，从而实现协调发展的过程。在山地历史文化城镇中，生态系统、人文系统和技术系统是三个不可或缺的系统。山地历史文化城镇建设过程中“生态-人文-技术”的耦合现象普遍存在。事实上，山地历史文化城镇的产生与发展，无不是其生态、人文与技术的相互作用的结果，三者之间或相互促进、或此消彼长，在山地历史文化城镇有着不可切断的联系。

在历史文化城镇形成的初期，往往有两种情况：一是拥有特殊的资源，如卤盐；二是有着特殊的地理位置，如临河的码头等。尤其是在山地地区，许多历史文化城镇都是“因盐而生”或“因水而生”。在这一时期，往往生态是依托，技术尚低下，人们利用自然资源或天然的地理位置开始聚集，逐渐形成具有一定人文特征的场所和空间。如“上古盐都”宁厂古镇，就是“巫国以盐业兴”(《华阳国志校补图注》)。古镇沿着大宁河而建，形成“七里半边街”的空间格局(图 1)。

随着科学技术的发展，生产力逐渐提高，技术进一步发展。人们除了利用自然还开始改造自然，使之更符合人们的需求，城镇规模也随之逐渐扩大。有的城镇从最初的一条街，变为具有丰富层级的街巷空间。随着水路运输的发展，那些成为水运节点的贸易型城镇逐渐发展壮大。而依托地方自然资源的城镇，却由于替代产品的出现，逐渐没落。如嘉陵江畔的磁器口古镇，因“一江两溪三山四街”的独特地貌，而形成天然良港，是历史上重要的水陆码头。它形成于唐宋，繁荣于明清，民国达到极盛，曾经“白日里千人拱手，入夜后万盏明灯”繁盛一时。现在成为国家级历史文化保护街区(图 2)。

图 1　宁厂古镇实景照片(2016 年摄)

图 2　磁器口古镇码头牌坊

图片来源：《四川古镇怀旧照片》。

到了近代，科技进一步发展，尤其是交通方式的升级换代，水运被陆路运输和空运所取代，许多山地历史城镇功能被现代化城镇所替代，在现代社会经济发展中的地位逐渐下降。如铜梁的安居古镇①。安居古镇地处琼江、涪江交汇的南岸，为水陆要冲，因其水陆交通方便，在历史上帆樯蚁聚，商贾云集，贸易繁荣。经安居古镇可沿涪江上溯川北，顺流入嘉陵江进而汇入长江，明初时便为铜梁、大足、潼南、合川等县的物资集散地。后来由于陆路交通的发展，尤其是高速公路的建设，古镇的交通中心地位有所下降(图 3)。

到了现代，跨区域性的基础设施在国家中发挥着重大的作用，也影响到了部分历史文化城镇的生存。好在有一批学者、官员对历史文化城镇日趋重视，开展制定了一些列保护措施，试图保留其空间格局、延续其文脉。因三峡工程的建设，水位的上升，有的历史文化城镇被淹没，有的则采用了抢

① 安居古城始建于隋朝，原名赤水县，距今已有 1500 多年历史，是重庆市北部重要的口岸城镇。

图 3　安居古镇航拍照片(2016 年摄)

救性保护策略,如大昌古镇[①]的整体搬迁、石宝寨[②]的“盆景”化保护等(图 4、图 5)。这也是现代工程技术与历史文化物质遗产之前高度耦合的结果。

图 4　整体搬迁后的大昌古镇(2016 年摄)

① 大昌古镇始建于晋,已有 1700 多年历史,是三峡地区唯一的保存完整的古城。它曾位于重庆市巫山县境内滴翠峡口北上 10 公里处、巫山县北的大宁河东岸,地处渝、鄂交通要冲,自古是兵家必争之地。由于三峡工程于 2003 年 5 月开始蓄水,古镇原址将全部沉寂于滔滔的大宁河水之下。2002 年 2 月 21 日正式启动的大昌古镇整体搬迁工程,全镇按原貌在距旧址 8 公里外的西包岭下的大昌湖旁按照修旧如旧的原则复建。

② 石宝寨位于重庆市忠县境内长江北岸边,距忠县城 45 公里,始建于明万历年间,经康熙、乾隆年间修建完善,被称为“江上明珠”。因三峡水库蓄水,对石宝寨开展了抢救性保护工程,修建了巨型围堤。现在的石宝寨成为长江上一处大型江中“盆景”,享有长江“小蓬莱”的美称。

图 5 “盆景”中的“江上明珠”石宝寨
图片来源：新华网，新闻无人机队。

纵观各个历史阶段，山地历史文化城镇的建设与发展，其“生态-人文-技术”三个系统都在不断的动态互动之中，产生耦合现象。

3 山地历史文化城镇“生态-人文-技术”的耦合过程及阶段特征

3.1 山地城镇空间的基本山水格局

从宏观尺度来看，山地历史文化城镇的分布是大分散小集中，单个城镇往往位于特殊的地域区位节点上，而城镇内部的空间组织相对紧凑。这些节点在历史的某一段时期内，起着不可替代的作用。山地城镇的基本空间格局都是“靠山临水”，既要依靠山体的庇护又要防止山体滑坡等地灾害的侵袭；既要利用水体又要防止汛期的洪水，往往是山水相依。大体来说，山地历史文化城镇的宏观空间分布是局部集中与总体分散(图 6)。如云阳县云安镇①的平面布局，就体现出这种大分散小集中的空间格局特点(图 7)。

① 云安镇是一个具有 2200 多年历史的古镇。汉高祖元年(公元前 206)，扶嘉率众凿井煮盐，开城镇发展之始。约在唐宋时期形成街市，有主街一条，小巷数条，除熬盐厂房外，有居民近百户，为食盐生产、运销服务的商号 10 余家，其间历经多番兴衰。后因三峡工程移民搬迁，与云阳一起迁往 42 公里以外的新县城。

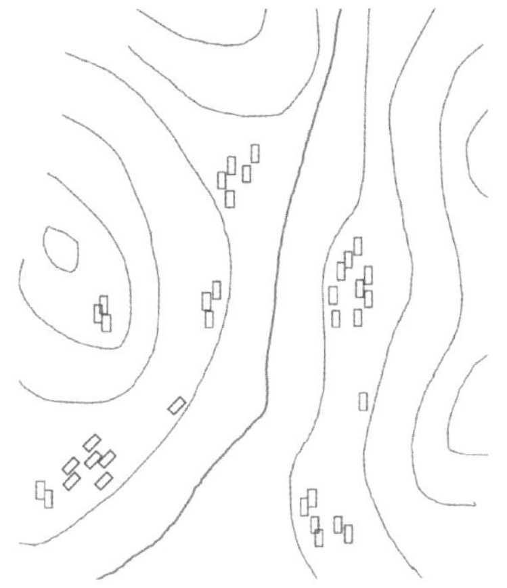

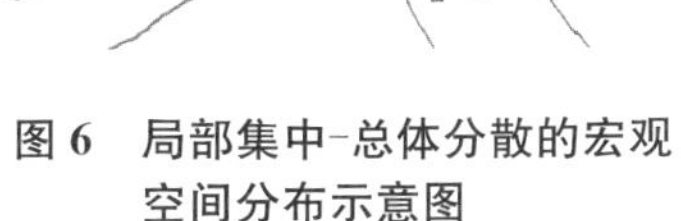

图 6　局部集中-总体分散的宏观空间分布示意图

图 7　云阳县云安镇正摄影像图(2016 年摄)

从中观尺度上来看,山地历史文化城镇常常是以码头为中心,以街巷为主体,承载整个城镇的经济活动。商贸活动是山地历史文化城镇在历史上活力的最直接的体现。山地历史文化城镇往往也是地处山水之间,在城镇及其周边呈现出“山-镇-水”的垂直空间格局和“山-镇-水(-镇-山)”的水平空间格局(图 8)。如中山古镇[①],就是这种典型的“山-镇-水”空间格局。

从微观上来看,山地历史文化城镇适用于步行尺度,具有较为完备的街巷空间。由于山地历史文化城镇形成时期较早,以当时的技术水平,最适宜的交通方式仍然是靠步行或者畜力。因此,相应的空间尺度也是与这类交通活动相匹配。在山地城镇内部空间,往往会以宗祠或庙堂为中心,形成疏密相间的街巷空间。如永川松溉古镇[②](图 10),其街巷空间布局就是围绕着宗祠展开。

① 中山古镇位于重庆市江津区南部的笋溪河畔,北距江津城区 56 公里。由南宋《清溪龙洞题名》碑刻记载,中山古镇可考历史为 855 年。2005 年批准为中国历史文化名镇,2015 年荣获“第三届中国最美小镇”称号。

② 松溉古镇位于重庆市永川区南部松溉镇,其始建时间,无史籍可考。古镇空间格局保存完整,有明清时代四合院、雕楼、吊脚楼、古县衙、皇帝御批祠堂——罗家祠堂、夫子坟、陈公堰等一批历史文化遗迹。

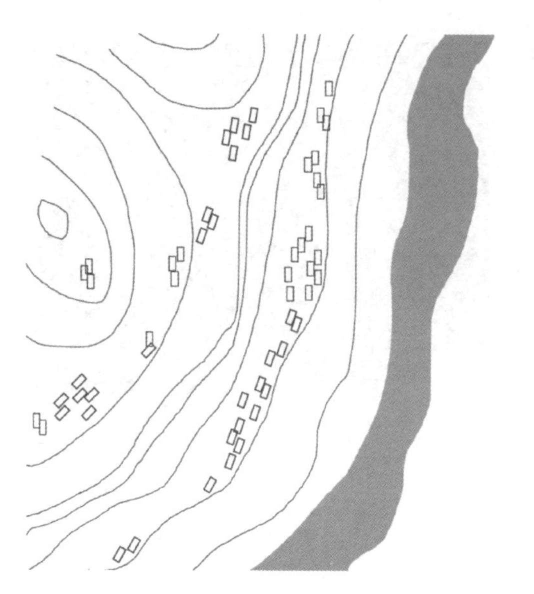

图 8 “山-镇-水(-镇-山)”的水平空间格局示意图

图 9 中山古镇正摄影像图(2016 年摄)

图 10 永川松溉古镇平面图与航拍影像图(2016 年摄)

在这样的空间格局中,山地历史文化城镇的发展,往往是在技术的进步的推动下,伴随着生态的改变和文化演进,三者一直处于动态耦合过程中。

3.2 山地历史文化城镇“生态-人文-技术”的耦合过程

万事万物都有动态发展过程,剖析山地历史文化城镇“生态-人文-技术”

的耦合过程，可为进一步探讨耦合特点发觉耦合规律提供基础。

（1）“生态-人文”的耦合

有山有水之处自然生态系统的内涵丰富，具有多样性。山地历史文化城镇的生态性往往其生存和发展的基础。在此基础之上，形成城镇空间；人们在城镇空间上的活动逐渐形成地域文化，形成人文特征。山地历史文化城镇的自然地理要素、水运交通区位和地方资源禀赋都是造就地方人文的基本要素。而一个城镇的人文又反过来影响人们的行为，进而影响城镇的空间格局和生态状况。

（2）“生态-技术”的耦合

生态与技术息息相关。当技术尚不发达之时，各种行为都是依托于生态，在生态的大框架下进行的。这个时候，生态作为主导，影响着山地历史文化城镇的空间格局和生产生活，生态形成人们进行城镇空间建设的耦合约束。随着技术的发展，人们利用自然改造自然的方式加剧，天然屏障无法约束城镇的发展，人们运用智慧，将生态和技术相结合，创造出精巧的城镇空间。如古镇中常见的吊脚楼、傍山建筑等都是这种耦合的具体体现。

（3）“人文-技术”的耦合

人文与技术看似无关，但事实上有着密切的关联。技术的进步，带动着人类文明的发展，而人文的认知又决定着人们的行为，促使着技术进步。在历史文化城镇中，人文与技术的耦合也随处可以见。如一些传统工艺建筑、地方风味的绘画、民间的手工艺等。在历史文化城镇中，人文与技术深度耦合，呈现出繁荣的面貌。

在山地区域中，“生态-人文-技术”三者相互不断耦合，形成了现在特色鲜明的山地历史文化城镇。

4　不同空间尺度的耦合特点与空间效应以及在保护规划中的运用

山地历史文化城镇在不同的空间尺度下，其“生态-人文-技术”有着不同的耦合特点，呈现出不同的空间效应。根据这些特点和效应，在保护规划中采取针对性的措施，更有利于山地历史文化城镇的科学保护与可持续发展。

4.1　山地历史文化城镇不同尺度下的耦合特点与空间效应

事实上,在宏观的系统中,每一个子系统都有明显的"互动自反效应"(Reflexive Sub-dynamics),即每一子系统在实现自身发展的同时,也会对其他子系统的发展产生影响(Jamse, 1953)。在山地历史文化城镇中,生态系统、技术系统、文化系统三者之间存在耦合发展的互动关系,同时也呈现出明显的互动自反效应。表现在以下方面:

大尺度上看,空间格局是大分散小集中,耦合特征为大生态小文化,其生态系统的空间效应为最大化。在这一尺度上,文化系统作用较弱,或者说影响特征不明显。技术系统,则决定着城镇空间与生态空间的构成状况。

中尺度上看,空间格局往往是以码头或者集市为中心,街巷为主体,与人们的生活行为息息相关。耦合特征为大文化小生态,人文作用于空间的效应最大。在这一尺度上,生态系统作用较弱,技术系统随着人们的需求日益发展。

小尺度上看,往往是步行尺度,街巷空间、建筑组合等空间要素。在这一尺度上,技术系统的影响力往往直接决定着空间的形态。

山地历史文化城镇中的"生态-人文-技术"三个系统,存在先天耦合机理,在发展的不同阶段遵循三元作用动态均衡机制。在早期的山地历史文化城镇中,"生态-人文-技术"的耦合关系呈现出开放、非线性和自组织的动态涨落态势。而在现代的山地历史文化城镇中,人们重视自然生态与历史文化的保护,在技术不断发展的基础上,进一步研究不同系统的互动耦合关系,"生态-人文-技术"的耦合协调类型也从早起的自组织的粗放耦合向人工干预的精细耦合转变,尤其是在现代技术条件下,可以通过规划干预达成三个系统之间的良性互动与协同。

4.2　山地历史文化城镇耦合现象与保护规划要素的关系

近年来我国在历史文化城镇保护规划与文化开发上的长足的进步使历史文化城镇的发展已从衰败到复兴,但"生态-人文-技术"耦合机制不清、规划干预机制不明仍然是影响科学合理规划设计的重大障碍。尽管人们已经认识到历史文化城镇的重要性,但就如何发挥山地历史文化城镇的价值,开展既符合地方特点又符合时代要求的合理建设，还并不清楚。要编制成功的山地历史文化城镇规划方案，也往往因机制不清、作用不明而受到限制。山地历史文化城镇建设的误区常表现为：过度保护，剥夺原住民的生活空间，使得历史文化城镇成为空城；过度开发，商业旅游侵蚀城镇传统文化，使得历史文化城镇过于嘈杂；千篇一律，丧失了地域特色与文化传承，甚至张冠李戴、移花接木；仿古成风，假古董假古建遍地开花，文化搭台、经济唱戏；生搬硬套平原历史文化城镇的保护开发经验，不尊重山地特点，造成重大生态隐患，提高城镇灾害风险等。了解并掌握山地典型历史文化城镇"生态-人文-技术"耦合机制和规划干预机理是做好城镇规划的基本前提。

那么，山地历史文化城镇的"生态-人文-技术"耦合现象与保护规划要素之间到底有什么关系呢？事实上，我们可以从耦合的细节或者说是连结点上进行比对、关联。

保护规划要素分为三个层次，首先是宏观层面上的整体风貌，其次是中观层面上的街巷空间，最后是微观层面上的建筑等人工构筑物。山地历史文化城镇的整体风貌体现在其选址与周边自然环境的关系和布局的空间肌理上，显示的是生态与技术的耦合状态。对应到保护规划上，可以体现在保护范围的划定，保护等级的判定上。在中观上，山地历史文化城镇街巷的空间尺度与空间组合则构成要素的关键所在，体现的是生态与人文的耦合。对应到保护规划上，可以落实在外部交通的连接，内部交通的组织。空间格局的保护等方面，需要考虑到原住民和外来人口的空间活动与行为。微观层面上，建筑的组合与形态。建筑的风貌，包括结构、立面、屋顶等细节要素则是体现历史文化城镇人文特质的典型物质载体，呈现出的是技术与人文的耦合。对应到保护规划要素上，则是重点保护要素的分类、立面与风貌的修缮与整治、重要节点的保护或景观恢复等。总之，在山地历史文化城镇的保护规划或发展规划中，充分考虑其"生态-人文-技术"的耦合关系，可充分利用资源，用最小的代价获得最大限度的发展，达到山地历史文化城镇的可持续发展的目的。

4.3 基于耦合规律的山地历史文化城镇保护规划的优化策略

(1) 构建“生态-人文-技术”协同规划模型

当代信息化技术的发展,使得要素复杂、目标多元的历史文化城镇发展现实情境下的“生态-人文-技术”协同成为可能。首先是目标协同,这是重要的组织协同方法之一。其次是行动协同,即或保护、或规划干预、或局部修葺等行动要在共同的目标下协同开展,避免顾此失彼。历史文化城镇是一个非平衡态的开放系统,生态系统、人文系统、技术系统就是三个子系统。在协同的过程中,既要保护好生态环境,又要重视历史文化的挖掘,以及现代科技手段在历史文化城镇空间的运用。

在整个山地历史文化城镇的环境系统中,各个子系统间存在着相互影响而又相互合作的关系,包括相互竞争的作用,以及系统中的相互干扰和制约等。“生态-人文-技术”协同规划耦合模型则是随着参数、边界条件的不同以及涨落起伏,通过相互作用把从它们的旧状态驱动到新组态,三者之间通过协同规模模型实现动态优化匹配。

(2) 建立全民协同保护体系

山地历史文化城镇的保护主体往往是政府机构,如文化管理部门、规划建设管理部门,而其使用者却是当地的居民。居民往往很难从全局的角度来看待山地历史文化城镇的保护问题。故要建立起全民协同保护体系,增强居民对该问题的认知,配合管理部门进行整体的保护,参与山地历史文化城镇的保护建设与发展,进而形成协同保护的积极效应。

因此,建立全民协同保护体系,首先要从认知层面建立全民保护理念;其次各个相关部门需要协调,建立协同政策体系;再次,运用现代网络技术手段,为协同提供硬件软件平台与技术支撑,设立日常响应体系和应急响应体系;最后,需要明确职责与协同方式,提高行动效率,构建有效的全民协同保护体系。

(3) 适时执行规划干预

历史文化城镇的生长和发展有其自身的规律,并非所有的历史文化城镇都需要规划进行干预。因此,选择规划干预的时机很重要。只有在恰当的时候,进行规划干预,才能最大限度地保护当地的历史文化资源,促进保护与发展的协调。合理判断规划干预时机，需要规划与建设管理部门对历史文化城镇的发展阶段以及当下面临的实际问题有清晰的判断。

另外，规划干预的范围和层次也应根据不同的山地历史文化城镇而异。有的需要对城镇格局进行整体性保护，有的则需要在各个空间层次上进行规划干预，如现在常见的规划手段有：保护区范围划定、基于质量综合评价的建筑分类修复更新、建筑高度的控制、景观通廊的保留、重点地段的空间环境整治等。

5 结语

山地历史文化城镇有其独特的地理位置、空间形态与历史价值，通过研究，初步探讨了其建设过程中的“生态-人文-技术”的耦合现象，总结了不同历史时期的耦合过程与阶段特征，并且讨论了山地历史文化城镇耦合现象与保护规划要素的关系，提出了基于耦合规律的山地历史文化城镇保护规划的优化策略。这只是初步的探讨与研究，随着新型城镇化目标的推进，西南地区经济、城市发展将迈开步伐持续前进，这一区域的历史文化城镇也将面临巨大的机遇和考验。在新形势下，我们要抓住文化和生态两条主线，坚持人与自然和谐共生，厘清山地典型历史文化城镇“生态-人文-技术”耦合机制、掌握规划干预机理与干预方法，为将会碰到的新问题、新困难提供理论基础和解决方法。今后需要进一步开展相关研究，提出“生态-人文-技术”各个子系统要素之间互为耦合的时空函数关系式，通过耦合度函数和耦合计算模型，计算耦合协调度，判断耦合情况，从而为规划干预提供更为具体有效的支撑。

参考文献

[1] 常璩.华阳国志校补图注[M].上海：上海古籍出版社，1987.

[2] James D. Watson and Francis H. Crick，Molecular Structure of Nucleic Acids：A Structure for Deoxyribose Nucleic Acid[J]. Nature，1953，171(4356)：737-738.

[3] 黄勇，石亚灵，万丹，等.西南历史城镇空间形态特征及保护研究[J].城市发展研究，2018(2)：68-76.

[4] 侯培.城镇化与生态环境的耦合协调发展研究[D].重庆:西南大学,2014.

[5] 窦银娣,李伯华,刘沛林.旅游产业与新型城镇化耦合发展的机理、过程及效应研究[J].资源开发与市场,2015,31(12):1525-1528.

[6] 王锋,张芳,林翔燕,等.长三角“人口—土地—经济—社会”城镇化的耦合协调性研究[J].工业技术经济,2018(4):45-52.

[7] 李和平,肖竞,曹珂,等.“景观—文化”协同演进的历史城镇活态保护方法探析[J].中国园林,2015,31(6):68-73.

基于"三生"协调发展目标的武汉市罗家岗古村落整体性风貌保护与更新利用策略研究*

胡祖明　耿　虹　郑天铭
（华中科技大学建筑与城市规划学院）

【摘要】 "木兰石砌"建筑作为武汉北部丘陵山区古村落人居环境建设代表，融汇了中华传统天人合一思想、环境资源条件与在地建造匠心，成为人与自然和谐共处的典范。本文以湖北省武汉市黄陂区王家河街罗家岗古村落为例，从空间、历史、文化、社会、生态等多方面系统研究"木兰石砌"聚落群，总结罗家岗古村落选址择地、营造技术、环境建造等方面守中致用的人居智慧，并针对罗家岗村"木兰石砌"建筑面临的衰败问题与村落发展困境，基于"三生"协调发展目标，鉴古开今，探索村落人居环境与"木兰石砌"建筑保护与更新发展的措施与路径，为当代古村落人居环境的可持续发展提供理论借鉴与实践经验。

【关键词】 古村落　风貌特色　"三生"协调　"木兰石砌"　罗家岗村

1　引言

华中地区遗存了丰富的传统古村落和历史建筑资源。湖北省武汉市北部的木兰山区，就有许多石材砌筑的传统民宅及其聚合而成的古村落。作为一种传承千年的古村落民居建造技艺，"木兰石砌"既是武汉地方特色建造文化的物质载体，也是协调人居环境和巧用气象风侯的观念体现。在生产、生活与生态三个维度均达到了高度的天人合一，是其得以延续的重要原

---

* 本文原载于《小城镇建设》2020年第8期。

因，在当今生态、人文、建筑、技术等方面都具有重要的保护和传承价值。但是随着我国社会经济的飞速发展和城镇化进程的推进，以及现代化生活方式的转变、建造技术的实用化与快捷化等因素，导致了“木兰石砌”建筑逐渐式微，许多“木兰石砌”建筑被拆毁、废弃、复垦，使得“木兰石砌”建造文化面临着日趋消亡的风险。因此，如何保护好现存价值较高的古村落，以及使传统建造技艺和极具特色的古村人居模式适应现代化生活的需求，成为一个重要的研究课题。

具有 600 多年历史的罗家岗村是武汉境内规模最大、保存最完整、建筑艺术最精美[1]的“木兰石砌”古村落。其在选址择地、空间肌理格局、营造技艺、环境建设等方面都具有其独特之处，对研究华中地区以及中国古代石砌建筑和古村落人居环境等方面都具有重要的价值。本文将生态环境的技术方法，尤其是气象环境的评价分析方法运用到村落选址和布局分析中，总结了罗家岗古村落人居环境建造基本特色和藏风聚气的文化观念与气象风侯间的关联响应策略。在基于“三生”协调发展目标的基础上，通过适度、有限、有序引入旅游产业，促进乡村内生性地可持续发展，以期对古村落人居环境保护与利用提供具体现实的指导意义。

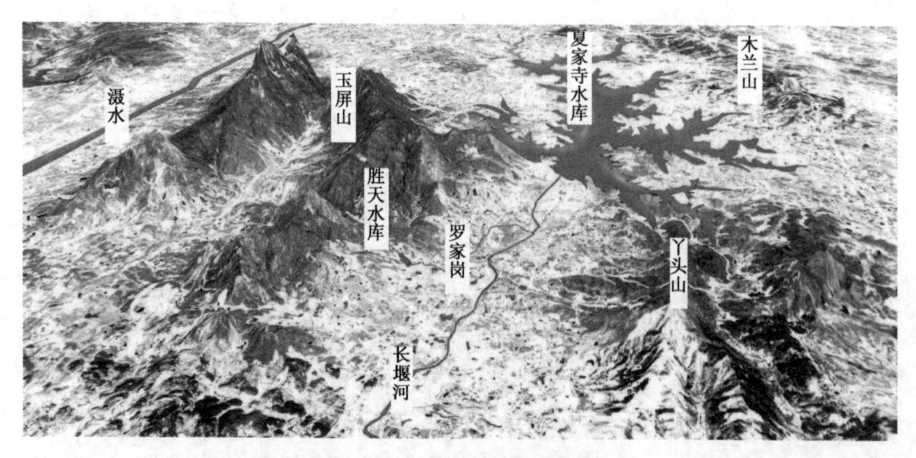

图 1　罗家岗周边环境鸟瞰图

2 罗家岗古村落人居环境建造基本特色

2.1 因形就势的村落选址择地

历史上的罗家岗利用山、水等生态要素实现了因山生财、因水旺财的目的。罗家岗西南北三面环山，村南村北皆为玉屏山余脉（图 1）。因地处山窝之间，树木植被旺盛，因此村民大力发展木材生意。同时，由于汉口木材资源稀缺，且村中的长堰河由滠水汇入长江，为罗家人的木材生意提供了天然的水运渠道，加强了罗家岗与汉口的联系，因木材生意而逐渐发家繁荣，既而有“小汉口”之称。

就村落选址的适应性而言，罗家岗选址背山面水，沿着山地阳面顺着山势坡度而建，北高南低，整体村落建筑坐北朝南。在这种建造形式下，村庄不仅可以争取良好的日照，也能迎纳夏季季风，阻挡冬季寒流，使其处在一个相对稳定的风环境气候中[2]。但是，罗家岗相较于其他传统聚落而言，其特色在于座山（即村落后山）具有大片林地，周围的树林通过阻挡阳光和植物的蒸腾作用降低了环境的温度，并产生了从山上向村落的回流风，能够调节当地炎热的气候环境。

在风水方面，作为中国人文传统基本内容的哲学观念、宗教礼制、堪舆术、民俗文化[3]等融入在罗家岗的选址之中。罗家岗的选址负阴抱阳，背山面水，是理想的藏风聚气之地。罗家岗村后有山，称来龙，山势起伏如同行龙。村落面对的案山、朝山林木郁郁葱葱，寓意人丁兴旺；溪水环绕村落，青龙白虎围绕左右[4]。这种群山环抱之势使得罗家岗仿佛行船，有民间寓意“借水西行，得神助，取真经，从而大吉大发”之意。

2.2 守中致用的建筑形制

“守中”一词源于老子的“多言数穷，不如守中”，充分体现了老子的谦和、恭敬的中庸思想，这种哲学思想也深深影响了从古至今中国的城市建设。大到城市布局的巧用自然山水因素的格局，小到建筑单体对于气候、材料等适应性的建筑形制，在和谐相处的基础之上达到为我“致用”的目的。

罗家岗生态建造智慧凝聚于建筑形制中的天井系统、穿斗式木结构和石墩结构之中。当地春秋短、冬夏长和冬冷夏热、温暖湿润的气候特征，通风和隔热成为建筑建造的重点。“木兰石砌”的天井系统着重解决了通风、采光、透气、排水问题，主要由开敞厅堂、通透门窗、庭院、连廊、通道相互渗透而成。

罗家岗的民居建筑由于对开间的要求不高，大多采用穿斗式木结构建造，木结构成为其主要的承重立柱。但是由于立柱选料不讲究、大多没有经过特殊处理，常产生易潮问题。因此村民以石墩作为垫柱脚以隔潮湿防腐烂，发挥了重要的防潮功能。

2.3 在地精造的材料选取与构造措施

不同的地域条件，蕴生了不同的地方材料，不同的地方材料形成了不同的建筑风貌和构造做法，富有特色的民居建筑有北京四合院、井干式民居、西藏碉房、黄土窑洞、福建土楼等类型。作为华中地区富有特色的民居类型——“木兰石砌”建筑也是地方材料催生的产物，地方材料对于建筑风貌形成与构造做法的地域特色有着深远的意义。

罗家岗在地建造智慧的基础在于能因地制宜地选取合适的原料进行建造。除了石材砌筑之外，其建筑材料选择与外墙砌筑方式有三：一是全部用抗潮能力极强的青砖作为其建造材料；二是分段的外墙面做法，建筑外墙的下半部分由青砖砌成，上半部分由土坯砖砌成，有些部分甚至不经粉刷就暴露在空气中；三是全部采用保温隔声性能好的土坯砖做法。土坯砖的制造可就地取材，施工简单，造价低廉，并且具有良好的承载力。

罗家岗民宅在屋面排水防漏、墙体保温隔热等方面也体现出明显的地方性建造智慧。为应对武汉地区多雨特点，其坡屋顶的屋面长度不一致：长屋面将雨水排至屋后的排水沟，短屋面将雨水快速排入天井中的水缸等容器中，在避雨防潮的同时也能收集一定的雨水，进而充分利用水资源。此外，房屋出檐相对较短，对于潮湿地区来说，在多雨时期起到阻隔雨水、防止雨水对木架结构侵蚀的基本作用的同时，更多地争取自然光照并促进形成室内外竖向空气循环，避免室内湿气长久集聚。同时，屋面采用片瓦错落叠加的方式，使雨水能快速排至屋面两侧的排水沟，达到屋顶排水防漏的效果。“木兰石砌”传统建筑外墙结构以石、砖、土为主，墙体厚度达 40～50 厘米，使得墙体的温化过程延长，某种程度上改善了墙体的蓄热性能，增加了热惰性指标，从而达到了保温隔热的效果。

3　藏风聚气的文化观念与气象风侯间的关联响应策略

3.1　建筑布局藏风环境的建设特征

利用 GIS 技术将风玫瑰中心点与罗家岗村落空间形态最小包络面的几何中心进行配准，实现风玫瑰与不同年代下罗家岗建筑布局的平面叠加（图 2）。就罗家岗村落围合空间形态总体而言，村落的建筑布局在整体上符合风水学中藏风聚气的理论。即建筑在高风频区域（即北偏西 22.5 度方向至北偏东 67.5 度方向）呈现点状分布的空间形态特征，留出较多无阻挡界面以供自然风流入村落。而在非高风频区域的建筑空间布局呈现围合特征，使得自然风由村落流出备受阻碍。经过历史基础和年代演化，罗家岗在村落建筑布局上形成了迎风环抱、藏风聚气的空间格局，即自然风高频方位留引风道，对流方位紧密围合。

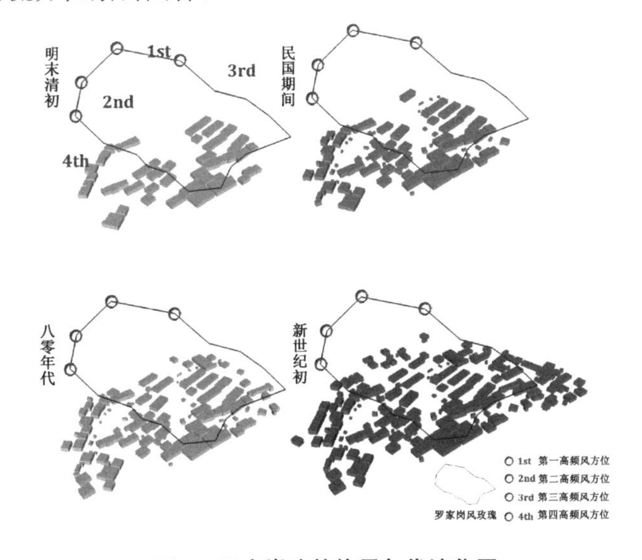

图 2　罗家岗建筑格局年代演化图

在ArcScene中进行3D堆砌剖面分析自然风进入罗家岗村的难易程度，得出以下结论：相较低频风向段，高频风向段上建筑集聚程度低，建筑阻挡数量少，建筑与建筑间留给自然风集聚的空间跨度大且连续。这不仅有助于自然风的进入，而且在当自然风遇到建筑阻挡时，促使其风向改变，也能够有足够的街道宽度来减少乱流涡旋风和升降气流对居民的侵害，规避峡谷效应①，进而实现风水学上藏风聚气效果。

3.2　村落街巷空间形态的藏风环境功效

罗家岗利用峡谷效应建造窄巷，其宽度为六尺，又称六尺巷。窄巷建造能够使得街巷气压变低，风速变大，自然风更易进入街巷穿行，从而达到降低街巷温度的作用，即使在炎热的夏季也能感到凉爽，因此得名为凉巷。在打造凉巷后，罗家岗还一改平直的街道界面为非平整界面，在建筑大门形成弯水（图3）②，使街巷空间形成小的破碎凹槽。由于这些破碎的弯水空间具备实现热力环流的作用，因此在自然风经过时能够增强热力环流效应，即气压变小，风速增加，风向改变，进而实现了街巷空间的藏风环境生态建造。当居民打开槽门③，风便能自弯水进入室内，达到通风降温的效果。

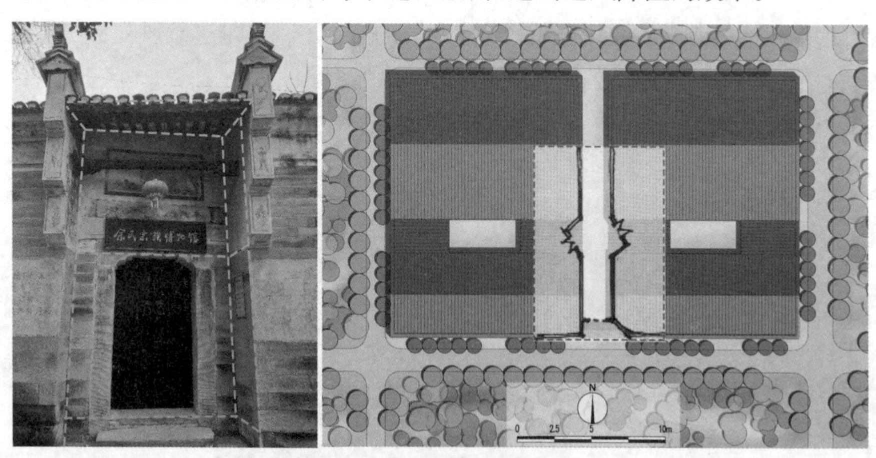

图3　弯水示意图

① 当气流由开阔地带流入峡谷时，空气密度被压缩，风速便增大，空气会加速流过峡谷。当流出峡谷时，空气流速又会减缓。这种峡谷地形对气流的影响，称为"峡谷效应"。

② 出于对风水的考虑，正门不对大街，有一定偏角，从而形成的入口空间。

③ 民居的入口进行一定程度的退让而形成的一个休憩空间。

3.3 村落水塘空间布局的藏风环境机制与效用

就罗家岗村的水塘空间布局而言，其大部分水塘空间位于罗家岗村低风频的方位上（图 4）。该种水塘的空间布局能够增强低风频方位上热力环流效应的显著性，促进风的产生从而带动空气流动，促进村内风环境的循环。在夏季由于水的比热容高，升温慢，陆地温度高于水塘，陆地表面气压低于水塘，气流从水塘流向陆地形成循环水风。而在冬季由于水的比热容高，降温慢，陆地温度低于水塘，陆地表面气压高于水塘，气流从陆地流向水塘形成循环陆风。

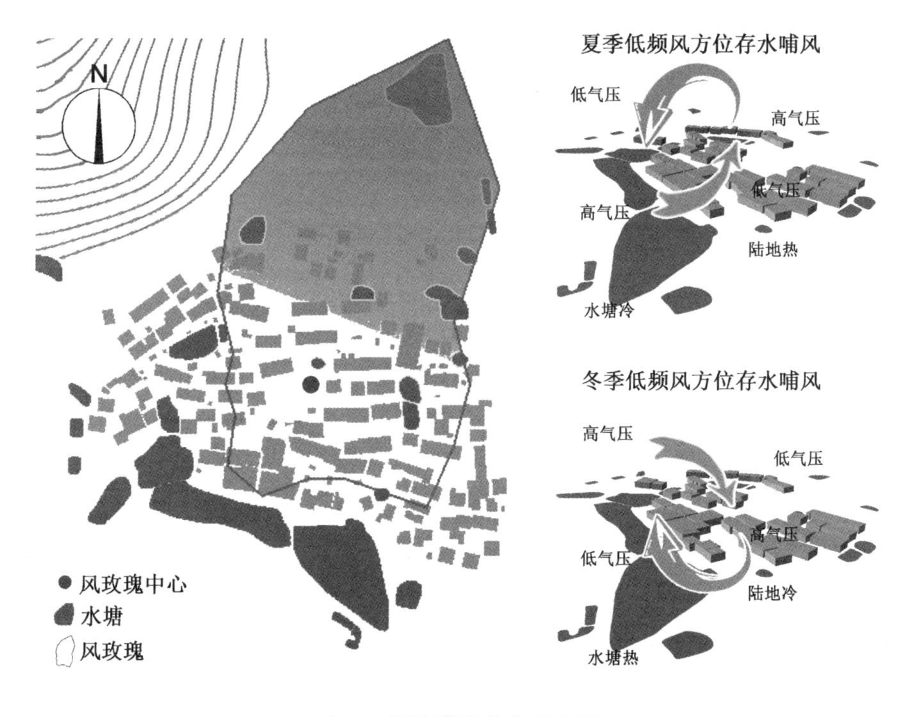

图 4　罗家岗水塘空间布局

4 整体性风貌保护与“三生”协调发展的保护框架

4.1 罗家岗整体性风貌保护的基本构架

依据罗家岗村落历史演变、空间特色、肌理格局和更新策略的不同，将其分为四个区域(图 5)。

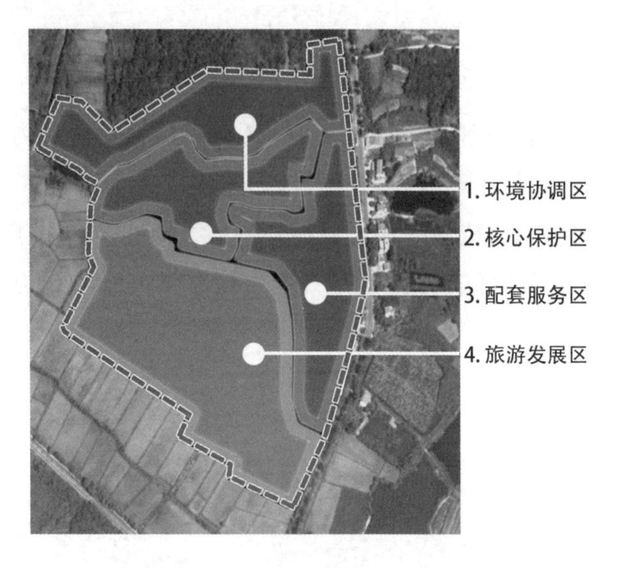

图 5 罗家岗村分区保护示意图

核心保护区位于罗家岗中部,是木兰石砌建筑的集中分布区,历史建筑和历史遗迹众多。该地区禁止新的建设,严格保护历史建筑以及村落的格局风貌(图 6)。

图 6 罗家岗核心区建筑元素

环境协调区位于罗家岗村落北部，现今仅保存少量的历史建筑。该区域内可以进行与古村风貌协调的新建设，以继续延续古村落的空间格局环境。

服务配套区位于罗家岗村落的东部，火塔公路沿线，该区域结合现有的居委会等公共服务建筑以及新建建筑，发展成古村落的服务配套区域。控制该区域的建筑风貌，延续古村肌理，并结合现有的建筑改建为幼儿园、游客服务中心、公交停靠站、游客服务中心等公服设施，提高村居环境生活品质，也为古村落保护与利用提供更坚实的服务保障。

旅游发展区位于罗家岗南部的花海田园，呈外围环状分布，结合区内现有的油菜花生产基地以及池塘水系，发展旅游观赏业，开展农耕体验体验活动，并严格保护现有的植被、水系和农田等生态基底，禁止破坏性的开发建设。旅游发展区的建设为村民生产就业提供支撑，有序的项目与空间安排，也为生态恢复与乡野景观的完整呈现提供了合理的环境基底。

4.2 保护的核心内容与保护措施

4.2.1 整体风貌保护

中国传统聚落源于近水的邑居，聚落是伴水而生的文化地景[5]。罗家岗村所处的丘陵向山地过渡的地形环境，以及村内水塘密布的水文环境，造就了其不同于其他村落特殊的人居环境。水塘布村的“七星塘”格局成为其首要的风貌保护对象，也是着重保护的目标。故而，除了要保护村落的历史建筑外，还要保护现有的山水林田资源，恢复村庄内原有的水系和池塘。

4.2.2 村落历史格局保护

罗家岗村在600余年的演变发展中，形成了自己独特的村落格局。有村落迁居的历史印记，也有商贾文化繁荣的历史遗存，还有罗家先祖克服自然条件而形成的排水渠，因借山林资源，巧用片岩石而形成独特的建筑构造形式——“木兰石砌”，商贾大户“一门五户”（关起门来是一家，打开门来是五户[6]）的聚居模式，这些符号印记均是罗家岗村历史格局保护的重点。因此，要严格保护村落原有的宗族序列关系和商贸活动空间，对具有历史信息的建筑物、构筑物和空间格局等进行保护。

4.2.3 历史建筑保护

根据村落建筑质量现状情况以及整体风貌等因素，对建筑进行等级评定，依次分为保护、修缮、改造与拆除四类。除古建筑按原样修复以外，新建筑也按传统样式建造，以求达到统一的古村落景观效果[7]。保护和修缮类的建筑，为一品当朝、罗家祖宅、罗家祠堂、清代民居等具有历史价值的重要建筑物与构筑物，以展示古村落原有风貌。改造类建筑为历史价值一般的建筑或者新建建筑，对建筑外观进行统一，以适应原有古村风貌，并改造建筑内部居住设施以适应现代化的生活需求，一些建筑可以改造为公共服务建筑。拆除类建筑为核心保护区内的新建或者搭建建筑，这类建筑严重影响了古村的风貌环境。

4.2.4 历史遗产保护

罗家岗有着深厚的历史文化底蕴，并蕴藏着丰富的文化遗产，遗存至今并保存较好的有“一门五户”建筑群、罗家大宅、罗家祠堂、一品当朝等历史建筑，并遗存有大量道光年间的古民居建筑，水车、古碾子、风水桥、古石阶、青石板路、古树名木等历史遗迹也遍布在村内各处。同时，罗家岗悠久的历史文化还孕育了丰富多彩的民间艺术，如玩龙、玩灯、舞狮子、踩旱船、皮影戏、评书、楚剧、堂会等。对于历史建筑物和构筑物这类物质文化遗产我们要坚决保护，严格管理，在保护历史遗存的同时也要保护周围的环境风貌。对于非物质文化遗产，应取其精华，去其糟粕，在传统艺术中融入现代因素，使其得以大力弘扬并焕发新的生机。

5 基于“三生”协调发展目标的更新利用策略

“三生”空间协调发展的目标是“生产空间集约高效、生活空间宜居适度、生态空间山清水秀”，形成生产是生活和生态的经济基础，生活为生产提供服务，生态反哺生产和生活的良性循环。但是，随着时代的变迁以及居民生活生产方式的巨大改变，原有的历史格局和居住形制在较大程度上难以适应人们现代化的生产和生活方式。如何在保持古村落原有人居环境基础和实现“三生”协调发展目标的同时，又能很好地适应新的生活需求，成为罗家岗古村落保护更新利用的难题。

5.1 引入旅游功能，助力古村活态

罗家岗村位于木兰风景区内，周边村庄均已景区化，再加上古村“空心化”现象严重，劳动人口大量流失，使得古村缺失生机活力的现象尤为明显。因此，古村需要吸引青年返村、引入新业态、打造新兴品牌，拉动古村经济发展，才能使古村落昔日的繁荣得以激活重现，而现在火爆的大都市周边民俗旅游业是罗家岗村更新与发展的重要途径之一，这将传统的消极对立转变为传统村落与城市积极的对话[8]。

充分利用罗家岗的古建筑群资源，形成“木兰石砌”建筑博物游览馆，向人们展示“木兰石砌”建筑的构造、建造技艺。在向游人展示建造文化等物质要素的基础上，还应该活化古村的民俗民风、生活文化。因此，挖掘历史遗产与民俗遗风，大力策划玩龙、玩灯、舞狮子、踩旱船、皮影戏、评书、楚剧、堂会等民俗活动，开展民俗体验、生活体验、农耕体验等项目，丰富村落生活，提升旅游附加值。

5.2 优化聚落空间，构建宜居环境

5.2.1 重塑空间结构与体系

传承传统村落衣钵的三个要素是场景、人物和精神信仰[9]，通过历史文献查阅法与田野调查法，得知罗家岗繁荣时期的空间结构为“一轴一带”的模式。“一轴”——宗族南北发展轴，罗家祖先最先选址聚居于村落北部高地的柿子塘，经过族人的繁衍生息，在鼎盛时期逐渐发展到村落南部的“一门五户”建筑群。“一带”即东西向商业带，重塑罗族鼎盛时期的“小汉口”繁荣商业景象，并以院落组群模式为基本单元，以公共广场和绿地为中心，构建邻里氛围，重塑熟人网络。对古街、祠堂、中心戏台进行修复与重建，优化现有公共开放空间体系，形成居民生活与交往的公共空间(图 7)。

5.2.2 完善公服设施，提升生活质量

在服务设施方面，基于现状和未来旅游发展态势，把公共服务设施主要集中在村落东部的火塔公路沿线，新增游客服务中心、公交停车站、医疗卫生室、停车场、幼儿园等公共服务设施。新增公共设施建设与古村风貌协调一致，遵循古村的空间肌理，采用原有的“木兰石砌”建筑构造手法，并沿用原有的建筑材料、建筑形制与建筑元素。

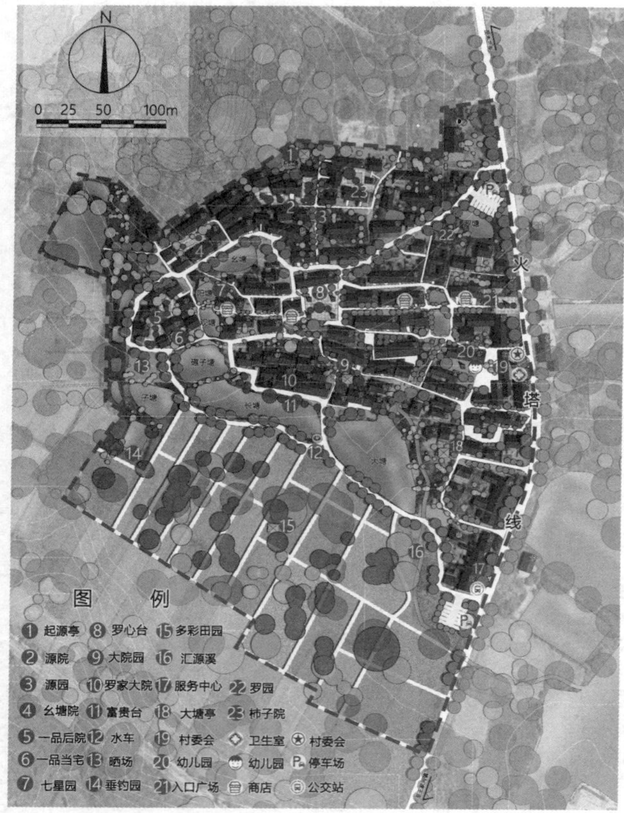

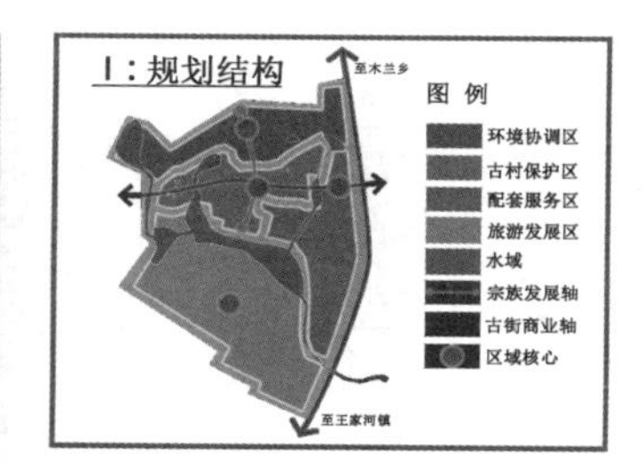

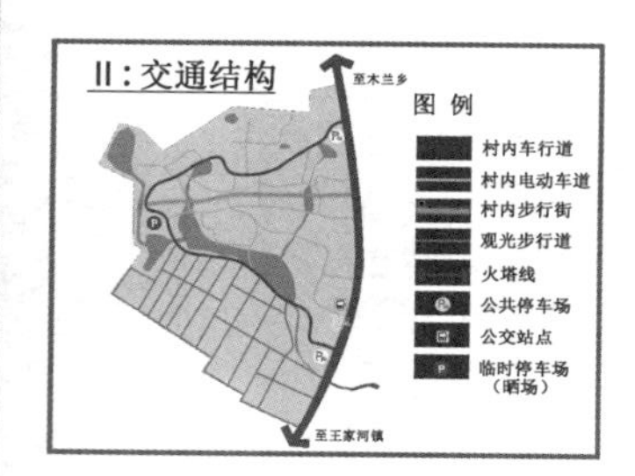

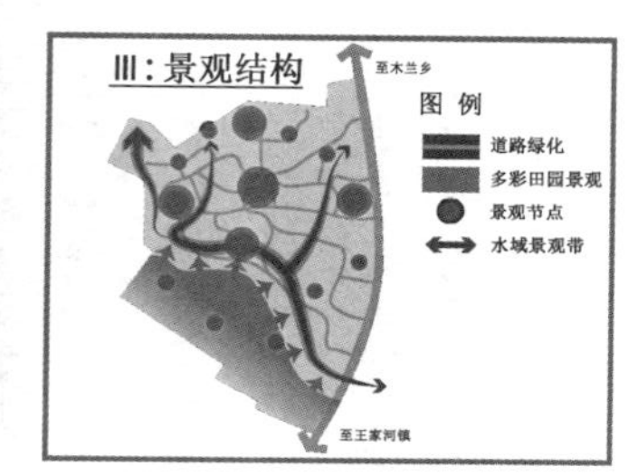

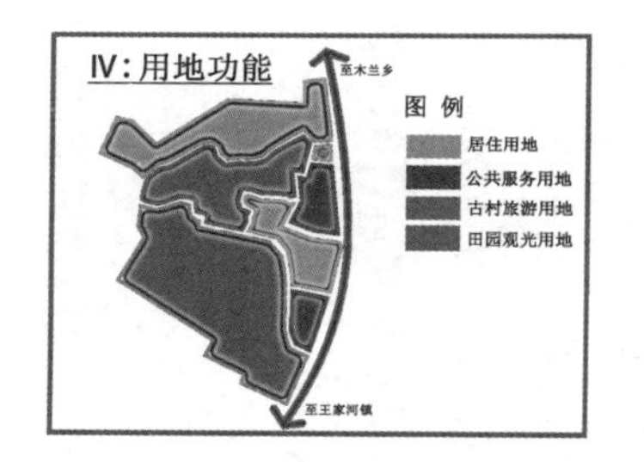

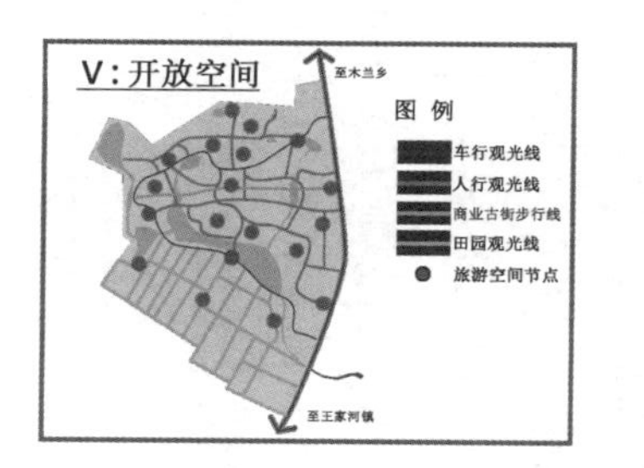

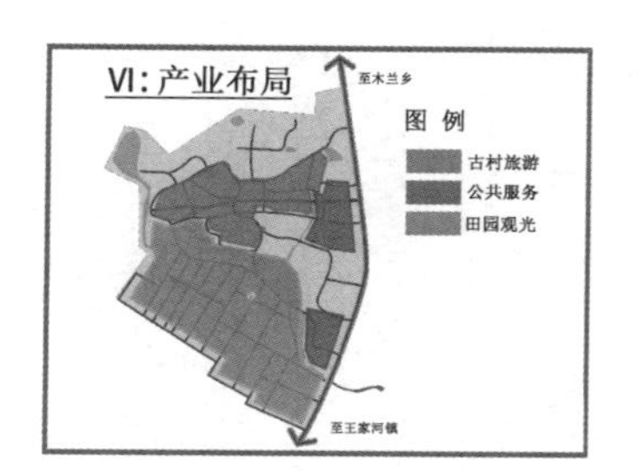

图7 罗家岗村保护规划总平面图、规划分析图

5.2.3 强化风貌管控，延续古村特色

对于古村落而言，建筑群体风貌的统一是保证村落格局风貌完整性的基础。因此，要对罗家岗村新建的建筑以及对古建筑改造等破坏古村落格局风貌的行为，进行严格管理与控制。

建筑色彩管控引导，严格统一罗家岗村建筑外墙体的主要色调，以彰显地域文化特色。由于“木兰石砌”建筑的主要材料为本地的片麻岩，因此罗家岗村的主色调宜为土黄色。其次，对“木兰石砌”建筑的院落空间以及建筑尺度进行管控，以适应居民的生产生活需要，并进行新建建筑选型的引导与管控。此外，中国古人素有将哲学观念、价值追求和文化信仰巧妙融入空间构建的文化传统[10]，因此新建建筑采用当地特有的建筑元素，如石雕、木雕、槽门、弯水、小马头墙、短出墙、小天井、坡屋顶等，以凸显地方文化特色。最后，应充分利用村落北高南低的地形坡度差，构造与地形环境相融合的“木兰石砌”建筑群，营造错落有序的建筑空间序列。

5.2.4 创新房屋改造，提升居住品质

在房屋改造中，既要保持和尊重“木兰石砌”建造技艺手法，又要保证建筑的安全性和可靠性，提高居住生活品质和卫生条件。在建筑室内，针对室内在梅雨季节存在的潮湿、发霉等问题，采用内保温节能的复合墙体材料进行改造，并增加窗户数量，保证室内通风流畅；针对传统旱厕不卫生情况，改进为水冲式节能厕所，并在村落每一个小组建造一个小型的污水处理中心，减少水体的污染。在建筑室外，用质地坚韧、抗风蚀的片岩石作为建筑外墙体，防止风雨对墙体的侵蚀，增强墙体抵抗自然灾害的能力；对建筑周边的泥泞路，采用青石板进行硬化，并配置适当休闲服务设施，增加村民的村落公共活动空间，增加村民的归属感。

5.2.5 培育和谐生态，烘托古村氛围

在整体生态风貌上，着力保护村落的座山和村落整体的“七星塘”水体格局，加大座山的植被绿化覆盖率，恢复村落中干涸和被占用的水塘空间，以达到更好地调节村庄整体微气候环境的效用。着力提升南北向宗族发展轴和东西向商业带的景观空间品质，实现发展与生态共荣的古村落十字空间结构。引导庭院绿植的栽培和公共空间绿化景观的建设，实现邻里中心交流与交往的功能。

6 结语

“木兰石砌”建筑与资源环境、自然资源、人文环境相辅相成、共生发展，是建筑与自然环境相互融合的典范，是华中地区古村落人居智慧首屈一指的代表，蕴藏着古人大量人居建造智慧。然而，罗家岗古村落历史建筑大面积损坏、文化与建造技艺面临日趋消亡的危险。当然，还有现今的城市化发展和乡村空心化、人口老龄化问题，共同造成古村落保护与发展的重重障碍。本文基于罗家岗古村落守中致用的人居建造智慧，鉴古开今，对罗家岗古村落提出了一系列尊重传统的保护策略与建议，并以“三生”协调发展为目标，通过有限、有序地引入旅游产业，促进乡村产业、社会、文化、生态发展，继而为在地性、活态性保护利用提供内生动力，以期为古村落人居环境保护与利用提供可参考的保护与发展路径。

参考文献

[1] 张璇.武汉市木兰石砌特色的传统村落保护与规划研究[D].武汉：华中科技大学，2015.

[2] 杨剑飞，刘晗，刘拾尘.鄂东北传统聚落的捕风系统研究[J].华中建筑，2015，33(11)：167-170.

[3] 刘沛林.古村落：和谐的人聚空间[M].上海：上海三联书店，1997.

[4] 常青.传统聚落古今观——纪念中国营造学社成立九十周年[J].建筑学报，2019(12)：14-19.

[5] 黄陂区罗家岗湾[J].武汉文史资料，2018(3)：1.

[6] 肖涌锋，于莎.古村落保护与发展模式探析——以北京爨底下古村为例[J].小城镇建设，2019，37(2)：107-112+119.

[7] 卢凯，程堂明，付百东.“共生”理念下都市近郊型传统村落保护发展路径探析——以合肥市六家畈村为例[J].小城镇建设，2019，37(12)：61-66+83.

[8] 李天依，翟辉，胡康榆.场景・人物・精神——文化景观视角下香格里拉传统村落保护研究[J].中国园林，2020，36(1)：37-42.

[9] 刘淑虎，张兵华，冯曼玲，等.乡村风景营建的人文传统及空间特征解析——以福建永泰县月洲村为例[J].风景园林，2020，27(3)：97-102.

基于历史文脉的特色小镇风貌优化策略研究

——以贺街宗祠文脉特色小镇为例*

纪雯娜　龙良初

（桂林理工大学土木与建筑工程学院）

【摘要】 城镇风貌是展示城市形象特征与文化特色的重要窗口，历史文脉的继承与发展是体现特色小镇独特风貌的关键因素。然而在当前特色小镇风貌的规划建设中，历史文脉的继承与发展存在诸多问题，或是对历史文脉完全忽视，导致传统的城镇风貌趋于同质化；或是将所有的文化混为一体，导致特色小镇文化特色的丧失。特色小镇的风貌优化亟须重视对历史文脉继承与发展的研究。本文从特色小镇历史文脉与风貌研究出发，在贺街宗祠文脉特色小镇核心区风貌优化设计项目实践的基础上，围绕历史文脉传承与特色小镇风貌优化策略两项议题，从结构优化、要素优化与过程优化三个方面，探究历史文化型特色小镇风貌优化策略，以期构建可持续发展的特色小镇风貌优化运作模式。

【关键词】 历史文脉　特色小镇　风貌　优化策略

1　引言

2014年末，浙江省提出了特色小镇的概念，特色小镇指的是结合自身特质，挖掘地方特色的产业、人文与生态，形成的“产、城、人、文”有机结合的平台[1]。其中，“文”是特色小镇的特色内涵所在。2016年7月1日，文件《关于

* 基金项目：桂林理工大学科研启动基金项目“桂林城乡规划发展历史研究”（GUTQDJJ2017112）。

开展特色小镇培育工作的通知》中提到特色小镇要形成特色鲜明的产业形态、和谐宜居的美丽环境、彰显特色的传统文化、便捷完善的设施服务和充满活力的体制机制。[2] 其中除了物质要素外，文化特色被置于极其重要地位，反映了文化要素在小镇特色塑造中的重要性。

在当前特色小镇的建设中，历史文脉的继承与发展存在诸多问题，导致城镇风貌趋于同质化和特色丧失。

2 特色小镇历史文脉与风貌研究

2.1 特色小镇历史文脉

历史文脉作为文化的脉络，其含义是以系统化的方式对人类在历史上所创造的物质与精神财富进行归纳总结，是一座城市在其诞生和演化过程中所形成的不同生活方式和历史印记，也是城市间区分彼此的重要标志。历史文脉与社会生活和历史环境关系密切，折射出社会历史的风貌特征。城市的独特风貌是由城市文脉从古至今的文化积淀而成的。[3]

对特色小镇来说，历史文脉是聚落空间与其文化背景之间在发展脉络上的种种联系。[4] 其历史文脉主要分为物质文脉和非物质文脉。

2.1.1 物质文脉

物质文脉包含自然与人工两种形式。自然物质文脉指的是由各类自然要素、肌理所组成的环境；人工物质文脉是指经人类活动改造所形成的文脉形态，泛指一切人类聚落空间形态，包含伴随历史发展进程而不断演化的空间肌理、与历史功能相适应的具体场景以及建筑环境、符号等内容。

2.1.2 非物质文脉

非物质文脉主要是以人为载体而世代传承的，是由地域经济、社会、文化活动共同作用形成的。它包括其漫长发展历程中沉淀形成的历史典故与传说、艺术文化、道德规范、民俗风情、乡土风物以及长期形成的独特生活方式和地域风貌。

2.2 历史文脉对特色小镇风貌的价值

历史文脉具有本土性、历史性和地域性的特征，是特色小镇风貌营造的本质属性和根基所在，具有独特的价值。[5]

第一，历史文脉具有风貌识别价值。历史文脉记载着特色小镇的本质与源流，其承载的历史价值成为识别一座特色小镇风貌的文化标尺。历史文脉不仅通过历史街区和建筑群等直观可视的显性表达，也通过思维方式、社会文化、民众心理等潜在要素的隐性表达，在外观上展示小镇的风貌特色，在内涵上彰显其独特的文化气质[6]。第二，历史文脉具有风貌定位价值。历史文脉是特色小镇风貌的重要组成部分，特色小镇的风貌定位主要来自于在长期历史文化积淀和人文精神培养的基础上缓慢形成的历史文脉。第三，历史文脉具有风貌发展价值。特色小镇的历史文脉蕴含着巨大的经济价值，是其良好发展的基础和动力。历史文脉的继承与发展引导特色小镇的风貌走向，影响其整体风貌的形成和发展。[7]

3 贺街宗祠文脉特色小镇历史文脉梳理

3.1 贺街概况

贺街镇位于广西东部贺州市八步区中部，山水秀丽，历史悠久，有众多物质与非物质历史文脉，素有“桂东文化古城”之称，是全国历史文化名镇，第四批美丽宜居小镇。2001 年 7 月，被列为全国重点文物保护单位，2016 年10 月，入选第一批中国特色小镇。

3.2 贺街物质文脉梳理

3.2.1 自然物质文脉

贺街镇的自然景观包括山体景观、河流景观、田园景观，主要有水井岭、瑞云山、浮山、临江、贺江及其支流等。贺街镇东北以寿峰山为屏障，西南以沸水寺所在蛇头岭山脉为依托，贺江与桂岭河缠绕其间，山水环绕，格局清晰，风水极佳。其选址符合中国东南地区枕山和环水的风水思想，与古代城市建造设计的“青山依北廓，绿水绕东城”的审美理论亦一脉相承。

3.2.2 城址形态演化

贺街镇的历史文化遗存主要分布在临贺故城内，临贺故城历经西汉、东汉、五代、唐、宋、元、明、清、民国等各个时代，是“现存县级行政治所城址中延续时间最长、保存最为完整的古城址”。[8] 由大鸭村城址、洲尾城址、河西城址、河东城区及城外古墓群等五大部分逐步发展、演化形成。[9]

西汉武帝元鼎六年(公元前 111 年)首设临贺县，后期县城迁至临、贺两江交汇处三角洲地带，称洲尾城址，呈方形，水陆交通十分便利；东汉初期，由于洲尾城址地势低平，多发洪水，安全受到威胁，因此城址迁至今河西城址内，呈长方形；五代时期，为了便于防守，重新筑城墙，重开护城河。自此，东半部为主城，西半部为附城；元明清三代，城址形态随着经济的发展突破城墙的束缚，逐步向外延伸，沿外城作环状发展，城市形态更为灵活自由；清以后，城址形态变化不大，至今仍保有原始的城市格局(图 1)。

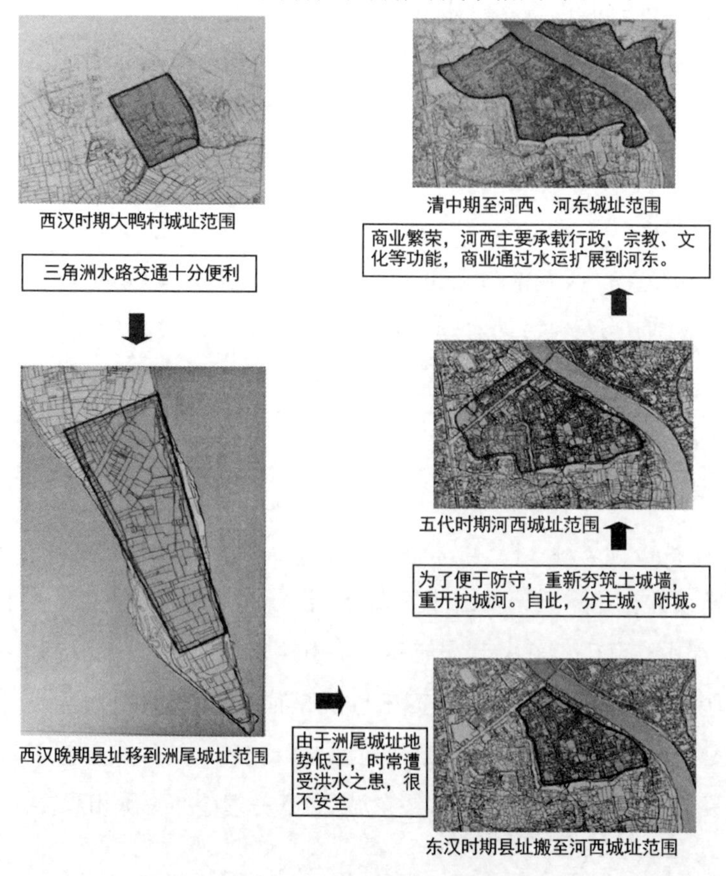

图 1　临贺故城城址演化分析图

通观其城址形态演化过程，可以看出自然河道对临贺故城的形成、发展、演化有极大的引导、限制作用。而政治、经济、文化的发展也推动着城址逐步突破原址的限制，呈现更为自由灵活之态，展现着丰富的历史文脉特征。[10]

3.2.3 建筑遗存

贺街建筑遗存主要可分为三类。第一类为古城墙。城墙是中国古代城市建立的标志，是一种传统的防御设施，具有中国传统文化的基本标志。目前在临贺故城内仍遗存有汉、五代、宋、明、清五个不同时代的城墙。第二类为民居。贺街民居形式丰富多样，可分为传统民居、吊脚楼以及骑楼等，反映了民族聚居地的特色。贺街镇的建筑除广东硬山顶式连墙屋民居外，还有楚式文化的马头墙、中西结合的骑楼、少数民族传统民居吊脚楼等，并设有祠堂、庙宇、会馆等公共建筑。第三类为寺庙建筑及宗祠。寺庙建筑包含陈王庙、八圣祠、粤东会馆、沸水寺、浮山寺等。现存宗祠数量多且呈群落形式，各具特色，基本保持了自建造以来的固有面貌。

在贺街诸多建筑遗存中，宗祠是其重要组成部分，包含王、邓、龙、刘、李、邱、邹、岑、陈、罗等姓近 30 座的宗祠。2001 年，罗、刘、莫三姓宗祠被列入全国重点文物保护单位。这是南岭民族走廊地区不同姓氏宗祠最集中的小镇，[11]宗族社会的兴衰推动着小镇的演化，并成为小镇空间的内在结构和生成逻辑，孕育着家族血缘关系与小镇空间结构之间与生俱来的强烈耦合关系，[12]“宗祠文脉”成为小镇最具代表性的“文化脉络”（表 1）。

表 1 贺街宗祠

序号	宗祠名称	地点	始建时间	序号	宗祠名称	地点	始建时间
1	王氏宗祠	河西街	清咸丰年间	6	邹氏宗祠	河西街	明末清初
2	邓氏宗祠	河西街	1925 年	7	陈氏宗祠	河西街	清 1885 年
3	龙氏宗祠	河西街	明 1399 年	8	岑氏宗祠	河西街	清 1883 年
4	刘氏宗祠	河西街	清康熙年间	9	陈氏宗祠	河西街	清 1880 年
5	李氏宗祠	河西街	明 1403 年	10	罗氏宗祠	河西街	清 1891 年

（续表）

序号	宗祠名称	地点	始建时间	序号	宗祠名称	地点	始建时间
11	张氏宗祠	河西街	清康熙年间	18	钟氏宗祠	河东上街	明洪武年间
12	杨氏宗祠	河西街	清乾隆年间	19	黎氏宗祠	龙杨村	1928 年
13	莫氏宗祠	河西街	清 1738 年	20	秦氏宗祠	新坪村	清乾隆年间
14	黄氏宗祠	河西街	明 1416 年	21	蔡氏宗祠	农杨村	不详
15	谢氏宗祠	河西街	1929 年	22	苏氏宗祠	白沙村头	清 1775 年
16	廖氏宗祠	南门街	清 1904 年	23	苏氏宗祠	白沙村中	不详
17	潘氏宗祠	河西街	清中期	24	苏氏宗祠	白沙寨头	1995 年

3.3 贺街非物质文脉梳理

3.3.1 非物质文化遗存

贺街镇的非物质遗存是以人为本的活态文化遗产，包括历史典故传说、艺术文化、民俗风情、乡土风物等内容（表 2）。贺街每年都有众多节庆活动，如每年农历四月二十六的庙会，农历五月二十九的浮山歌节等。贺街当地还有国瑞桂剧科班，传统活动有舞龙、舞狮、唱山歌等节庆文化，使贺街别具风味。

表 2 贺街非物质文化遗产

序号	名称	序号	名称	序号	名称
1	瑶绣	8	龙回头故事	15	鲤鱼跳龙门传说
2	彩调	9	浮山传说之一	16	张天师的传说
3	剪纸	10	浮山传说之二	17	瑞云山的传说
4	浮山歌节	11	沸水寺来历	18	瑞露酒的来源
5	舞狮	12	桂花井传奇	19	《贺县志清版・卷一》荆州记（越王鞋的传说）
6	犀牛头传说	13	小姐坟故事	20	《太平广记卷 319》周临贺的故事
7	龙洞传说	14	龙门传说	21	柳宗元岳父杨凭与临贺的情缘

（续表）

序号	名称	序号	名称	序号	名称
22	《南史》梁时童谣	23	《舟行遣兴》陈与义	24	《贺州刘帅忠家隔听琵琶》王安中
25	《丹甑山》郭详正	26	《贺州思九疑》李郃	27	《贺州宴行营回将》羊士谔
28	《即事》毛衷	29	《舆地纪胜》陶弼访贺	30	《临江即兴》李济深

部分资料来源：互联网资料。

3.3.2 建筑艺术

在贺街诸多建筑遗存中，宗祠建筑占主要地位。宗祠建筑风格多样，以岭南建筑为代表的南方建筑为主（图2）。主要包括江南园林式、岭南广府式、客家样式以及中西合璧等样式。如李氏宗祠是江南园林式典范；刘氏宗祠为岭南广府风格的镬耳建筑；谢氏宗祠门面兼具罗马式半圆形拱门与哥特式立柱，内堂却是中式格局，带有中西合璧色彩。此外，贺街镇楚越文化交融特点明显，既有湖湘的雕梁画栋，也有岭南风格的宏大规模，是楚越建筑艺术的重要历史标本。

图2　贺街宗祠建筑图

贺街镇宗祠建筑从比例、布局上看多具有对称和谐的均衡之美；从外观上看多具有大气与质朴并重的气质之美；从内部构造上看多具有多元艺术的装饰之美，且部分装饰颇具人文意蕴：如罗氏宗祠上厅石柱顶端各雕有一石狮，寓意顶天立地。基座石墩则分别刻有蝙蝠、马鹿与仙鹤三种瑞兽，寓意“福禄寿”。[13]

3.3.3 文化内涵

宗祠是儒家伦理的物质载体，是外在的礼制与内在的崇宗敬祖之心的结合。贺街宗祠主要以文庙为中心排列布局，具有忠孝仁爱、不忘祖根的文化内涵。如今，文庙虽已不复存在，但文庙附属建筑文笔塔依旧屹立其间。可见，这一优良的文化在临贺故城宗祠的整体布局中得到了传承，跳跃着孝亲敬祖的人文脉动。[13]

4 贺街宗祠文脉特色小镇核心区风貌优化设计

4.1 风貌优化设计目标

通过整合贺街的历史文化脉络，继承与发展以宗祠文脉为核心的物质与非物质历史文脉，从而塑造特色风貌，发展与物质空间相契合的文旅业态，实现传承精神文化、历史文脉、人居典范；创新特色产业、农业技术、旅游方式；呈现传统风貌、人文氛围、繁荣业态的风貌优化设计目标。

4.2 风貌优化设计策略

4.2.1 建构风貌网络结构

贺街镇核心区内部功能复杂，承载活动丰富，需从整体风貌结构进行把控。在风貌优化过程中，针对地块的用地性质、权属关系，以及城市肌理等相关因素，提出“一核，两带，四片区，多节点”的总体风貌结构(图 3)。

一核为宗祠文脉核心主题。两带为历史沿革带、创意文化带。历史沿革带串联探新、传承、呈现风貌片区，沿带规划现代至汉代的历史过渡风貌。创意文化带沟通创忆与呈现风貌片区，展现故城传统风貌。四片区分别为故城遗址片区、故城印象片区、文化创意片区以及农业展示片区。多节点，指以公共广场、开放空间为基础形成多个景观风貌节点。

4.2.2 文脉要素整合优化

贺街古镇核心区是彰显贺街镇风貌的窗口，是贺街镇历史文脉发展的

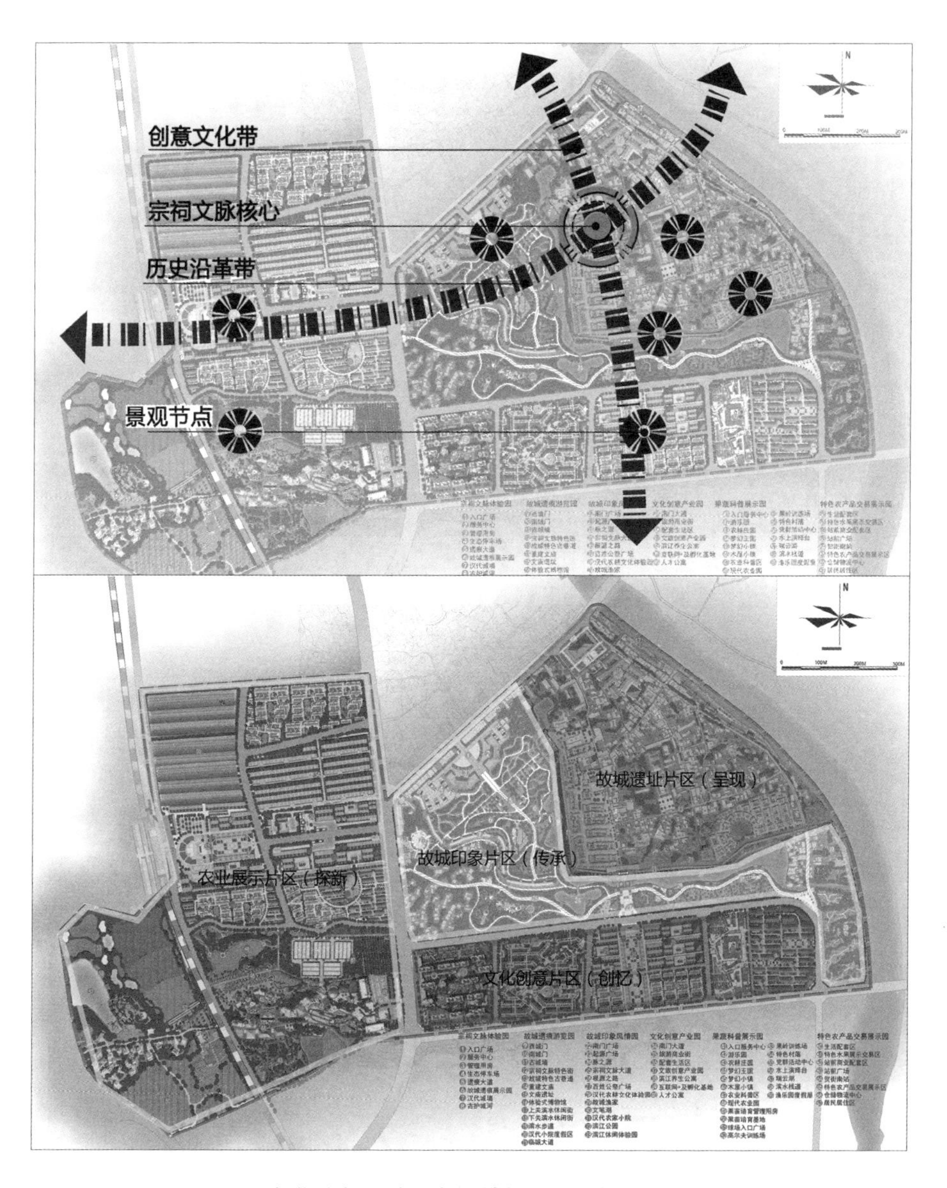

图 3　贺街宗祠文脉特色小镇核心区总体风貌结构图

活化石，核心区内任何时期的建筑形态都不应被忽视或随意拆建。因此应基于历史文脉要素进行有机更新，逐步实现风貌优化目标。

风貌要素优化策略首先是通过对贺街内具有重大历史价值的文庙、宗祠、城墙等传统建筑以及文化要素的挖掘、提炼，运用到城镇空间、历史街区、建筑修缮和改造、环境绿化小品、新建建筑等之上,体现贺街宗祠文脉特色小镇的统一协调的整体历史风貌特色。

其次是繁荣业态,活力再塑。通过功能整合和业态梳理创造丰富的商业、旅游、休闲场所。结合宗祠等传统建筑,酌情赋予商业、休闲、交往等行为活动空间,使空间形态丰富的同时,具有良好的空间活力。

最后是以人性尺度来完善配套设施。构建尺度亲密的传统街区空间,公共与私密空间过渡自然,层次丰富。通过园林空间的植入,丰富景观品质和空间格调。同时完善停车、卫生间、游客接待等配套服务设施。

在完善功能,提升环境的基础上,规划旅游路线,打造华夏文化寻根之旅。修缮宗祠,以每一座宗祠及其他传统建筑为中心,带动周围环境的改善。借鉴波士顿自由之路的设计,将贺街内大部分宗祠遗址以自由之路的方式链接,形成“宗祠链珠”(图 4),并以此发散形成高品质风貌片区,做到点、线、面相结合,打造精品华夏之旅。

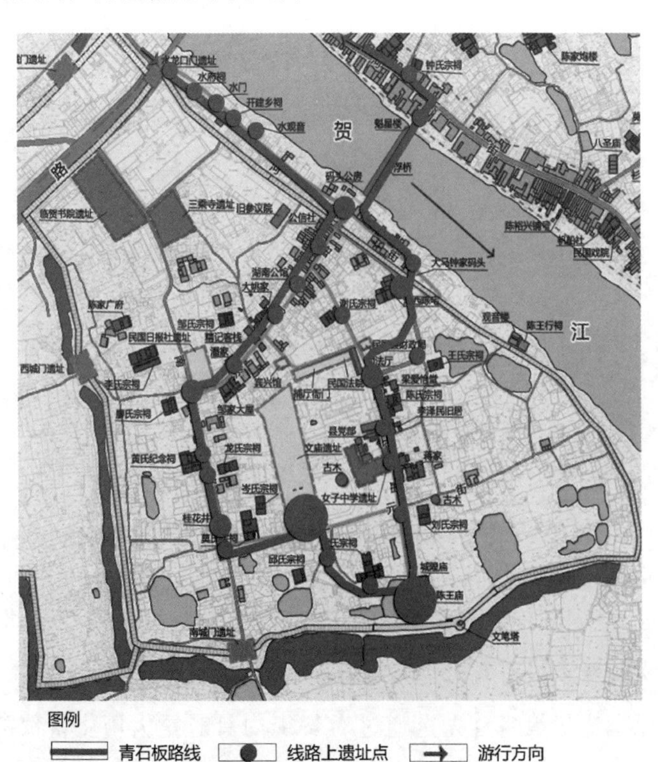

图 4 “宗祠链珠”路径图

4.2.3 制定贺街风貌优化实施管控对策

制定风貌实施管控对策，使城市设计者与所有相关设计决策参与者，形成经常性、制度化的商洽切磋，是保证风貌设计实施得以成功的重要前提。设计管控过程应注重动态性、过程性和整体性。

首先，应赋予专家组权威和地位，专家组应由城市规划设计、建筑设计、环境设计、交通设计领域，和其他相关领域具有一定造诣的专家学者组成。其次，本次优化设计应建立在设计者与公众、行政领导之间的不断互相协作配合的基础之上。最后，在风貌设计实施过程中应注重时序性，遵循“全面规划，分期实施，保护先行，旅游跟进”的原则，通过近期计划，启动整个保护规划行动，探索改造模式，远期向纵深发展，最终实现风貌的全面保护与可持续发展。

5 历史文化型特色小镇风貌设计优化策略

贺街宗祠文脉特色小镇核心区风貌优化设计实践以宗祠文脉为核心，充分挖掘并运用历史文脉要素，从而打造独具特色的小镇风貌，对同类历史文化型特色小镇风貌设计具有了较大的参考价值。历史文化型特色小镇具有历史脉络清晰可循、小镇文化内涵重点突出且特色鲜明的特性，其风貌设计应尊重历史与传统，对历史文脉进行继承与发展。

5.1 结构优化策略

5.1.1 设定小镇风貌主题

成功塑造历史文化型特色小镇风貌特色的前提是明确其风貌主题，该主题应是此城镇历史文脉的“灵魂”，给城镇容貌带来生机与活力。小镇风貌主题应该成为风貌建设的“主线”，贯穿城镇风貌建设的全过程。小镇的空间布局、建筑设计、道路与绿地系统规划、环境设施、色彩引导以及城镇轮廓线与视线通廊的组织等，都应围绕这条主线来进行。[14]

5.1.2 构建整体风貌结构

特色小镇的风貌信息、能量、物质的联系通道是其风貌网络结构，该结构是能够自我修复与调节的有机系统。因此应先从整体角度建构一个完善的风貌网络结构，协调整合新老片区，新规划片区应局部融入时代的特色，形成“过往为源、当下流行、未来传承”的空间格局，同时保持特色小镇质朴、亲切的美感和清晰而富有特色的历史脉络，这是充分发挥历史文脉价值与进行系统优化的前提。完善的风貌网络结构可以达到形成城市风貌要素组织的构成秩序的目的。[15]

5.2 要素优化策略

要素是小镇风貌演进与优化的活力动能，风貌优化与空间、物质实体要素息息相关，要素系统创造了一个包含形式、形态或材料、色彩的风貌组织样态的规则和模式。历史文化型特色小镇的历史文脉包含物质文脉与非物质文脉，内涵丰富，因此需要对小镇的文脉进行挖掘、利用、管控与指引，对特色小镇外在风貌与内在底蕴进行协调优化与引导设计[15]（图 5）。

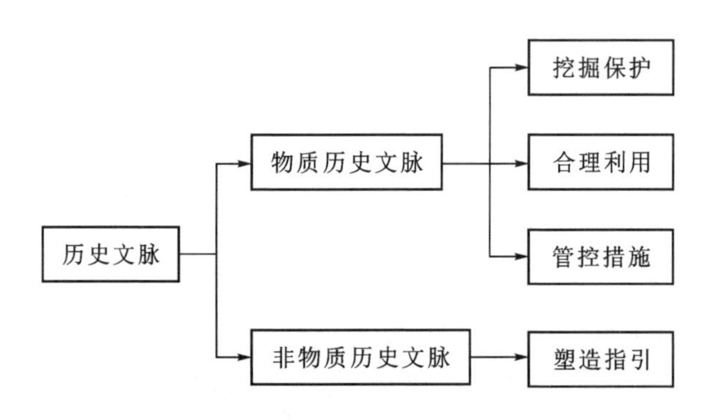

图 5　历史文脉要素优化策略

5.2.1 物质历史文脉要素优化

对于物质历史文脉要素，首先应做好文脉的挖掘与保护工作，系统梳理、提取运用有价值的物质文脉元素；其次是根据不同文脉遗存的保护等级，确定保护措施、修缮措施以及合理利用方案，强化特色空间，为特色风貌提供历史特色基调；最后根据文脉遗存的规模范围、历史价值、保护等级等因素，合理划定周边环境的管控范围、管控措施等，协调历史遗存和城镇发展之间的关系，从而控制并引导城镇整体特色风貌的塑造。[7]

5.2.2 非物质历史文脉要素优化

根据小镇的非物质历史文脉，确定特色小镇的性格内涵、文化特色、历史渊源等，指导特色小镇空间资源的利用形式与塑造方案，指导其主题性特色空间的塑造、主题性风貌符号的设计等，使非物质历史文脉要素深度融入风貌设计。[7]

5.3 过程优化策略

5.3.1 渐进式风貌优化

传承历史文脉应在保留原有的历史要素的基础上进行传承与创新，而不是完全依赖旧有的风貌特征，应使人们在特色小镇的风貌形态中，看到历史文脉的发展与时空的演化过程。因此，应采取渐进式的有机更新风貌策略，通过渐进式、触媒式的改造方法，避免造成大规模且具有破坏性的风貌更新优化。渐进式的风貌优化有利于小镇内社会关系和民俗风情的维系与传承，更契合其实际发展需求。

5.3.2 多元主体结合

应积极倡导公众参与和共同决策相结合的决策模式，实现多元主体与责权部门的合作行为模式，特色小镇风貌的营造与管理过程应该是自上而下与自下而上的结合，自上而下为主，自下而上为辅。通过公众的集体智慧为风貌营造提供有价值的决策依据，以及政府部门制定风貌营造的战略措施，[15]这两者的结合可以共同推动城市环境建设的积极优化，使特色小镇的风貌得到更好的优化。

6 结语

有关特色小镇的规划设计一直在探索研究之中，特色小镇的风貌优化研究需要更丰富、深层次的内容。本文基于历史文脉视角，结合贺街宗祠文脉特色小镇风貌优化设计的具体实践，提出了历史文化型特色小镇风貌设计的结构优化、要素优化与过程优化三大风貌优化策略，探索了特色小镇风貌优化的运作模式，为特色小镇智慧、创新、特色化、持续化发展注入新的内容。

参考文献

[1] 李强.特色小镇是浙江创新发展的战略选择[J].今日浙江,2016(1).

[2] 住房和城乡建设部,财政部.关于开展特色小镇培育工作的通知[2016]147号[J].城市开发,2017(4):42-43.

[3] 王雨衡.历史文脉传承视野下重庆磁器口码头景观设计的保护与应用研究[D].西安:西安建筑科技大学,2018.

[4] 王瞳,姜滢,叶江山.文旅型特色小镇文脉传承与风貌塑造路径探索——以南京栖霞古镇为例[C]//持续发展 理性规划——2017中国城市规划年会论文集.北京:中国建筑工业出版社,2017.

[5] 卢宇飞,章政,陈畅.传承文脉的城市景观风貌规划——以江西省安远县为例[J].南方林业科学,2017(1).

[6] 李敬.新型城镇化进程中文脉传承问题研究[J].学习论坛,2018(1):81-85.

[7] 何苏明,蒋跃庭,范征,等.挖掘产业、文化特色,塑造小镇特色风貌——以青田石雕小镇为例浅议特色小镇风貌塑造[C]//持续发展 理性规划——2017中国城市规划年会论文集.北京:中国建筑工业出版社,2017.

[8] 广西壮族自治区文化厅.关于推荐临贺故城为第五批全国重点文物保护单位的评估意见.

[9] 曾小雪,石岭,覃维文.临贺故城传统聚落的空间形态研究[J].建筑工程技术与设计,2015(31).

[10] 贺艳.临贺故城城市史初探[J].建筑史,2003(3):63-74.

[11] 朱其现.贺州贺街“宗祠文脉”特色小镇发展路径研究[J].广西民族师范学院学报,2016(6):61-63.

[12] 何依,孙亮,许广通.基于历史文脉的传统村落保护研究——以宁波市走马塘村保护规划实施导则为例[J].小城镇建设,2017(9):11-17.

[13] 张锋.临贺古城宗祠的艺术特质与文化特征[J].艺术百家,2015(4):247-248.

[14] 孙奇,王岱霞.从特色小城镇建设看城镇风貌的历史传承[J].上海城市管理,2007(2):72-73.

[15] 王敏.城市风貌协同优化理论与规划方法研究[D].武汉:华中科技大学,2012.

四、小城镇的设施提升与风貌优化

基于小城镇生活圈的城乡公共服务设施配置优化
——以辽宁省瓦房店市为例*

康晓娟
（上海同济城市规划设计研究院有限公司空间规划研究院）

【摘要】 目前国内关于生活圈理论的应用，主要集中在宏观都市圈层面城市间的通勤圈，以及微观社区层面城市居民日常生活圈，而中观层面构建生活圈的相关研究较少。本文试图以辽宁省瓦房店市为例，在中观层面通过对小城镇生活特征的总结，按照公共服务设施的使用功能特征构建基本生活圈和品质生活圈两类圈层，利用 GIS 软件可达性分析各城镇的辐射范围，空间上落实两类圈层，结合各类设施时间特征和功能特征，以及城镇的功能特色，完善城乡公共服务设施配置项目，同时对中心城市用地布局的调整提出建议。通过本文的研究希望可以对完善全国广大小城镇公共服务设施的配置提供一个可以考虑的修正因素，为国土空间规划体系下公共服务要素配置提供新的工作思路。

【关键词】 小城镇生活圈　公共服务设施配置　优化　瓦房店市

1　引言

《2019 年新型城镇化建设重点任务》中提出，构建大中小城市和小城镇协调发展的城镇化空间格局[1]。自 1998 年“小城镇大战略”上升为国家战略后，小城镇在我国城镇化发展格局中的地位越来越突出，在城乡发展要素流动中扮演的角色也越来越重要。小城镇作为连接城乡的枢纽和纽

---

* 本文原载于《小城镇建设》2020 年第 5 期。

带，向上承接大中小城市的发展要素，向下要在农村地区的发展中起到核心引领作用[2]，其双向功能作用决定了小城镇服务供给要满足城市和农村两个方向的输出。

亚洲语境下的生活圈理论源于日本，并且在日本有着较多的不同层面的探索和成熟的运用[3]。在次区域层面，1969 年，通过“市町村圈”进行公共设施建设及国土均衡发展。森川洋以北海道、关东、近畿等地区为案例，针对市町村圈和区域城市系统的关系进行了梳理，针对市町村圈与都市圈系统的不同对应关系[4]。中观层面在日常生活圈的规划应用上，蓝沢宏根据农村居民生活相关设施的距离、时间利用的实际情况，以及对设施利用的评价，提出要以居住者的生活圈的不同圈层对应各类生活相关设施的配置，将生活圈研究和设施配置的规划应用进行了结合[5]。

但目前国内关于生活圈理论的应用，主要集中在宏观都市圈层面以城市间的通勤圈为主要研究对象[6]，以及微观社区层面以城市居民日常生活圈为主要研究对象[7]，而中观层面构建生活圈的相关研究较少。本文试图在中观层面通过对小城镇生活特征进行总结，构建小城镇生活圈，为优化城乡公共服务设施的要素配置提供理论依据。

2　小城镇公共服务设施配置标准、功能分类及生活圈构建

2.1　小城镇概念界定和服务范围

对小城镇概念的解读，自 20 世纪 80 年代以来一直处于“百家争鸣”的状态，不同的专家学者从不同的学科和研究领域分别从人居、功能地位、规模、行政等级等视角对小城镇进行界定[8-12]。本文根据瓦房店城乡发展实际情况，所指的小城镇是除中心城市以外的独立园区（长兴岛、太平湾）、外围独立发展的街道、建制镇和乡政府所在地的集镇。

小城镇对城乡双向的功能作用决定了小城镇的服务要满足城市和乡村两个方向的需求，这就要求小城镇在公共服务设施配置上不能仅限于本镇区的诉求，还需要为广大的乡村地区提供公共服务，同时为区域中心城市提供独特性、创新性的公共服务，所以小城镇的服务范围在城乡格局中应该更广域。

2.2 小城镇公共服务设施配置标准

在小城镇公共服务设施配置上，最关键的问题是缺乏独立性的量化指标参考。目前涉及的标准主要有，以个体镇作为研究对象的《镇(乡)域规划导则(试行)》(建村〔2010〕184号)、以城镇体系为前提提出配置要求的《镇规划标准》(GB 50188—2007)。小城镇生活圈是在全域城乡空间格局下构建，所以主要参考《镇规划标准》按照中心镇、一般镇两级分级分类配置，具体按照指导性、强制性两种情况要求[13]。

基于行政区划提出的规划建设标准，配置内容主要包括行政管理、教育机构、文体科技和医疗保健(表1)，在实际建设过程中，由于存在设施的营利性和非营利性，公共服务设施的配置并不完全按照标准配给，同时随着城镇间社会经济的发展、交通条件的改善，公共服务设施的服务范围也突破了行政区划，存在设施配置不足或资源浪费的情况[14]。

表1 《镇规划标准》中公共服务设施项目配置表

类别	项 目	中心镇	一般镇
一、行政管理	党政、团体机构	●	●
	法庭	○	—
	各专项管理机构	●	●
	居委会	●	●
二、教育机构	专科院校	○	—
	职业学校、成人教育及培训机构	○	○
	高级中学	●	○
	初级中学	●	●
	小学	●	●
	幼儿园、托儿所	●	●
三、文体科技	文化站(室)、青少年及老年之家	●	●
	体育场馆	●	○
	科技站	●	○
	图书馆、展览馆、博物馆	●	○
	影剧院、游乐健身场	●	○
	广播电视台(站)	●	○

（续表）

类别	项 目	中心镇	一般镇
四、医疗保健	计划生育站(组)	●	●
	防疫站、卫生监督站	●	●
	医院、卫生院、保健站	●	○
	休疗养院	○	—
	专科诊所	○	○

资料来源:《镇规划标准》(GB 50188—2007)。

2.3 设施需求分类

对公共服务设施的分类,传统的分类主要从设施本身出发考虑,包括从功能类型、经营主体以及布局体系等几个维度进行分类,而较少从需求者的角度考度。从使用者本身对公共服务设施的需求考虑,公共服务设施可以分为满足基本生活需求类和追求品质质量类。基本生活需求类设施要满足居民的日常生活需求,使用频率较高,要尽可能地方便到达,故此类设施具有距离敏感性特征,如幼儿园、社区卫生服务中心等;而品质质量类设施具有品质敏感性特征,相应的对出行距离要求不高,更加注重设施可提供的服务质量,如高中、大型综合医院等(图 1)。

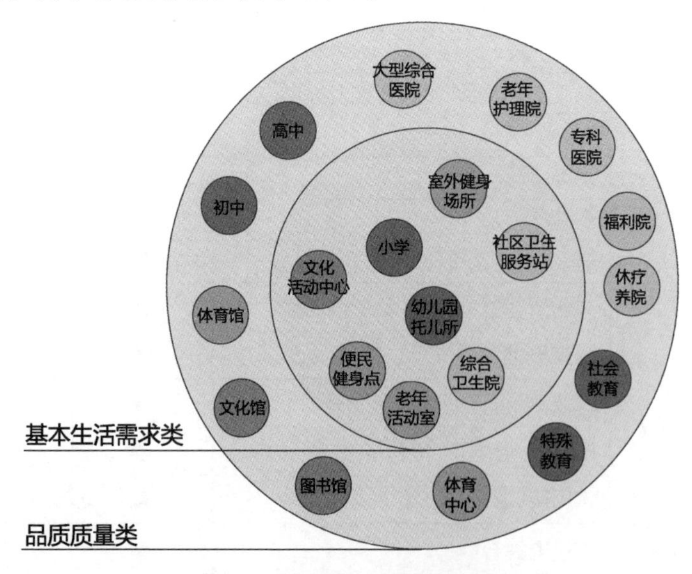

图 1　公共服务设施分类方式

2.4 小城镇生活圈构建

根据居民对两类设施不同的需求特征和使用特征，形成基本生活圈和品质生活圈两类圈层。基本生活圈与相关设施的距离、出行时间、出行方式等有关，需要在一定的出行距离范围内，配备生活所需的基本服务设施；而品质生活圈不再囿于行政区划的空间范畴，形成更广域的圈层结构，对服务质量的要求高于出行时间的考虑，同时受城镇在区域中承担的职能以及城镇的功能特色影响较大。

3 瓦房店小城镇空间现状与设施需求

3.1 概况与空间特征

瓦房店市隶属辽宁省大连市，是东北三省县域经济的领头羊。根据中郡报告，2016 年在全国县域经济基本竞争力评价中，瓦房店位于第 40 位，而 2015 年瓦房店的位次是第 11 位，名次的大幅下滑，是因为在 2016 年的评价体系中，新增的县域经济主体功能开发绩效指数和县域发展指数是瓦房店的短板[15]。如何激发提升县域经济活力和发展活力将成为瓦房店未来发展需要考虑的重点，而完善城乡公共服务设施配置是提升县域发展活力首要基础工作[16]。

瓦房店西、南两侧临海，瓦房店市区位于市域东南最边缘区，最远村庄距离城区达 80 公里，市区有限的服务能力，难以辐射到所有乡镇和村庄。在市域临海南北两侧有两处经济开发区，分别为长兴岛经济区和太平湾沿海经济区。长兴岛经济区作为国家级经济技术开发区，目前已建设成为 8 万人的港产城融合的小城市，太平湾临港经济区目前处于建设初期，道路等基础设施前期工作正逐步开展，规划以“港口、区域、城市”为理念建设 10 万人的小城市。未来瓦房店市域将形成以瓦房店市区—长兴岛—太平湾三足鼎立的空间格局(图 2)。独特的空间特征需要瓦房店形成具有针对性的设施配置方式，通过提升长兴岛、太平湾的公共服务设施配置，建设形成两处可以与瓦房店城区服务供给相匹配的服务中心，共同承担市域高品质服务需求，进而实现全域公共服务均等化目标。

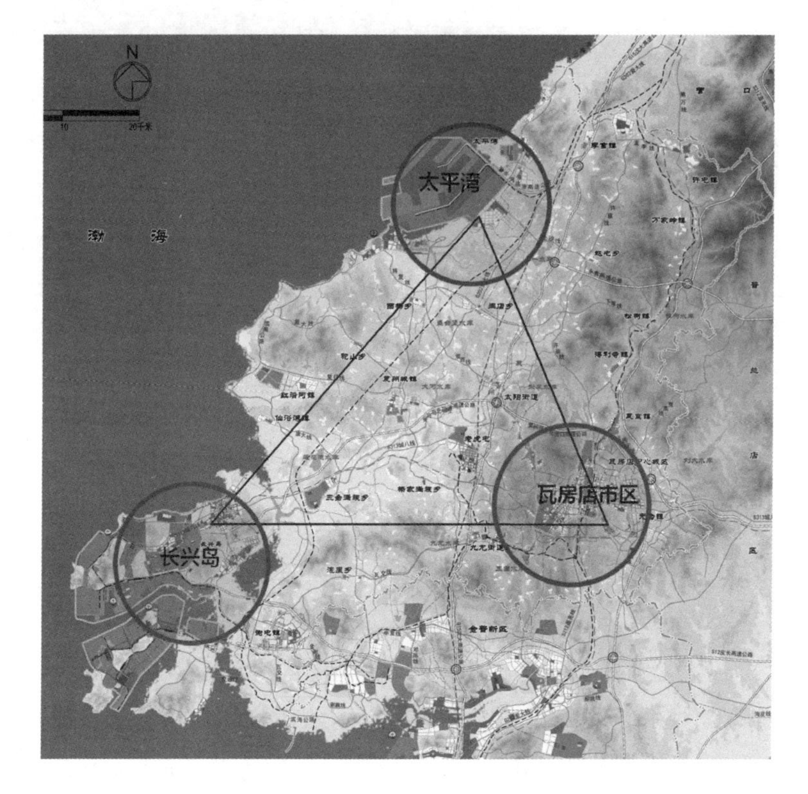

图 2　瓦房店市域空间格局图

通过调研发现，小城镇的公共服务设施配置还存在因功能特征和政策引发的配置复杂性问题，《镇规划标准》中简单的中心镇、一般镇一刀切式的分级配置，在复杂的实际情况中难实施。除总体规划确定的中心镇、一般镇以外，瓦房店还有全国重点建设镇复州城镇、谢屯镇，还有按照功能特色被选定为国家级特色小镇谢屯镇、国家级运动休闲小镇西杨乡，以及大连市级产业特色镇九龙街道。各小城镇在多重功能诉求和政策叠加组合下根据实际情况配置公共服务设施，而《镇规划标准》缺乏对这些小城镇在政策扶持、功能特色等特殊要求配置的考虑。

3.2　人口与出行特征

公共服务设施的配置需要与服务人口相对应，在人口分布特征上，瓦房店市域整体人口密度较低，除中心城市、复州城、长兴岛外，绝大部分乡镇人口密度为180～240人/平方公里；城镇发育度也不完善，2015年复州城镇城镇人口为4.4万人，其他城镇城镇人口均在1万人左右，这就要求在公共服务设施配置上，重点考虑基本公共服务设施配置，减少人口聚集不足造成的资源浪费。

瓦房店人口另外一个突出的特征是深度老龄化，国际上一般把65岁以上老年人口比重超过14%，称为“深度老龄化社会”。2017年辽宁省65岁及以上人口占比为15.17%（全国平均水平为11.4%），是全国占比最高的省份。公共服务设施配置上，要考虑老年人的出行特点以及对特殊设施的需求，适当提高老龄化群体所需设施的配置标准。

根据调研总结，瓦房店农村居民日常生活主要在本乡镇区，农村居民的出行方式中步行和电动车的比例较高，城镇居民中步行、电动车、自行车比例较高；同时考虑老年人的出行特点，出行时间和活动范围受限，所以主要活动范围集中在本乡镇区域或者村域。结合市域人口密度分布特征，瓦房店市域总体呈现出以非机动车为主要出行方式、公路为道路支撑的出行特征。

3.3 居民需求特征

为更好地了解瓦房店市域居民对公共设施的需求特征，调研采用问卷、访谈和踏勘的方式。现状调研过程中共走访22个小城镇、22个村庄，发放农村和城镇居民（包含城区和小城镇）调查问卷795份，回收792份，其中农村居民调查问卷408份，城镇居民调查问卷384份；同时访谈约43名居民并记录其一天的行为活动形成行为日志。城镇居民和农村居民的调查问卷统计结果显示，瓦房店小城镇是服务广大农村地区的主要阵地，有六成农村居民日常生活需求（娱乐、购物）在本乡镇区域满足，农村子女教育有一半左右选择在本镇区完成，农村居民普通小病的就医有近四成需要本镇区承担（表2）。

表2　瓦房店居民重要活动目的地统计表

		大连市区	瓦房店市区	（本）乡镇	村	其他
日常需求	城镇居民	20.3%	46.0%	33.7%	—	—
	农村居民	3.3%	26.7%	62.5%	5.0%	2.5%

（续表）

		大连市区	瓦房店市区	（本）乡镇	村	其他
教育（初高中阶段）	城镇居民	12.8%	51.3%	35.9%	—	—
	农村居民	3.3%	44.7%	46.8%	5.2%	
就业（外出务工地）	城镇居民	42.3%	25.8%	24.4%	—	7.5%
	农村居民	30.4%	33.1%	21.1%	15.4%	—
就医（普通小病）	城镇居民	13.4%	31.2%	55.4%	—	—
	农村居民	0.8%	5.8%	39.6%	53.8%	—
就医（重大疾病）	城镇居民	26.3%	48.7%	14.7%	—	10.3%
	农村居民	17.1%	61.4%	14.0%	1.4%	6.1%

数据来源：城镇居民和农村居民调查问卷统计。

问卷统计结果还显示，在城镇化过程中，城镇居民和农村居民担心的主要问题均是生活成本、就业和养老问题，可见无论是小城镇还是乡村地区，养老设施的设置都需要重点考虑，这也与瓦房店市人口结构深度老龄化有关（图3）。

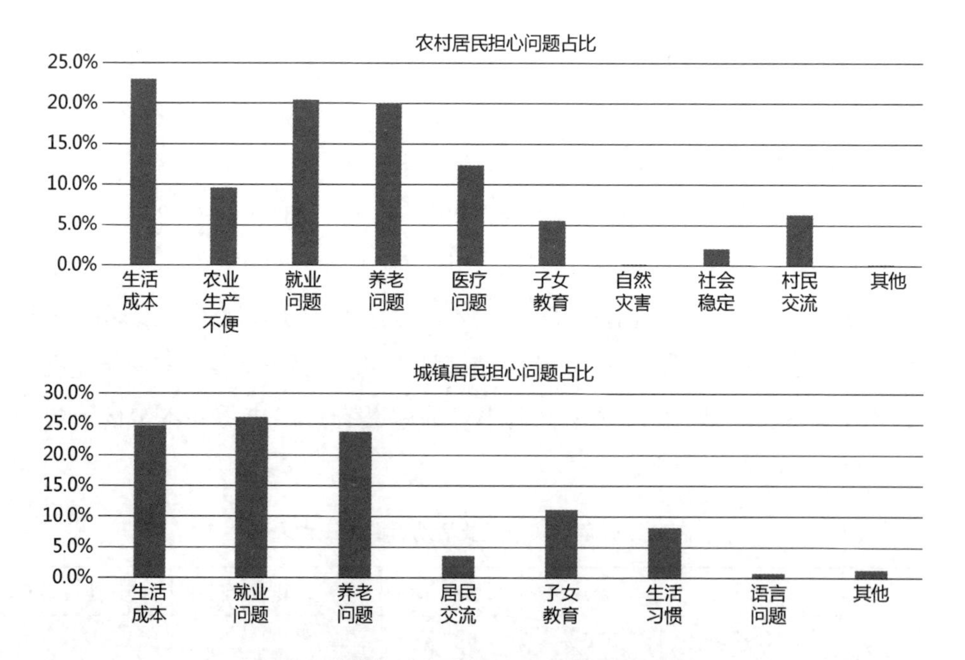

图3　城镇化过程中居民担心问题统计分析

另外随着教育的受重视程度提高，教育设施的跨行政区需求明显。调查问卷统计分析结果显示，初中主要在本乡镇区完成，元台镇由于与瓦房店市区仅一河之隔所以居民选择在市区就读，高中的选择更倾向于瓦房店市区或者大连市区，复州城镇由于本镇区高中教育较好，居民选择在本镇区就读。

根据农村居民的访谈记录，农村区域主要以老年人居多，生活单调，缺少老年人的活动场所，空闲娱乐主要以看电视或打牌为主；而中年人呈“城乡双栖”现象，乡镇企业上班，农村居住。另外受消费能力制约，居民更偏向于休闲类公共服务设施，而不是盈利性质的设施（表3）。

表3　农村居民日常生活行为

老年居民 （60岁以上）	新农合保障较低、需务农或打短工贴补家用 生活单调（娱乐以看电视或打牌为主） 较少与子女同住、居家养老
中年居民 （30～60岁）	城乡双栖现象（企业上班、村庄居住，农忙时还能做些农活） 务农人口的劳动时间一般（中午回家休息1～2小时） 较安于现状、外出意愿不强烈 收入较高的比较关注子女教育
青年居民 （30岁以下）	年轻人口已外流（样本量较少） 留在村中的已脱离农业生产

4　瓦房店小城镇生活圈构建与公共服务设施配置优化

4.1　基于本地居民行为特征与需求的生活圈

总结瓦房店居民对各类设施可接受的出行时间，确定基本生活圈形成15分钟、30分钟和60分钟的时间等级。15分钟生活圈主要需求为幼儿园、托儿所、老年活动中心、便民健身点等；30分钟生活圈主要需求为有小学、卫生院等；60分钟生活圈主要需求为初中、综合卫生院等（图4）。

品质生活圈一般出行时间大于60分钟，主要需求为高中、专业医院、大型医院、博物馆等（图5）。

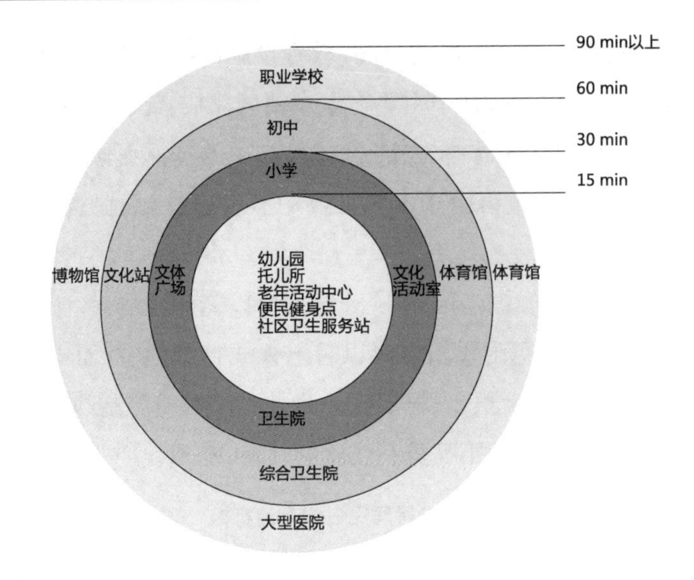

图 4　时间生活圈分级图

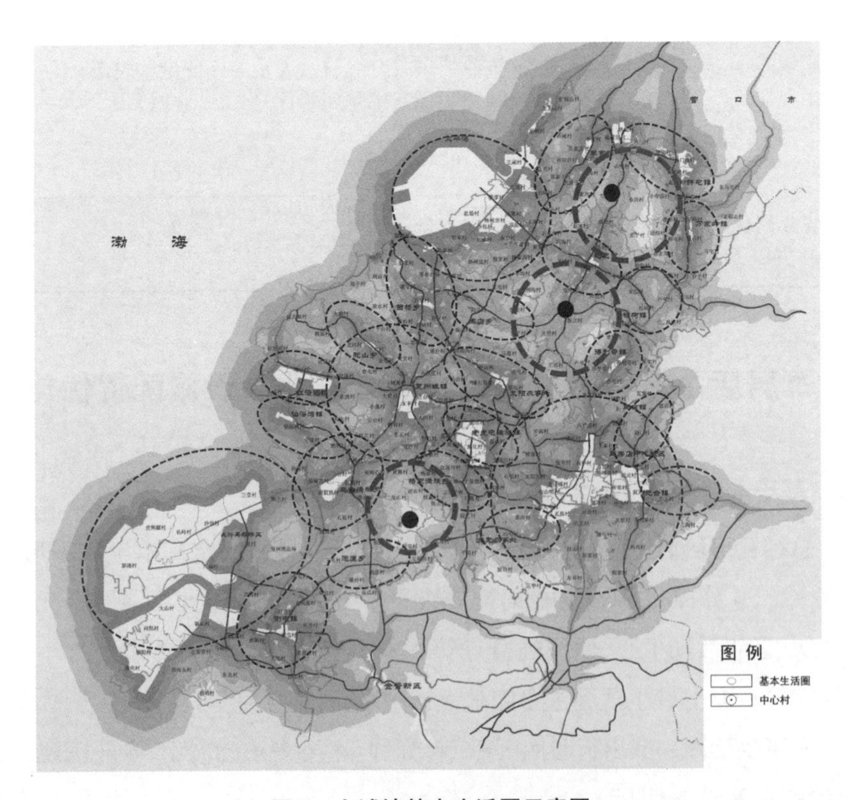

图 5　小城镇基本生活圈示意图

4.2 市域小城镇生活圈体系

结合市域规划的道路网络系统，利用 GIS 软件进行公路可达性分析，总结瓦房店小城镇生活圈的空间特征。一是镇域空间基本上在本镇区辐射一小时范围内，市域形成 24 个一小时小城镇生活圈；二是中心城市、复州城、长兴岛、太平湾的辐射范围远大于自身辖区；三是在许屯镇、赵屯乡及杨家乡附近区域有三处一小时基本生活圈辐射盲区，位于本镇区及相邻镇区 90 分钟辐射范围外，规划考虑基本公共服务设施的均等性，在这三处选择发展条件好的中心村重点配置，分别是许屯镇的大岗寨村、赵屯乡的新立村，以及杨家乡的老平顶村，承担部分镇区的服务供给职能[17]（图 5）。

在基本生活圈分析的基础上，结合市域城乡体系结构，形成中心城市、复州城、长兴岛、太平湾四个品质生活圈，重点配置输出高质量服务的高中、综合医院、体育馆、图书馆等高等级设施，辐射周边小城镇或者更大区域(图 6)。

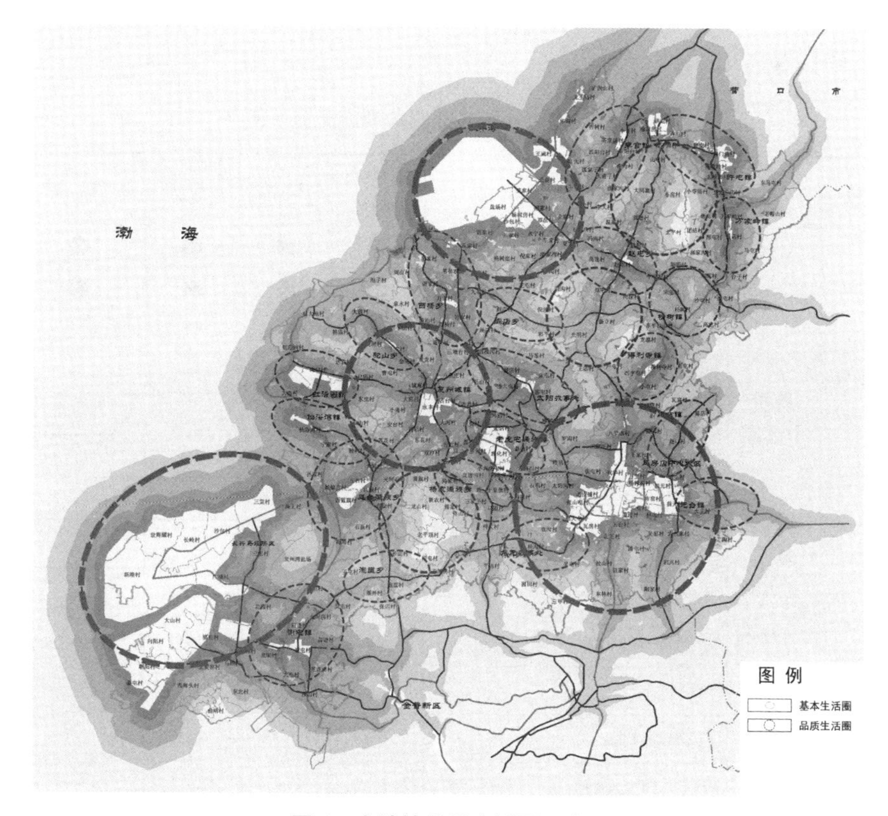

图 6　小城镇品质生活圈示意图

4.3 城乡公共服务设施配置

在《镇规划标准》中关于公益性设施的配置要求的基础上，叠加瓦房店小城镇品质生活圈和基本生活圈的研究内容，对瓦房店城乡公共服务设施配置体系进行优化。

首先是是对公共服务设施等级体系的优化。基本生活圈在镇村层面配置；基本生活圈的三个时间层次，分别对应中心镇、一般镇、中心村；品质生活圈在副中心城市层面配置。总体上形成了副中心城市—中心镇—一般镇(乡)—中心村四级公共服务设施配置体系(表 4)。其次是对各级设施的优化，增加了对各项设施所属生活圈的判断，以便使配置的设施更有针对性，提高设施的使用率。第一，增加了养老设施，包括老年护理站、老年护理院、老年活动室以及休疗养院等项目；第二，优化了医疗、图书馆等设施的配置类型；第三，对教育、体育、文化等设施的配置要求进行了调整，高中、体育馆等设施由中心镇必须配置调整为选配，初中等设施由一般镇必须配置调整为选配(表 4)。

表 4 瓦房店城乡公共服务设施配置项目

类别	项目		副中心城市	中心镇	一般镇(乡)	中心村
教育	基本生活圈	小学	●	●	●	●
		幼儿园、托儿所	●	●	●	●
	品质生活圈	成人教育	○	—	—	—
		特殊教育	○	—	—	—
		职业学校	○	○	—	—
		高中	●	○	○	○
		初中	●	●	○	○
医疗卫生	基本生活圈	综合卫生院	●	●	○	○
		社区卫生服务中心	●	●	●	●
	品质生活圈	大型综合医院	●	○	○	○
		专科医院	○	○	—	—
		妇幼保健院	○	○	○	○
		疾控中心、防疫站	○	—	—	—

（续表）

类别	项目		副中心城市	中心镇	一般镇（乡）	中心村
文体	基本生活圈	老年活动中心	●	●	●	●
		文化站(室)	●	●	●	●
		社区文化活动中心	●	●	●	●
		文体广场	●	●	○	○
		健身场所	●	●	●	●
	品质生活圈	博物馆、展览馆、影剧院	○	—	—	—
		图书馆、档案馆、科技站	●	●	○	○
		青少年宫	○	○	○	○
		体育中心、体育馆	○	○	○	○
社会福利	基本生活圈	老年护理站	●	●	●	○
	品质生活圈	老年护理院	○	○	○	○
		福利院	○	○	○	○
		休疗养院	○	○	○	○

表中符号意义:●表示必设项目;○表示选设项目;—表示不设项目。

4.4 小城镇公共服务设施配置

根据各城镇的现状特征和规划引导，瓦房店市域范围内共有综合型、农业型、工业型、商贸型、旅游服务型五类职能类型的城镇，不同职能类型城镇在公共服务设施配置上有不同的引导政策。综合型城镇需适当提高设施配置标准，满足服务人口需求；农业型城镇服务于广大农村地区，需满足农村居民需求；工业型城镇可考虑企业自建设施适当开放使用；商贸型城镇在满足基本需求的基础上，顺应市场需求灵活配置；旅游服务型城镇考虑盈利性设施替代部分公共设施功能(图 7)。

根据规划确定的城镇职能和功能特色，进一步优化小城镇公共服务设施配置，在区域统筹下对各乡镇的公共服务设施配置做出具体引导，形成每一个小城镇的公共服务设施配置表(表 5)。

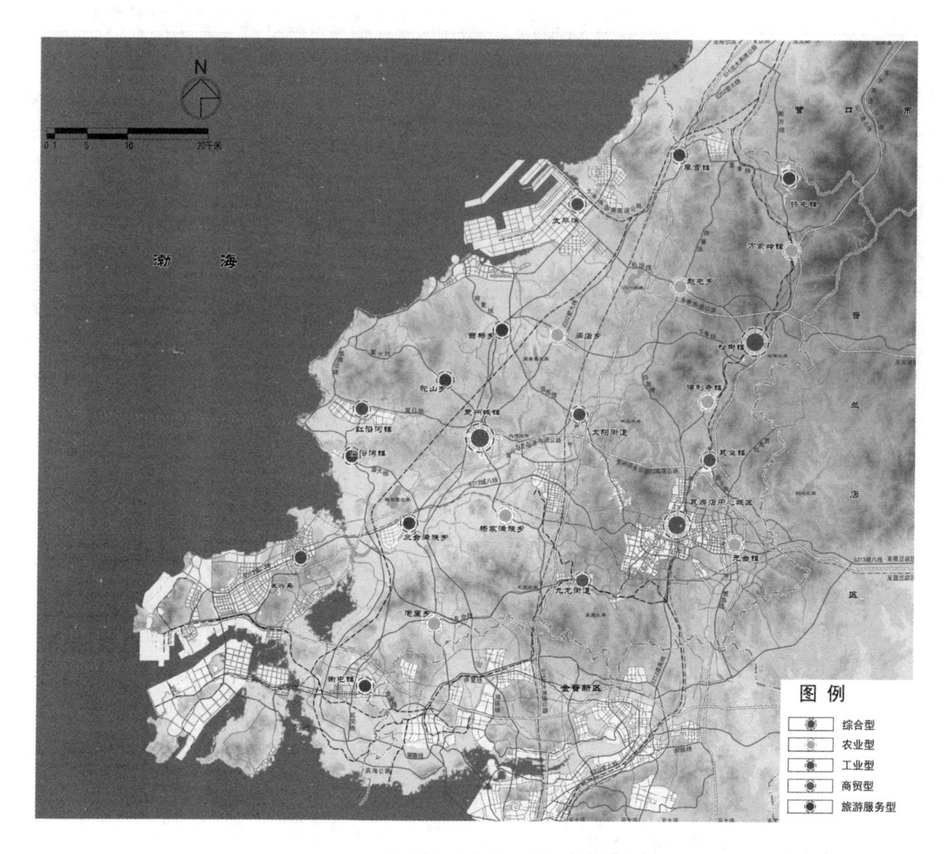

图 7　市域城镇职能结构规划图

表 5　瓦房店分乡镇公共服务设施配置

城镇	等级	必设项目	选设项目	其他
长兴岛	市级副中心	职业学校、高中、初中、小学、幼儿园、成人教育、综合医院、社区卫生服务中心、图书馆、影剧院、儿童乐园、老年活动中心、文化站、社区文化活动中心、老年护理站、体育中心、健身场所	福利院、专科医院	—
太平湾	市级副中心	职业学校、高中、初中、小学、幼儿园、综合医院、社区卫生服务中心、图书馆、影剧院、儿童乐园、老年活动中心、文化站、社区文化活动中心、老年护理站、体育中心、健身场所	成人教育	—
复州城镇	中心镇	高中、初中、小学、幼儿园、综合医院、社区卫生服务中心、图书馆、文化室、老年活动中心、老年护理站、健身场所	职业学校、体育场馆、影剧院、档案馆	国家级重点镇

（续表）

城镇	等级	必设项目	选设项目	其他
松树镇	中心镇	高中、初中、小学、幼儿园、综合医院、社区卫生服务中心、图书馆、文化室、老年活动中心、老年护理站、健身场所	职业学校	二产特色型
谢屯镇	中心镇	初中、小学、幼儿园、综合医院、社区卫生服务中心、图书馆、文化室、老年活动中心、老年护理站、健身场所	休疗养院、老年护理院、影剧院、儿童乐园	国家级特色小镇
太阳街道	中心镇	初中、小学、幼儿园、社区卫生服务中心、图书馆、文化室、老年活动中心、老年护理站、健身场所	综合医院	—
李官镇	一般镇	初中、小学、幼儿园、社区卫生服务中心、文化室、老年活动中心、老年护理站、健身场所	综合医院、体育馆（游泳馆）	三产特色型
许屯镇	一般镇	初中、小学、幼儿园、社区卫生服务中心、文化室、老年活动中心、老年护理站、健身场所	综合医院、体育馆（游泳馆）	三产特色型
万家岭镇	一般镇	初中、小学、幼儿园、社区卫生服务中心、文化室、老年活动中心、老年护理站、健身场所	综合医院	—
赵屯乡	一般镇	初中、小学、幼儿园、社区卫生服务中心、文化室、老年活动中心、老年护理站、健身场所	综合医院	—
得利寺镇	一般镇	初中、小学、幼儿园、社区卫生服务中心、文化室、老年活动中心、老年护理站、健身场所	综合医院	—
西杨乡	一般镇	初中、小学、幼儿园、综合医院、社区卫生服务中心、文化室、老年活动中心、老年护理站、健身场所	体育馆	国家运动休闲小镇
闫店乡	一般镇	小学、幼儿园、社区卫生服务中心、文化室、老年活动中心、老年护理站、健身场所	初中	—
元台镇	一般镇	初中、小学、幼儿园、社区卫生服务中心、文化室、老年活动中心、老年护理站、健身场所	—	—
瓦窝镇	一般镇	初中、小学、幼儿园、综合医院、社区卫生服务中心、文化室、老年活动中心、老年护理站、健身场所	—	—
驼山乡	一般镇	小学、幼儿园、社区卫生服务中心、文化室、老年活动中心、老年护理站、健身场所	初中	—
红沿河镇	一般镇	初中、小学、幼儿园、综合医院、社区卫生服务中心、文化室、老年活动中心、老年护理站、健身场所	体育馆（现状瑜伽舞蹈室）	—
仙浴湾镇	一般镇	初中、小学、幼儿园、社区卫生服务中心、文化室、老年活动中心、老年护理站、健身场所	体育馆（游泳馆）、儿童乐园	旅游型
九龙街道	一般镇	初中、小学、幼儿园、社区卫生服务中心、文化室、老年活动中心、老年护理站、健身场所	—	三产融合发展型

（续表）

城镇	等级	必设项目	选设项目	其他
三台乡	一般镇	初中、小学、幼儿园、综合医院、社区卫生服务中心、图书馆、文化室、老年活动中心、老年护理站、健身场所	—	—
泡崖乡	一般镇	初中、小学、幼儿园、社区卫生服务中心、图书馆、文化室、老年活动中心、老年护理站、健身场所	综合医院	—
杨家乡	一般镇	小学、幼儿园、社区卫生服务中心、文化室、老年活动中心、老年护理站、健身场所	初中	—

4.5 中心城市公共服务设施配置

考虑到中心城市与周边小城镇公共服务设施共建共享的可能性，如中心城市与元台、九龙、太阳等有一体化发展的趋势，同时中心城市高等级设施对全域有一定的服务支撑，所以在中心城市用地布局上，建议适当增加基本公共服务设施的配置标准，尤其是在对接周边小城镇的门户区域。按照服务人口配置高等级的公共服务设施，在用地结构上相应提高公共管理与公共服务类用地比例和人均建设用地指标。

5 结语

为了实现小城镇公共服务设施配置从定性到定量的转变，目前有广东、湖北已经出台了省级的小城镇公共服务设施配置的导则，南京、成都、长沙探索了市级的经验，瓦房店市也应该探索形成适合自身发展诉求的小城镇公共服务设施配置导则，形成量化的公共服务设施配置导则。

公共服务设施配置是国土空间总体规划中很重要的一项要素配置，也是一项关系民生的复杂工作。本文希望通过小城镇生活圈的构建，向下对带动乡村振兴发展提供更好的服务支撑，向上对中心城市高质量发展提供服务补充，促进城市更高效的建设，从服务的角度更好的促进城乡融合发展，对完善全国广大小城镇公共服务设施的配置提供一个可以考虑的修正因素，为国土空间规划体系下公共服务要素配置提供新的工作思路。

参考文献

[1] 中华人民共和国国家发展和改革委员会.国家发展改革委关于印发《2019年新型城镇化建设重点任务》的通知[EB/OL].(2019-04-08)[2019-08-25].https://www.ndrc.gov.cn/xxgk/zcfb/tz/201904/t20190408_962418.html.

[2] 彭震伟.小城镇发展作用演变的回顾及展望[J].小城镇建设,2018,36(9):16-17.

[3] 孙道胜,柴彦威.日本的生活圈研究回顾与启示[J].城市建筑,2018(36):13-16.

[4] 森川洋.広域市町村圏と地域的都市システムの関係[J].地理学評論,1990,63(6):356-377.

森川洋.广域市町村圈与地区性城镇体系的关系[J].地理学评论,1990,63(6):356-377.

[5] 藍沢宏.農村集落における生活圏の設定と生活関連施設の配置に関する研究[J].農村計画学会誌,1983,1(4):27-38.

蓝泽宏.关于农村村落生活圈的设定与基础设施配置的研究[J].乡村规划学会志,1983,1(4):27-38.

[6] 王德,刘锴,耿慧志.沪宁杭地区城市一日交流圈的划分与研究[J].城市规划汇刊,2001(5):38-44,79.

[7] 袁家冬,孙振杰,张娜,等.基于"日常生活圈"的我国城市地域系统的重建[J].地理科学,2005,25(1):17-22.

[8] 吴闫.我国小城镇概念的争鸣与界定[J].小城镇建设,2014,32(6):50-55.

[9] 费孝通.小城镇大问题[J].瞭望周刊,1984,1(19):24-26.

[10] 彭震伟.小城镇发展与实施乡村振兴战略[J].城乡规划,2018(1):9-16.

[11] 孙思敏,谭春华.基于城乡一体化建设背景下的小城镇公共设施配置——以长沙市小城镇公共设施配置规划导则研究为例[J].中外建筑,2017(4):93-98.

[12] 齐立博.乡村振兴战略下小城镇的"惑"与"道"——江苏省的实践与思考[J].小城镇建设,2019,37(1):56-61,79.

[13] 中华人民共和国建设部,中华人民共和国国家质量监督检验检疫总局.镇规划标准:GB 50188-2007[S].2007.

[14] 耿虹,许金华,张艺.基于生活圈的小城镇公共服务设施优化配置——以山西省小城镇为例[C]//中国城市规划学会.城市时代 协同规划——2013中国城市规划年会论文集.青岛:青岛出版社,2013:1257-1270.

[15] 中郡研究所.东北地区县域经济单项前十县历史数据简析[EB/OL].(2018-06-13)[2019-04-27].http://www.china-county.org/shiliujie/asdongbei.htm.

[16] 张忠国,夏川.供给侧结构性改革下的小城镇公共服务设施优化配置研究——以安徽省坛城镇为例[J].小城镇建设,2016,34(12):38-44.

[17] 耿健,张兵,王宏远.村镇公共服务设施的“协同配置”——探索规划方法的改进[J].城市规划学刊,2013(4):88-93.

基于共享机制的小城镇停车设施规划研究
——以湖南省新邵县酿溪镇为例

董洁霜　倪　敏
（上海理工大学管理学院）

【摘要】 近年来，我国的城镇建设发展迅速，随着居民的生活水平的不断提高，居民机动车保有量的增加，城镇机动化水平提高，土地利用和交通的矛盾日益加剧，进一步制约了城镇的发展，并且制约作用超过了推进小城镇发展的推动作用，居民对生活环境、生活质量等也提出了更高的要求，城镇的功能也随之不断的复杂升级，由此对城镇道路的功能要求、规划布局和交通设施的配套也提出了更新的要求。本文先是归纳了小城镇的一些基本问题，并以湖南省新邵县酿溪镇为例分析，提出共享停车是解决问题的有效措施之一，最后简单介绍共享停车的相关概念。

【关键词】 小城镇　停车　共享

1　引言

随着人们生活水平的不断提高，汽车需求的不断增加，停车成为一个严重的问题，“停车难”已经不仅仅是大城市的交通问题，小城镇也是不可避免的。目前，停车设施容量已不能满足车辆发展的需要，导致停车供需不平衡，高效的停车管理绝对比道路交通拥堵控制来得更重要。近年来，小城镇机动车发展迅速，停车场建设速度远远落后于机动车增长的速度，导致小城镇交通问题日益突出，解决停车问题迫在眉睫。[1]

2　问题概述

大城市的“停车难”问题日益严重，全国其他地方的停车问题也不断凸显出来，以下简单概括了小城镇的停车问题，并且有所区别于大城市。

(1) 机动车数量快速上升，停车泊位供需矛盾突出

小城镇不同片区停车供需差异显著，老城区泊位供不应求，新城区泊位现状供给相对充足。

(2) 车主缺乏规范停车意识，路内乱停车现象严重

一些路段交警部门明确规定禁止停车，但部分路段在行车道上停放的现象时有发生，使本来较狭窄的道路更加拥挤，易造成交通堵塞，且严重影响市容市貌。

(3) 停车位设置存在不合理之处，部分停车设施利用不充分

小城镇停车需求紧张，为增加车位供给，相关部门在路内设置了停车位，但其停车设施布局存有不合理之处。

(4) 停车设施建设不规范，早期配建标准指标过低

早期旧城区建筑配建标准较低，不完全适应新邵县的发展，监督力度不足，导致老旧小区、公建的配建供应低或根本没有配置，学校、剧院、商场、医院等公共聚集场所停车困难。由于缺乏统一的统筹规划，停车设施布局混乱。

(5) 停车信息管理水平落后，停车诱导有待加强

小城镇所有停车位基本不收费，目前除了收费的点有人员进行管理，其余公共停车设施均为无人管理状态，咪表收费、停车诱导系统等停车管理设施目前尚未广泛推广，智能化停车管理并不普及应用。[3]

3　小城镇交通特征分析

3.1　用地特征

我国小城镇的用地多是集中式布局，但部分小城镇由于地形、岸线、资

源等的影响，以及现状条件的制约，发展成几种布局形态的组合形式。

从用地特征上用历史的角度看，小城镇一般可分为老城区和新建城区，其中老城区为主要居住区域，以居住、商业、公共服务及机关职能为主要功能，新建城区以居住、商贸、都市工业为主要功能。老城区的停车问题非常迫切，市民反映也很强烈，关系到市民切身利益，同时新建城区在未来停车需求吸引数量上呈现明显的上升趋势。[2]

3.2 现状道路特征

小城镇路网结构不完善以及存在断头路问题，交通顺畅程度、通达性较差，造成机动车不规范停车现象。而老城区建筑建设之初由于多是居民自发建造，没有进行规划，普遍存在密集型建设群，多为巷道，道路宽度不连续，时宽时窄，只要存在一处道路瓶颈就会造成整条道路通行能力大大下降，甚至只能满足于摩托车行驶，由此造成大面积老城区内部道路板结一块、无法互通的现象[2]。路内停车均有出现车辆排队停放划线车位外、占用人行道停车等现象，部分道路通行受到影响。离中心城区较远的道路，部分道路上的路内停车位设置不合理。

3.3 交通出行特征

小城镇由于规模小，人口比较集中，居民的出行距离短，短距离出行以步行和自行车为主，而且缺少大城市高效发达、多层次的公共交通系统，居民出行更倾向于选择灵活便捷的私人交通，公共交通出行所占比例很小，城市公交系统发展有待进一步加强，小城镇出行时间特征与大城市有着明显的时间分布特征，不仅在早上上班(学)和下午下班(学)产生早、晚高峰，还在午间存在两个上下班小峰值。

4 案例分析

新邵县位于湖南省中部，介于邵阳盆地和新涟盆地之间，地势南高北低。隶属于湖南省邵阳市。针对新邵县城的现状停车特征与存在的问题，在停车需求定量预测的基础上，紧扣城市的特色和未来发展趋势，制定停车供应策略；在停车需求预测和供应策略的基础上，对新邵县提出远期控制性总体布局规划要求，提出停车设施的近期实施性规划方案。

4.1 停车设施布局规划

4.1.1 路内停车位设施布局规划

结合实际需求，近期(2025 年)在原有路内泊位的基础上，新增和整治取消部分路内泊位，主干路近期可保留路内泊位，远期将逐步取消。远期(2035 年)严格按照路内停车规划泊位设置准则对其进行规划，取消大部分路内停车，对少许周边停车紧张小区的支路允许划线停车。根据城市发展要求及交通管理情况，每 1～2 年应对路内停车泊位实行动态评估，重点对动态交通造成的延误和对慢行交通的影响，及时采取撤销及新增路内停车泊位的调整措施。

4.1.2 路外停车位设施布局规划

近期规划区(图 1)主要包括现状已建成区(1～15 号交通小区)、近期规划建设区(16～26 号交通小区)，该区域特别是老城区停车泊位缺口较大，供需矛盾比较突出，动静态交通相互干扰的问题日益严重。在这种情况下，近期规划研究旨在抓住城市建设改造的机遇，大力推进老城区各类停车设施的建设，致力解决遗留的停车问题，提出停车设施的近期实施性规划方案，具有重要的现实意义。

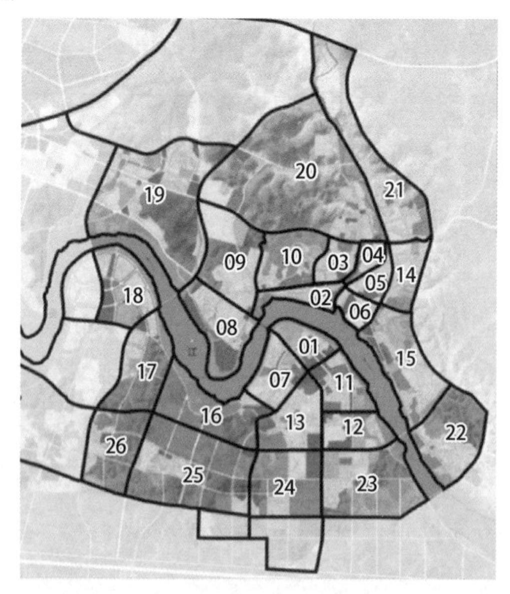

图 1 近期(2025 年)规划小区

根据理论供应与实际供应量对比可以看出，各交通小区存在不平衡现象，其中老城区停车缺口较大。根据理论与实际供应量差额，现状已建成区中近期(2025 年)迫切需建设小区主要有 2 号、4 号、7 号、10 号交通小区，需建设的小区还有 3 号、5 号交通小区，近期规划建设区(16 号～26 号交通小区)应按照《城市停车设施规划导则》配备公共停车场(表1、图2)。

表1　各交通小区理论供应与实际供应量对比表

小区编号	差额比	小区编号	差额比
1	3.59%	9	−188.47%
2	35.54%	10	38.00%
3	15.99%	11	−6.69%
4	27.97%	12	−47.36%
5	12.52%	13	−42.84%
6	1.16%	14	3.11%
7	43.55%	15	6.97%
8	−113.65%	—	—

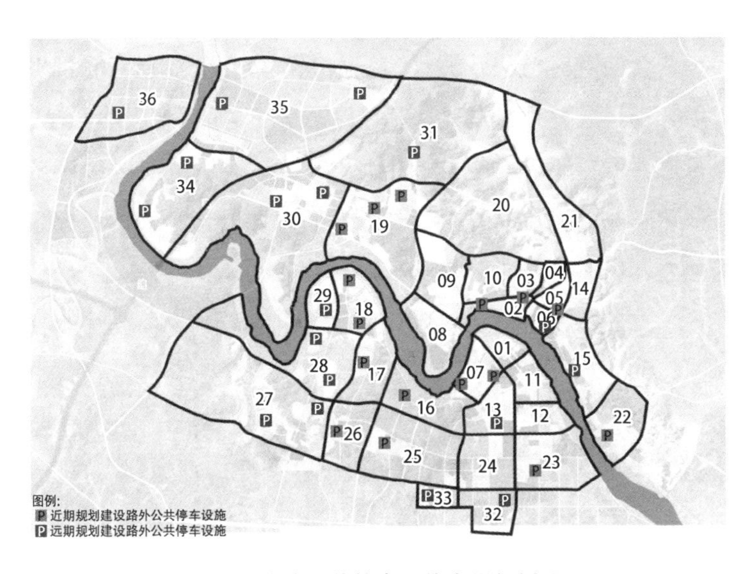

图2　路外公共停车设施布局规划图

5　停车设施规划策略

(1) 外围环绕

老城核心区一方面,作为城市主中心,吸引了大量的活动及交通需求,另一方面,组团之间的联系也需要穿过老城核心区,形成过境交通。两个方面叠加,加剧了该区域交通压力(图 3)。

(2) 小块多点

配合老城区的改造升级,小地块共建停车泊位,配置各类停车设施。大型停车场库与小型停车点互相补充配合,应对不同目的的使用人群,通过不同的停车收费机制,使老城区成为停车受益区(Parking Benefit District,简称 PBD),促进老城区的社会经济繁荣,保证停车产业的可持续发展。

停车受益区:考虑到老的商业区中大部分商店都没有路外停车场,并且很难找到可控制的路边空间。在街上来回寻找免费的路边停车会导致街道拥堵,大家都在抱怨停车设施的短缺。按市价的价格支付路边停车费用会增加停车管理者的营业额,同时减少交通拥堵。方便地找到空车位将会吸引一部分愿意支付停车费而不用花时间寻找到车位的顾客。然而,商家害怕支付停车费会使顾客流失。假设有这样的情况:在城市中通过在所有的咪表收入用来支付公共设施的地方建立“停车受益区”来吸引顾客,例如用来清洁人行道,种植行道树,提升商店形象,架空地下电线电缆和确保公共安全。这种咪表收入将帮助商业区成为人们想要的样子而不是仅仅用来免费停车的地方。PBD 区域的停车场(库)分为三类。

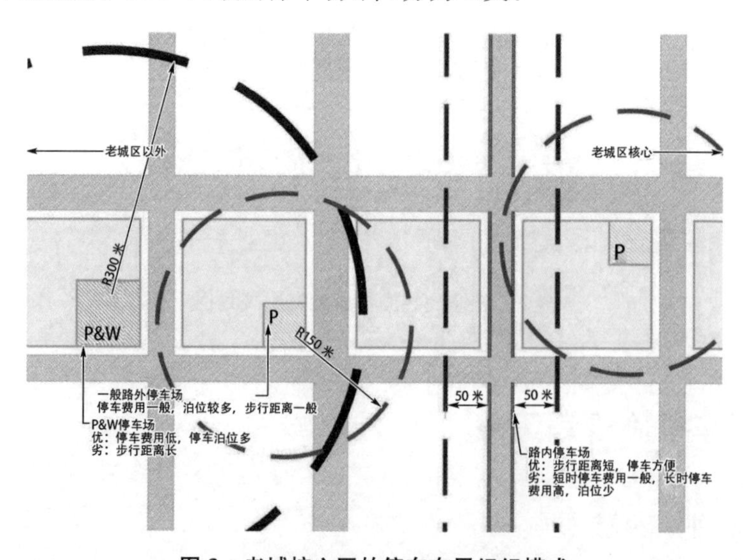

图 3 老城核心区的停车布局组织模式

一类停车场：设置在老城保护环的外围地区，建立大型的独立的社会公共停车库，服务半径可达500米。根据用地条件，可以考虑地下或是立体停车楼。停车收费低，尤其是长时间停车的费用。

二类停车场：分散设置在老城保护环内的各个地块，可以是独立的小型社会公共停车场，也可以是利用商业综合体或是愿意对外开放的公共建筑物的配建停车场，服务半径在150米以内。停车费用中等，长时间停车费用不高，介于一类停车场与三类停车场之间。老城区受用地的限制，二类停车应当以商业综合体和愿意对外开放的公共建筑物的配建停车场为主。

三类停车场：在临街商业发达地区，设置内停车带，服务半径在50米以内。停车费用较高，采用阶梯计费制度，严格限制长时停车。

6 实施措施

停车需求具有一定的时间特征，比如市中心公共停车场一般白天需求较大，到晚间车辆停放很少；而居民小区内部白天停车数量要比晚间停车数量小很多。

为了更好地发挥停车资源的利用效率，同时解决老城区停车供给严重不足的问题，可以利用不同停车需求之间的时差，建立开发项目停车权（泊位）的转移机制，促进停车共享，从而提高泊位利用率，由此提高泊位有效供给，缓解停车压力：一方面允许停车泊位配建不足的用地或设施向超量配建的开发项目就近租用车位，一方面允许酒店、办公、商业等不同性质的复合开发项目，通过实行停车泊位的错时利用、分时共享，适当降低配建指标。通过泊位对外开放使用，可以增加单位或社区的停车收益，形成停车“受益区”。[7]

配建停车设施的泊位共享主要有几种方式：

① 单位配建停车的社会开放共享。

② 邻近单位间的配建泊位共享。

③ 公交车场与停车换乘的泊位共享。

例如新邵县酿溪镇公路路政局和金盾花苑住宅区可以实行共享停车策

略，图 4、图 5 是两个地方时段的进出停车数量分析图。

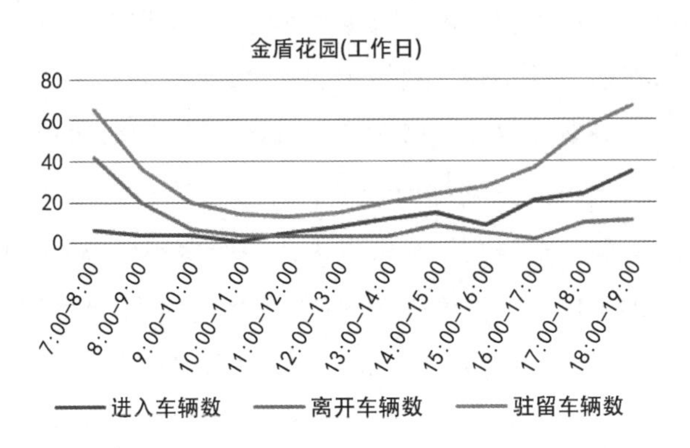

图 4　金盾花园停车场车辆停放时变图（工作日）

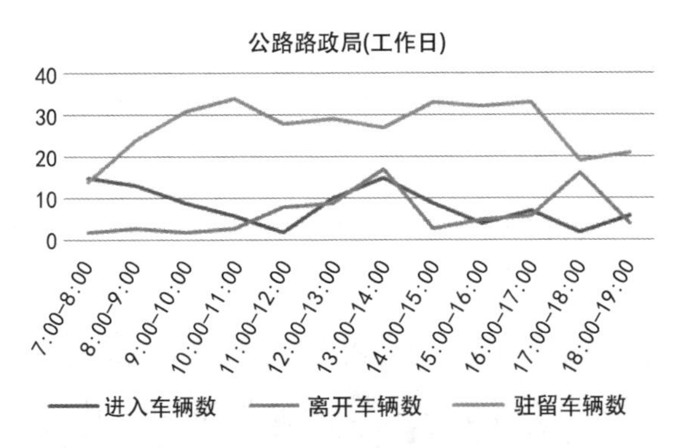

图 5　公路路政局停车场车辆停放时变图（工作日）

调查分析显示，从高峰停放指数看，公路路政局工作日高峰停车接近饱和，为 0.97，进出车辆较多周转率为 2.29，从停车停放的时变图看，工作日白天车辆停放数基本达到停车饱和，停车需求紧张。停车高峰出现在上午 10：00—11：00 和下午的 14：00—16：00 时间段，傍晚 17：00 停车辆开始逐渐减少，这跟上、下班时间和工作是否加班有很大联系。

据调查分析显示，金盾花园主要停车对象为小区住户，停车高峰出现在 7：00—8：00 上班前、18：00—19：00 下班后两个时间段，工作日高峰停放指数为 0.35，工作日平均停放时间达到了 515 分钟，周转率为 0.47，其原因是该小区有一半左右的停车位被闲置，利用率不高。从停车时图看，该小区停车供给充足，工作日停车量变化较大，高峰出现在早晨上班时间和傍晚下班时间段。

7 结语

要从根本上解决小城镇停车问题，绝不是单纯着眼于城市交通设施及管理策略建设，停车问题不是制约城市发展的原因，而是城市发展产生的结果，是经济发展、城市规划、土地利用等多方面因素形成的城市发展综合问题。因此，彻底解决停车问题需要配合统筹城市建设布局，明确不同土地使用方式的功能划分，合理利用不同建筑业态的交通特征，制定符合小城镇结构的共享式停车管理战略，最终实现城市停车问题的解决。但是由于小城镇城区可扩建、改建的空间有限，难以在短时间内完成大规模的城市空间布局规划建设。对城区交通现状进行必要的改善，合理设置静态交通的设施规划和停车管理措施，挖掘中心城区有限空间的潜力，增强中心城区交通自我调节和自我修复的自适应能力，[2]有望在近期内有针对性地解决新邵县停车难的问题。

参考文献

[1] 破解小城“车乱停”“道乱占”治理难题　全市将推广城镇“停车 APP”[J].宁波通讯，2017(16)：33.

[2] 郭庆胜.共享式小城镇停车管理策略研究[D].广州：华南理工大学，2016.

[3] 尹靖宇，彭蓬.基于小城镇发展特色的机动车停车问题研究[J].山西建筑，2014，40(15)：21-22.

[4] 曾志伟，易纯，宁启蒙.小城镇中心区停车空间规划研究初探[J].安徽建筑，2012，19(2)：35-37.

[5] 余波，单传平，瞿春涛.中小城镇路内停车设置的探讨[J].山西建筑，2008(8)：59-61.

[6] 胡桂戎.小城镇交通系统优化研究[D].西安：长安大学，2007.

[7] 马丹辉.居住区停车泊位共享意愿研究[A].中国科学技术协会、交通运输部、中国工程院.2019 世界交通运输大会论文集(上)[C].中国科学技术协会、中华人民共和国

交通运输部、中国工程院：中国公路学会，2019：13.

[8] 王欣雨.旧城区共享停车规划方法研究[D].北京：北京建筑大学，2019.

[9] 王保乾，何承康.影响单位停车泊位共享的因素及其作用机理[J].城市问题，2019(5)：71-77.

[10] Aygemarg-Duah. K. Anderson WP&Hall. Fh, Trip Generation for shopping travel[J]. Transportation Research, 1995, l493(96): 12-20.

小城镇风貌控制规划研究*

梁　敏
（广西壮族自治区城乡规划设计院）

【摘要】 当今小城镇存在自然环境破坏、形态结构失衡、风貌特征趋同与混乱和历史文化特色丧失等风貌建设问题。本文首先对国内风貌研究现状及实践进行梳理，针对风貌规划在现行规划体系中的尴尬地位，以“如何塑造城镇风貌”和“如何实施城镇风貌建设”两个问题为导向，搭建全方位风貌构成要素体系、探讨风貌要素保护与再现的表达方法，最终建构包括城镇层面的结构控制规划、片区层面的分区控制规划以及要素层面的具体控制规划的多层次城镇特色风貌规划体系，是小城镇风貌控制规划研究的新方法与新视角，避免了一成不变的同质化风貌控制和传统小城镇风貌规划难以深化和落实的弊端。

【关键词】 小城镇　风貌要素　保护与再现方法　风貌规划控制体系

1　研究背景及综述

小城镇风貌是小城镇特色的重要体现，是经济发展和文化变迁的结晶，是自然资源、历史文化资源和社会资源的综合产物，使小城镇更具特色和辨识度。改革开放以来，随着全球化时代的来临和城镇化进程的不断推进，我国小城镇建设日新月异，小城镇风貌发生剧变的同时，也正面临着地方性与传统特征逐渐弱化的危机[1]，小城镇的自然环境破坏、形态结构失衡、风貌特征趋同、历史文化特色丧失等问题层出不穷。如何使拥有优质自然环境、

* 本文原载于《小城镇建设》2020 年第 5 期。

丰富人文环境和特色人工环境的小城镇风貌在城镇化进程和乡村振兴战略实施过程中得以保护和发展成为各界关注的重点。小城镇风貌的塑造正是通过整合山水格局、延续地域文脉、提炼特色要素、控制空间形态等方式，形成生态环境良好、文化内涵丰富、生活空间融洽的小城镇风貌形象，展现小城镇个性特征[2]。

近年来，我国关于小城镇风貌的研究主要涉及小城镇风貌的内涵与构成、规划方法以及实施操作性等方面。如蔡晓丰通过对小城镇风貌的构成要素和内在因素的分析，提出小城镇风貌特色维育与控制的方法论[3]。张继刚从哲学思辨的视角分析小城镇风貌的内涵，用数理分析的方法说明小城镇风貌的各类系统指标[4]。王建国认为，我国小城镇风貌特色应把握小城镇发展和建设机遇遵循总体调控、分区突出倾向、局部彰显特色的原则[5]。杨保军在做北川新县城的震后重建规划时，提出"器""道"有别，"新""古"相谐的小城镇风貌与建筑风格的基本取向[6]；黄莎莎在四川省广安市的实例中，以问题为导向，提出以廊道为操作载体的小城镇风貌规划方法[7]；顾鸣东等通过台州市路桥区小城镇风貌规划，从理念、方法、内容及成果四个方面探讨如何提高风貌规划的可操作性[2]等。但由于我国小城镇风貌规划在现行规划体系中的尴尬地位，现状建设存在各种弊端，包括规划理念落后，忽视小城镇生态环境资源；系统理论研究不足，缺乏人文风貌要素；规划内容多而不精，难以呈现小城镇特质；规划成果操作性弱，不能成为实施依据等四大症结[8-9]。

在新型城镇化和乡村振兴战略的背景下，要求小城镇风貌建设向"本土式""传承型"转变，并基于风貌规划必要性和非法定性的角色地位，对小城镇风貌控制规划进行更加深入的研究。本文从风貌解析和风貌要素体系构成入手，同时基于风貌构成要素之间的有机关联性，探讨小城镇风貌要素保护与再现的表达方法，使小城镇的自然环境、人文环境和人工环境相互协调、延续并具有特色。接着，针对小城镇风貌要素的不同空间尺度、控制对象、深度和要求，构建宏观结构规划控制—中观分区控制导则—微观要素控制细则的多层次风貌规划控制体系。建立多层次小城镇特色风貌规划体系，在宏观层面进行结构规划控制，同时为避免传统小城镇风貌规划难以深化和落实的弊端，效法控制性详细规划引入控制导则，在中观和微观层面编制分区控制导则和要素控制细则，将宏观层面的规划控制意图分解落实到各片区和各要素的具体控制内容和要求中，保证风貌规划各层次的控制内容和要求在体系内部的衔接和延续，以期有效地控制引导各层面小城镇风貌的有序塑造和发展，期望能为类似的规划实践提供经验借鉴。

2 小城镇风貌构成要素体系

2.1 风貌的解析

“风貌”是一个综合的概念。在中文语境中，《辞海》里解释为事物的风采和面貌。在哲学范畴中，“风”和“貌”反映精神层面“道”和物质层面“器”的辩证统一关系。两者相互联系和转化，最终达到动态平衡、和谐统一的状态。学者们普遍认为，小城镇风貌中的“风”是对小城镇社会人文取向的非物质形态的概括，即小城镇风采、社会习俗等人文环境的统称；“貌”则是对小城镇总体环境物质形态要素的综合把握，即建筑、山体河流等小城镇自然环境和人工环境的外在表现。“貌”由“风”生，是“风”的载体，两者互为依托，相辅相成，共同形成具有独特文化内涵和精神取向的小城镇风貌[10]。

综合来看，小城镇风貌是通过人文环境、自然环境和人工环境体现在小城镇发展过程中形成的小城镇传统风俗、历史文化和小城镇生活的整体环境特征，既反映小城镇空间格局和自然景观环境等物质内容，又呈现地方历史文化和民俗风情等精神成果，是小城镇区别于其他小城镇的整体特色和个性的表达。

2.2 风貌体系构成

基于“风”与“貌”的解析，结合景观学、建筑学、形态学、生态学等学科基础，确定小城镇风貌体系由人文环境风貌、自然环境风貌和人工环境风貌三者共同构成，以生态优先、文脉保护、整体协调、突出个性为原则，筛选具体的构成要素（图 1）。

人文环境风貌是小城镇的“基因”，具有独特性，即人无我有、人有我优的特性，是小城镇固有的可以传承的财富，如烙印一般，自小城镇形成那天

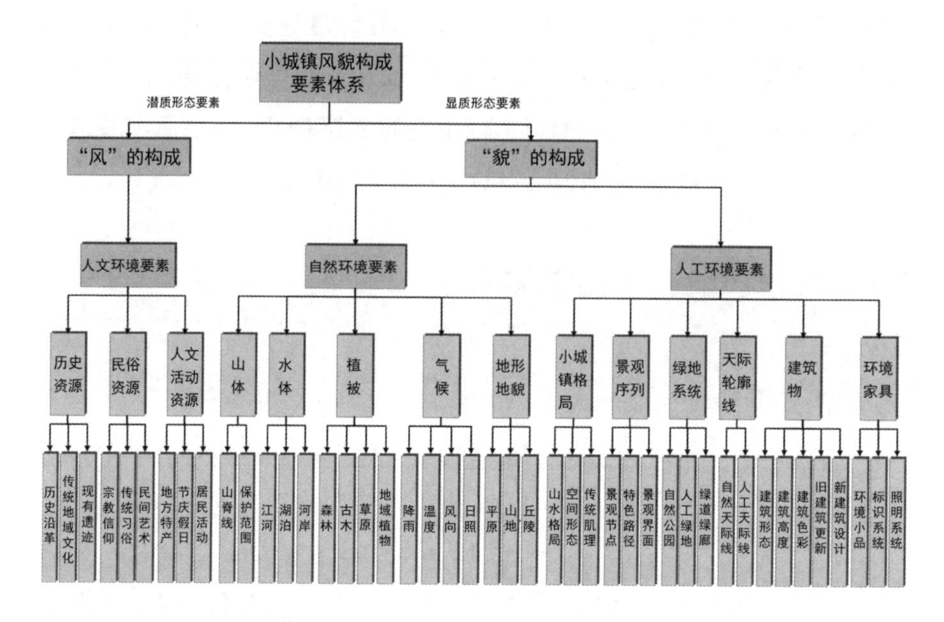

图1　小城镇风貌构成要素体系

起就一直伴随其成长而充实。对人文环境的挖掘是塑造小城镇特色精神场所、体现价值、展现历史内涵、提升竞争力的重要途径。

自然环境风貌是小城镇的"基质",具有地域性,是小城镇自然本底和景观风貌的主要特征。自然景观要素的合理利用对于形成良好的小城镇景观风貌具有积极的作用,把握小城镇的自然环境风貌,使自然与小城镇有机结合,是塑造小城镇风貌的重要环节。

人工环境风貌是小城镇的"基础",具有整体性和形象性,是小城镇风貌的重要组成部分,体现认知小城镇物质空间载体的整体主观印象和视觉印象。人工环境风貌的挖掘反映出小城镇的民俗特点和时代特征,与居民的日常生活关系密切,是文化内涵的载体。

3　小城镇风貌要素保护与再现方法

3.1　风貌要素的系统整合与重构

小城镇风貌构成要素体系由自然环境要素、人工环境要素和人文环境要素构成。其中,人工环境是人文环境的物质载体,人文环境是人工环境的精神所向,两者又都存在其本底自然环境之中。因此,风貌要素的保护与再现不仅仅是针对单一的物质空间,也不是某种文化,更不是某个地区的自然环境,而是强调三者的联系共生,最终形成自然—人文—人工的网络关联状态,三个要素通过相互制约、相互作用的协同效应达到共融,最终决定小城镇的形象(图 2)。协同效应在物理学上指两种或两种以上的成分相加配合在一起,所达到的效果大于各个成分单独应用时效果的总和。对于小城镇风貌要素亦是如此,协同的要点体现在通过辨别各要素的特点和他们之间的协同关系来获取最优化的效果[11]。

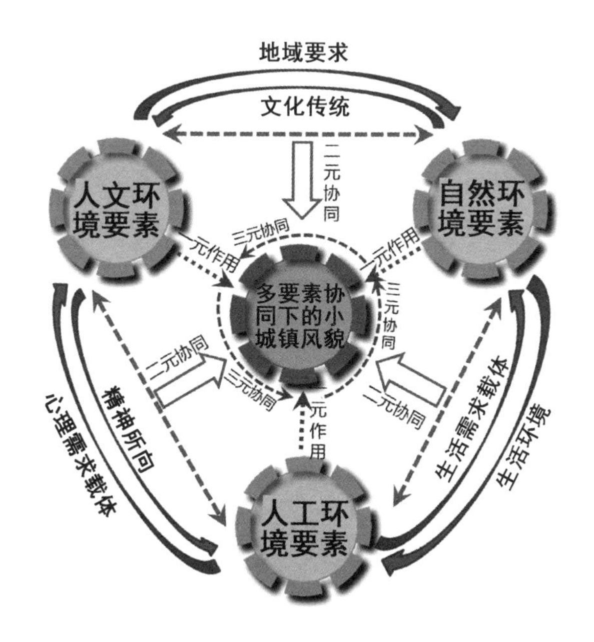

图 2　风貌要素的网络关联效应

3.2　人文环境要素的提炼与延续——筑核、存根、续脉

要做到传承地域历史文化,展现当地民俗风情,需要在建设前期对其所蕴含的历史文化等人文环境要素的提炼与延续进行深度分析,挖掘小城镇本身存在的相对孤立的传统文化,有目的地创造新的有机关联。同时,在小城镇建设过程中将传统文化气息植入特定的空间场所,这不但强化了文化内涵,增加了小城镇历史感,更提升了小城镇生活品质[12]。

3.2.1 文化载体的提炼展示

即“筑核”,是指对非物质文化要素进行提取载体—对象化加工—提炼再现的过程。具体方法如下:

(1) 符号性载体的传承表现。如体现传统生活、具有生活内涵的捏面人,画糖画等非物质要素的再现,还可以在景观小品设施、特色路名等方面有所传承。

(2) 场景性载体的空间演绎。如延续与整理并构筑适于各种仪式发生空间场所,包括带状线性及点状聚集性的公共空间场所和街巷、院落等传统生活空间等。

(3) 历史印记的集中展示。如通过建造传统民俗博物馆、历史文化博物馆等纪念空间来集中展示历史印记。

3.2.2 文化意境的营造再现

即“存根”,是指意境再现的形式、造型和空间等往往扣人心弦,引发人们对历史、民俗风貌整体和细节的想象和理解,应针对不同类型的文化对象营造出其所特有的文化意境。具体的再现方法如下:

(1) 历史文化意境再现。如再现古城墙的历史文化,采用多种手段恢复和呼应小城镇历史结构,追寻和修复小城镇建设的历史根基。

(2) 民俗文化意境再现。如在中秋节、端午节、重阳节等民俗节庆时将赏月、赛龙舟、登高等节庆活动传承延续,再现民俗文化意境。

3.2.3 小城镇历史肌理的延续

即“续脉”,本质是小城镇历史文化的传承与延续。小城镇肌理则是其在历史发展过程中的沉淀与积累而逐渐形成的一种空间格局,是对社会结构的演化进程的空间反映[13]。这要求在小城镇风貌建设中,小城镇的整体风貌、空间格局、文化风俗传统等反映小城镇肌理的要素特征应保持较好的稳定性,避免文化肌理的脱节。

3.3 自然环境要素的保护与利用——显山、露水、透绿

自然环境对小城镇初期的空间格局形成有重要的影响,两者有着明晰的图底关系,不仅为小城镇提供长期生存的生态环境,同时还为小城镇各发展时期保留了居民的活动痕迹[14]。现存许多风貌特色鲜明的小城镇都处于

自然条件较好的地理区域，选址围绕着山体、河流等自然要素，在小城镇建设过程中应遵循生态自然的原则，巧于利用上天赋予的大自然资源，传承自然环境特色。

3.3.1 山体资源的合理开发

即力求“显山”。山体是小城镇自然环境要素的重要组成部分，属于不可再生性的景观，对此更要强化对其的保护与控制，避免一切损坏性的建设活动。小城镇山体景观重塑的核心在于构建连续的生态网络，将原本自由分散、空间分割的山体，通过人工手段进行串联，产生“显山、入山、串山”的效果(图3)。

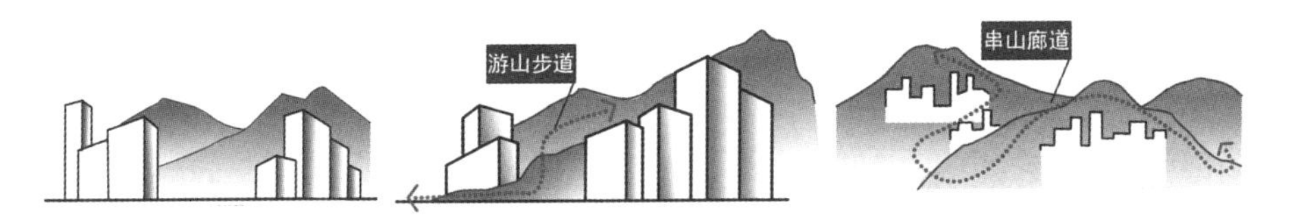

图3　显山、入山、串山示意图

3.3.2 水体资源的生态处理

即力求“露水”。水体资源包括江河、湖泊、河岸等，同样也是小城镇风貌的重要组成部分。范围大的水体可以作为小城镇的“图底”，烘托出开放自由的小城镇肌理；范围小的水体具有亲近感，易于带动小城镇的活泼氛围[15]。因此，对水体要素进行合理的保护和利用，有利于改善和提升小城镇环境质量。基于水体要素的角色和居民需求，对水体资源生态处理的方法分为两点：建设滨水生态驳岸和提高滨水空间的多样性(图4)。

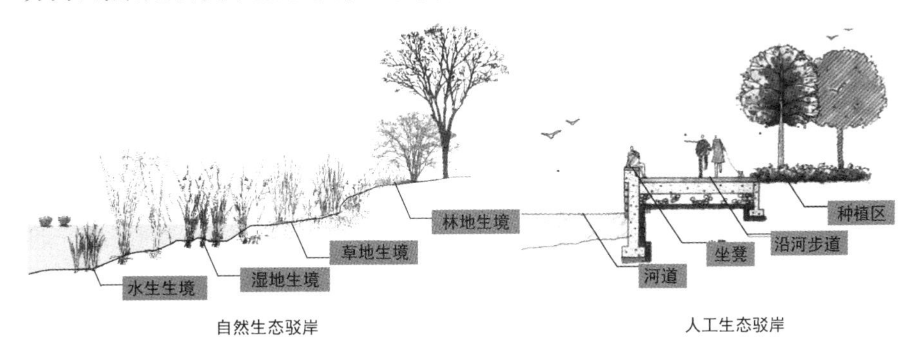

图4　滨水生态驳岸示意图

3.3.3 绿化植被的特色种植

即力求“透绿”。在自然要素中,除了山水,植被景观是自然环境要素又一重要组成部分,有利于装扮小城镇、美化小城镇景观风貌,并且具有可塑性,一定程度上反映出小城镇的区位与气候条件。不同的地域环境造就了植被独特的地方特色,增强了小城镇景观的可识别性。因此,需要对小城镇选用适宜的植物绿化,种植不同地域特色的植被。

3.4 人工环境要素的分层次再现——营城、乐活、塑景

在小城镇风貌系统的空间结构中,人工环境是占据主导地位的要素,小城镇风貌要素保护与再现实践的重点在于对小城镇物质风貌特色的挖掘,而物质风貌特色并不仅仅是风貌构成要素的简单加和,而是在特定的自然环境和人文环境中,通过“营城”“乐活”“塑景”的方法去组织小城镇格局、景观序列、绿地系统、天际轮廓线、建筑物和环境家具等人工环境要素的分层次保护与再现。

3.4.1 小城镇格局的整体塑造

小城镇自然山水格局、空间地理关系、社会经济发展的区域关系和相关规划都是确立小城镇格局的关键因素,小城镇所依附的自然环境是唯一的,独特的山水格局、地形地貌、植被景观形成小城镇空间的构图基底,社会经济发展的区域关系决定小城镇空间的发展方向和基本形态特征,相关规划确定小城镇新旧城区空间关系。因此,小城镇的整体格局塑造应融入生态理念,形成以生态串联格局的网络模式(图 5)。

3.4.2 景观序列的特色组织

小城镇的景观序列组织直接映射小城镇整体风貌意象,表现小城镇空间的序列感、节奏感和连续性。从点—线—面的序列结构来看,主要包括景观节点、特色路径和景观界面三部分。采用以点串线、以线促面、点面结合的方式可增强景观序列的识别性,有利于形成完整、极具韵律感的景观组织意象。因此,景观路径的特色组织首先梳理路径与节点的关系,利用良好的自然因素,整体把握、有条不紊地形成特色组织形式和变化的有趣空间,有利于游人感知丰富的景观资源(图 6)。

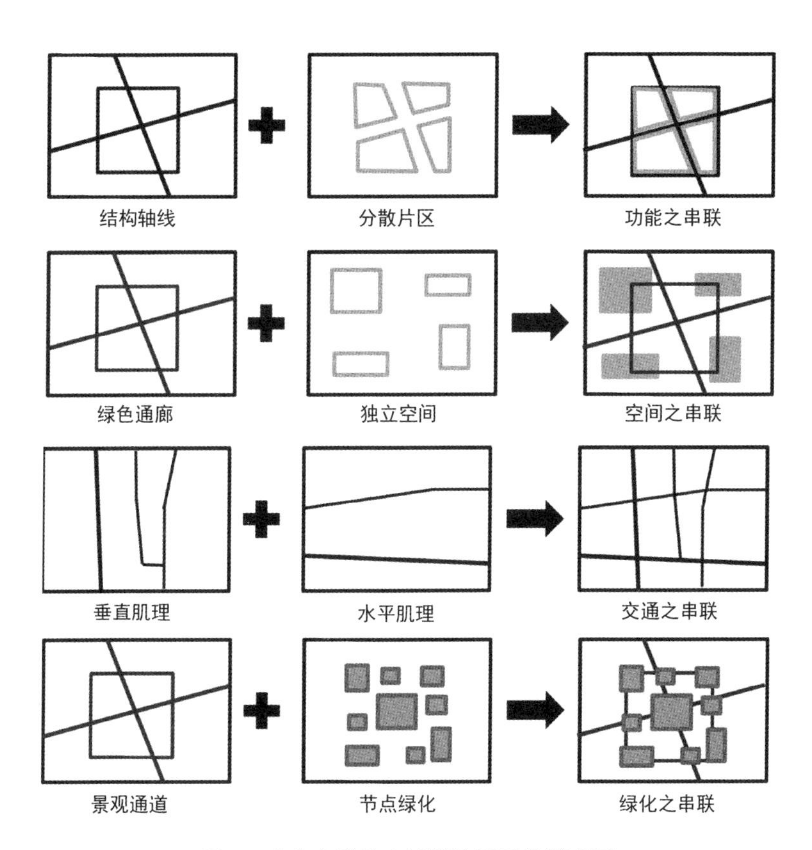

图 5　生态串联的小城镇格局网络模式图

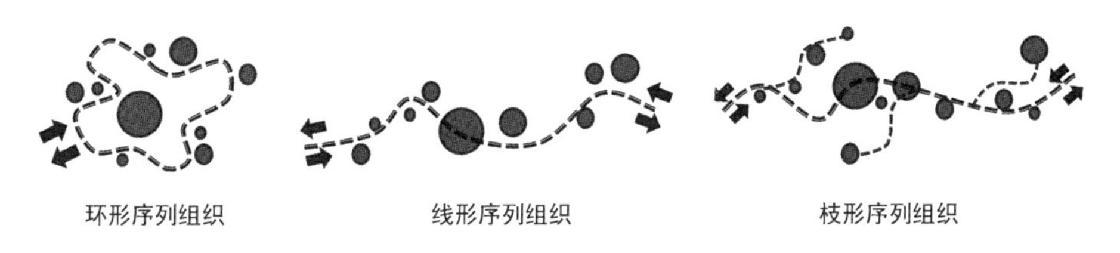

图 6　景观序列的组织形式示意图

3.4.3　绿地系统的网络构建

小城镇风貌规划的重要目标是达到小城镇自然空间结构的和谐统一，运用景观生态学理论中的"斑块—廊道—基质"模式，建立良好的生态网络系统。首先应保护好本底生态环境这一基质的完整性，建设联系小城镇与周边自然环境的生态廊道，连接小城镇中完整或分散的绿色斑块，使其与小城镇外围自然景观建立呼应关系,从而更好地营造小城镇良好的自然风貌。绿地格局的系统构建是指完善小城镇的“绿色神经系统”,是对小城镇绿地空间格局的塑造,可以分为“分隔”“通廊”“展网”“点缀”四个过程(图 7)。

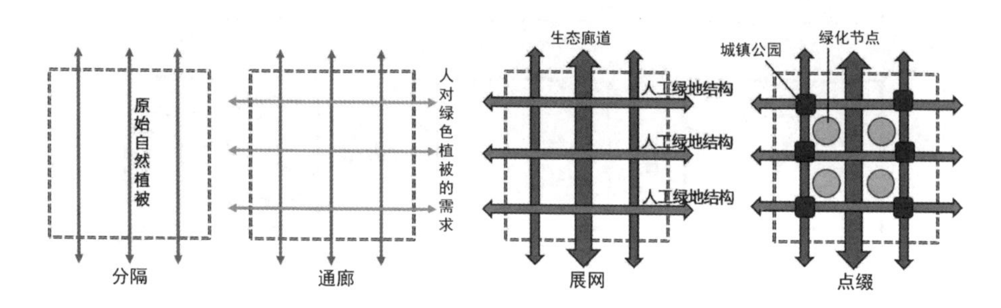

图 7　绿地格局的系统构建示意图

3.4.4　天际轮廓线的协调控制

天际轮廓线可以分为自然和人工天际线两种。两者在空间上相互呼应,根据两道天际线的空间位置关系,划分为“脱节”“遮挡”“相对”“相似”四种表现形式(图 8)。前两种忽视了建筑与山体的相互关系,塑造出来的景观形态缺乏美感;而后两种则很好地协调了两者的空间呼应关系,从正反两个角度较好地重塑了建筑和山体轮廓,观赏性较强[16]。天际线的控制应从该地区的自然地理环境特征入手,结合小城镇的总规和控规对地区建筑高度进行控制,通过错落有致的建筑轮廓线来呈现建筑群体在以远山为背景,江河湖畔作为近景的构图中,形成和谐优美的曲线形态。

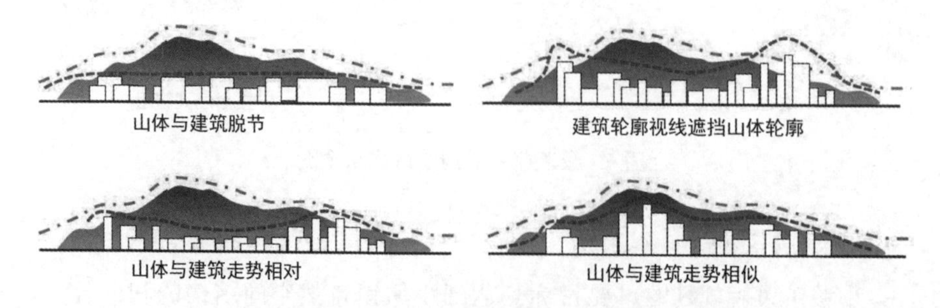

图 8　建筑与山体轮廓的关系示意图

3.4.5　建筑物的特色风貌再现

建筑物是体现小城镇风貌的最直接、最基础、与小城镇居民切身利益关系最密切的物质风貌要素，也是小城镇历史文化、风俗民情最重要的载体，在小城镇风貌建设过程中应构建整体协调、风格多元的建筑形态、高度、色彩。因此，建筑物通过以下几个方面再现特色风貌。

(1) 建筑形态及组合形式。对于历史片区，应注重历史文化的传承，营造古香古色的建筑外形；对于新建片区，建筑形式突出城镇发展的同时协调好地方特色，新旧特征协调统一，使得小城镇风貌韵律感、和谐感兼备。

(2) 建筑高度。首先，建筑外轮廓要与自然天际线相呼应，同时，需要协调好与滨水景观的视线关系，保证景观视廊的通透与开敞。其次，防止高层建筑临近山体而对其产生压迫感，不同高度的建筑在横向分布上应采取"中间高，两边低"的布局方式。

(3) 建筑色彩。小城镇色彩应营造具有独特、艺术感的整体色彩，与小城镇历史、文化和自然条件相协调，符合公众的审美感受和发展诉求。小城镇色彩的控制，简单地说，就是讲求整体基调统一、注重分区色彩个性、突出个体建筑差异。

3.4.6 环境家具的统一展示

环境家具指小城镇外部空间中具有审美和观赏价值，供人们日常生活所需的构筑物。包括有环境小品、标识系统和照明系统。由于环境家具的种类繁多，其保护与再现的首要任务是基于考量该地域的传统文化和自然景观和谐统一，再对环境家具系统进行整体的布局安排，要综合考虑环境家具在外部空间环境的比例尺度、样式色彩、主次关系以及特色的连续性等方面。同时做到在统一协调的基础上突出地域特色，起到丰富和强化小城镇整体风格的关键作用。

4 多层次的小城镇风貌规划控制体系

基于系统理论的层次性和复合性可知，对于小城镇风貌建设需要对不同空间尺度，控制对象、深度和要求进行控制，通过以问题导向、整体性理念、分片区控制和分要素引导构建方法分析，做到宏观上把控全局，中观上组织分区，微观上突出具体对象，建立多层次的小城镇风貌规划控制体系，包括宏观层面的结构规划控制、中观层面的分区控制导则以及微观层面的特色要素控制细则(图 9)。运用宏观分析与微观分析相结合的研究方法，加强三个层次间规划控制内容的衔接和延续，需要有所侧重和区分，同时处理好风貌规划控制体系与现有规划体系的对应关系，以此增强体系的统一性、整体性和可操作性。

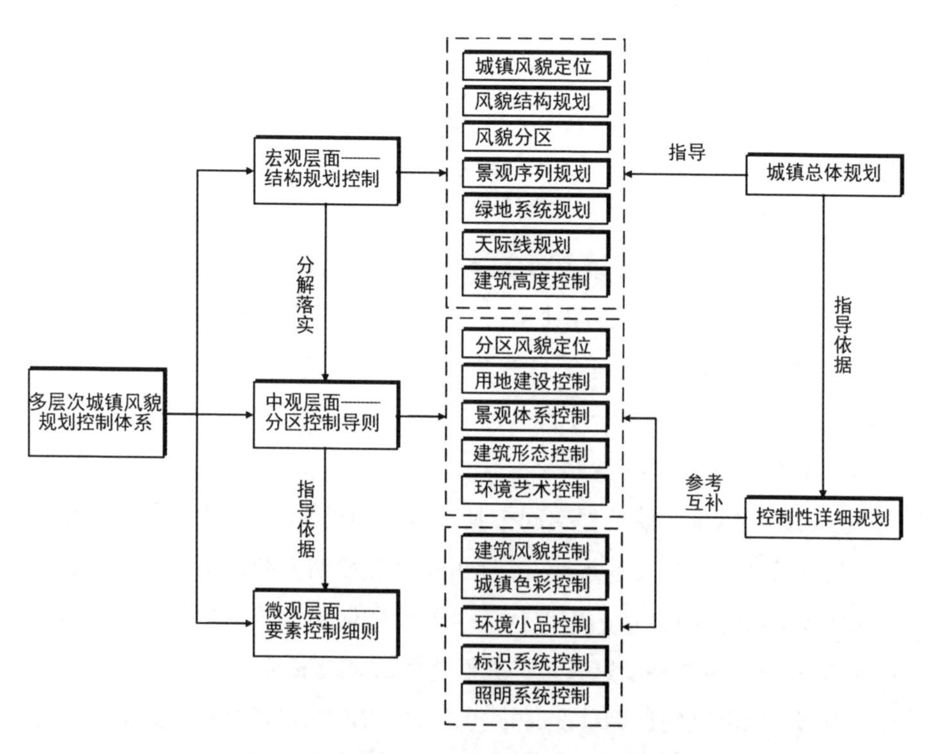

图 9　多层次的小城镇特色风貌规划体系

4.1　宏观层面——结构规划控制

宏观层面的结构规划控制可看作是战略性规划控制，于宏观尺度综合、全面地把握塑造小城镇整体风貌的发展定位和目标，明确风貌格局。宏观层面的控制内容涵盖影响小城镇整体形态的各类重要的风貌要素，通过提炼、归纳确立小城镇结构和分区，并对景观序列、绿地系统、天际线、建筑高度等形成特色风貌的重要内容提出控制和引导要求。在这一层次应重点考量这些要素的特色表达方法，辨别出主次形象建设趋向，为下一层次的风貌控制提供依据（表1）。

表1　风貌结构规划控制内容一览表

分区层面控制项目	控制内容
风貌结构规划	梳理现状山水格局，结合传统空间机理，共同规划小城镇特色的山水风貌结构。首先确定风貌结构的核心，再确定小城镇中具有共同特点的风貌组团，与小城镇风貌核心做到点点—点面—面面有机结合。最后控制风貌轴线，将风貌核心与各组团有机连接起来，构成风貌特色的“骨架”，形成一个互相促进和补充的风貌有机体
风貌分区	将具有相似特征的风貌要素划入同区进行控制，提出不同区域风貌建设的对策和方法，并基于要素的功能特征和景观特征表达不同的功能主题和景观立意，使小城镇风貌建设与功能发展相结合，在体现特色的同时满足发展要求
景观序列规划	规划控制小城镇点—线—面的序列结构，主要包括景观节点、特色路径和景观界面三分部。梳理小城镇交通门户节点、小城镇功能节点和自然景观节点，结合小城镇滨水绿化带、主要景观轴线等特色路径，共同形成小城镇风貌景观界面
绿地系统规划	依托自然山体、水体形成绿地系统基本骨架，围绕小城镇功能区的功能活动，以绿色斑块形式组织公共活动中心，采用线性绿色景观要素，组织小城镇绿道绿廊，联通生态本底，串联景观节点，并依托小城镇街道，结合建筑景观，组织开敞空间的面状绿化，共同形成“点—线—面”的绿地系统网络格局
天际线规划	遵循保护、协调及优化的原则，利用对景、对称、轴线、序列等景观设计手法布局小城镇标志性建筑，塑造丰富优美的小城镇动态天际线。控制首先应该体现小城镇独特的自然本底特征，其次注重人工天际线和自然天际线的层次关系，并结合空间的变化营造生动、连续的天际线景观
建筑高度规划	从小城镇整体空间结构出发，根据主观视觉校验，考量天际线和视线控制，并结合门户景观段、小城镇特色景观段的风貌控制要求，提炼适宜的高度分布规律，全面规划小城镇建筑高度控制，划分制高点区域、次高区域、一般区域和特殊区域。形成高低起伏、和谐统一的垂直空间

4.2　中观层面——分区控制导则

中观层面的分区控制可看做是操作性规划控制，以宏观层面的结构控制为指导依据，同时协调微观层面特色要素的引导要求，考虑如何将其具体进行操作实施。控制内容主要是借鉴控规导则的编制方法，以定性与定量相结合的方式，从风貌定位、用地建设、景观体系、建筑形态、环境艺术五个方面的控制将宏观层面的风貌控制目标细化落实到各风貌分区，并以控制导则的形式予以明确的指引(表 2)。风貌控制导则与控规控制导则相互补充,相互协调,相辅相成,以实现对分区的土地经济技术指标和风貌控制指标的双重控制,并与要素层面的细则控制引导有效衔接。

表 2　风貌分区控制内容一览表

分区层面控制项目		控制引导内容
风貌定位		根据各分区的主体功能,确定其特色风貌定位与目标,集中体现小城镇特色内涵和形象
用地建设控制	用地规划	在小城镇总体规划的基础上,结合整体风貌结构,调整并细化各区的用地性质
	建筑后退控制线	控制低层、多层、高层建筑对道路红线、蓝线、绿线的后退距离。临街建筑同时考虑贴线率要求,以营造整齐的临街建筑界面、特色鲜明的建筑入口形象和丰富的街道景观
	主要建设指标	结合控制性详细规划的控制性指标,对各区用地的用地性质、用地面积、容积率、建筑限高、建筑密度和绿地率提出定量指标控制
景观体系控制	视线通廊及标志点	对道路或自然要素界面进行视景控制,着重考虑与重要观景区的相互关系,同时对重要标志点和一般标志点进行视域范围的控制
	开放空间及轴线	围绕山体、绿地、水环境打造开放空间,控制街头绿地、广场空间及沿街绿道等开放空间以及串联开放空间的景观轴线的尺度与通透性
建筑形态控制	建筑风格	依据建筑群的整体效果,保持小城镇风貌特征的可识别性,对各区建筑风格进行总体控制
	建筑材质	对建筑立面、屋顶使用材料进行通则式引导
	建筑色彩	控制色彩总体定位和色彩总谱,明确主辅色和点缀色的控制与引导。控制风貌组团的色调,提出风貌分区推荐色谱
	建筑组合形式	对建筑组合如围合式、综合体、行列式、点列围合及街巷式等形式及其形成的空间环境提出控制引导
环境艺术控制	环境小品	根据组团和分区的风貌控制要求,对不同类型的环境小品提出形式、材质和色彩的具体控制引导
	标识系统	根据组团和分区的风貌控制要求,对不同类型的标识提出形式、材质和色彩的具体控制引导
	绿道	根据绿道网络总体结构,再将绿道进行分类,分别对断面、坡度、铺装以及服务设施提出指引
	照明系统	根据组团和分区风貌控制要求提出各类照明风格、材质、形式的控制指引

4.3 微观层面——要素控制细则

微观层面的要素控制是对具体的要素进行细则控制指引。小城镇特色风貌控制规划不仅面向小城镇整体、分区的风貌建设，而且也着眼于小城镇风貌构成中反复出现的风貌符号，即标志性要素。具体控制以分区风貌控制内容和要求为前提，包括建筑风貌控制、色彩控制、环境小品控制、标识系统控制及照明系统控制，于微观尺度进一步落实小城镇特色风貌控制引导要求（表 3）。

表 3 风貌要素控制内容

要素层面控制项目	控制原则	控制引导内容
建筑风貌控制	整体建筑群统一化协调；单体建筑多样化设计；建筑细部展现地域特色	提炼地域建筑的具体做法（如建筑形体轮廓、建筑结构、建筑屋基、建筑屋顶、建筑门窗、建筑构件细部、建筑图饰装饰等），并解析提取传统特色元素。 直接或改变后应用到旧建筑更新和新建筑设计中。分别提出旧建筑改造和新建设设计策略，以及具体改造和更新示意图
色彩控制	整体和谐、丰富有序；体现本土特征和文化价值；突出时代感与现代感；与自然环境相协调	确定小城镇整体色彩基调，提取主辅色和点缀色，明确小城镇色彩定位和色彩总谱。 提出组团控制色调，并对小城镇各风貌分区的色彩具体控制，给出推荐分区色谱。 对公共、居住、商业、乡村、厂房等不同功能类型建筑进行色彩控制引导
环境小品控制	符合文化发展、材料因地制宜、整体协调、分区控制	兼顾观赏性和功能性的要求，满足人们对小城镇特色生活品质的需求，根据组团及分区的总体风格控制小品的形式、材质、尺寸和色彩
标识系统控制	系统化、规范化、人性化	广告标识划分控制分区，根据广告标识具体空间位置的不同，提出相应的形式、尺寸要求。 导向标识控制总体布局、明确设置位置以及形式、材质、尺寸和色彩的控制指引
照明系统控制	以人为本、重视功能性、节能环保	依据小城镇空间和景观整体骨架，明确照明总体结构，根据新老城区的风貌特点，分别对道路照明、建筑照明和景观照明的种类、风格、材质、色彩、形式上提出控制指引

5 讨论与结论

风貌特色体现小城镇的品牌、竞争力，是小城镇独特魅力所在。基于民族文化的高度自信与自豪，应当加强对小城镇风貌特色的规划建设与提升再现，应当延续小城镇传统文化，保护和塑造富有特色的小城镇风貌，让小城镇在历史的长河中既保持传统韵味又彰显时代精神。

乡村振兴战略的实施需要一个有力的抓手和有效的载体，而小城镇的特色风貌建设正是这一"有力的抓手"和"有效的载体"，因为通过小城镇的特色风貌规划，能够把乡村特有的集自然风光、历史传承、文化底蕴、风土人情、生活习俗等为一体的特色资源进行空间、形式、内容上的进一步凝聚和整合，打造具有浓郁地方特色和鲜明产业特色的美丽乡村，推动乡村特色产业的发展，为乡村振兴战略的实施奠定基础。

论文思考和研究基于自然、人文、人工等要素的小城镇风貌体系构成，从所包含的内容衍生出系统整合与重构、人文环境要素的提炼与延续、自然环境要素的保护与利用和人工环境要素的分层次再现四个方面的风貌要素保护与再现方法，搭建多层次的小城镇特色风貌规划体系框架，试图在小城镇层面对整体风貌结构意向进行统领，在片区层面对风貌分区进行详细控制指引，在要素层面对风貌标志性要素进行塑造性把握，实现从整体到分区，再到要素的全方位系统控制与引导。这种兼具系统性和要素性的风貌控制研究是一种规划方法上的创新，提升风貌规划的控制力、可操作性和可实施性，以期为其他小城镇的风貌规划和建设提供有益借鉴。

参考文献

[1] 杨华文，蔡晓丰.城市风貌的系统构成与规划内容[J].城市规划学刊，2006(2)：59-62.

[2] 顾鸣东，葛幼松，焦泽阳.城市风貌规划的理念与方法——兼议台州市路桥区城市风貌规划[J].城市问题，2008(3)：17-21.

[3] 蔡晓丰.城市风貌解析与控制[D].上海：同济大学，2006.

[4] 张继刚.对城市特色哲学分析的初步认识[J].规划师,2000(3):113-116.
[5] 王建国.城市风貌特色的维护、弘扬、完善和塑造[J].规划师,2007(8):5-9.
[6] 杨保军,王飞."器""道"有别,"新""古"相谐——北川新县城城镇风貌与建筑风格的基本取向[J].城市规划,2009(12):9-15.
[7] 黄莎莎.以问题为导向、以廊道为操作载体的城市风貌规划方法研究[J].小城镇建设,2010(9):67-72.
[8] 段德罡,刘瑾.貌由风生——以宝鸡城市风貌体系构建为例[J].规划师,2012(1):100-105.
[9] 刘瑾.城市风貌规划框架研究[D].西安:西安建筑科技大学,2011.
[10] 梁敏,龚亮.多尺度小城镇色彩控制规划方法研究——以贵州省丹寨县为例[J].建筑与文化,2015(6):182-183.
[11] 王晓.小城镇地域传统建筑风貌整治设计研究[D].重庆:重庆大学,2012.
[12] 王宁.山西地域特色小城镇景观风貌规划探析[D].太原:太原理工大学,2012.
[13] 戴宇.基于城市格局与肌理的城市风貌改造[D].成都:西南交通大学,2005.
[14] 邱强.重庆小城镇传统景观风貌特色分析与优化[J].重庆建筑,2007(2):23-26.
[15] 熊亚男.小城镇滨水景观深生态设计研究[D].长沙:中南林业科技大学,2014.
[16] 付晶晶.面向管理的小城镇风貌规划编制内容研究[D].武汉:华中科技大学,2011.

基于集体认知地图的小城镇空间意象研究

——烟台7个镇的案例*

何熠琳[1] 张立[1] 邓观智[2]

（1. 同济大学建筑与城市规划学院 2. 山东圣凯建筑设计咨询有限公司）

【摘要】 集体认知地图在城市空间意象研究中得到广泛应用，但其尚未引介到小城镇层面的研究。本文以烟台市7个镇为例，采集了105份认知地图，尝试探析小城镇空间意象的集体认知特征。研究表明：①集体认知和个体认知的要素频次相似，且呈现出“主街”“主村”“多地标”的特点；②小城镇集体认知要素间以道路为纽带，显示出带状发展的空间组合模式；③从镇村关系切入，可以将小城镇的空间意象划分为镇村融合型、镇村独立型和飞地开发型三类，其各自表现出不同的集体认知特征。继而针对小城镇的集体认知特征，提出了提升小城镇风貌质量的若干建议。希冀本文对深入探索小城镇的空间意象有所贡献。

【关键词】 集体认知地图 小城镇 空间意象

1 引言

认知地图是人在对环境学习过程中在头脑中产生的一张类似的田野地图[1]，反映了人类对于客观世界的认知，最早由心理学家爱德华·托尔曼提出[2]。凯文·林奇在1960年将认知地图方法引入城市意象研究，提出了集体认知地图和道路、区域、边界、节点、地标五大要素概念，构建了一套完整

* 本文受国家自然科学基金（编号：51878454）和住建部课题联合资助。

的城市空间意象调查与研究框架[3]。

此后,基于集体认知地图对城市意象和空间改善的研究不断增多。顾朝林等基于北京城市公众意象提出维持网格状道路、强化边缘和向心性等建议[4]。李雪铭等针对大连城市空间意象结构地区失衡的问题,认为应从强化可方向性和可意象程度入手[5]。熊奕铭调查长沙城市意象发现,可从道路、地标和节点三方面提升主城区的认知度[1]。刘祎绯等对拉萨城市历史景观进行分析,建议延续布达拉宫等高频意象区域的民族特色[6]。

但是作为中国城镇体系中兼具城乡二元特征的小城镇,其空间具有兼具城乡的特征。学界对于小城镇的集体认知研究大多局限于旅游型和历史型[7-10],并提出旅游规划与开发的相关建议。虽然上述研究对集体意象的空间结构有一定程度的探讨,但受限于样本类型和数量,缺乏对于更广泛小城镇的空间组织、意象结构、集体认知的系统性研究,难以对小城镇的空间组织形成理论性指导。

因此,本文在梳理现有对集体认知地图的研究方法基础上,以烟台市作为案例区域,选取多类型的小城镇样本,从表达方式、构成要素、认知分类等方面展开分析,并提出对小城镇风貌质量提升的若干建议。

2 集体认知地图的研究方法

2.1 集体认知地图研究

公共意象,是大多数居民心目中所拥有的对城市或区域的共同意象,即在单一的物体载体、共通的文化背景以及相同的基本生理特征三者的相互作用过程中,可能会达成的一致领域[2]。相较于个体意象,基于集体认知地图的公共意象缺乏系统和成熟的研究体系,因此在表达、构成、结构等方面停留在原理性和探索阶段,并未出现如 Appleyard[11] 等对于个体认知地图的较为成熟理论研究。

2.1.1 集体认知地图的表达

凯文·林奇以波士顿等城市为例(图 1)构建了集体认知地图表达的原型[3],并提出了五大要素主次成分的区分,影响了此后的大量研究,如冯

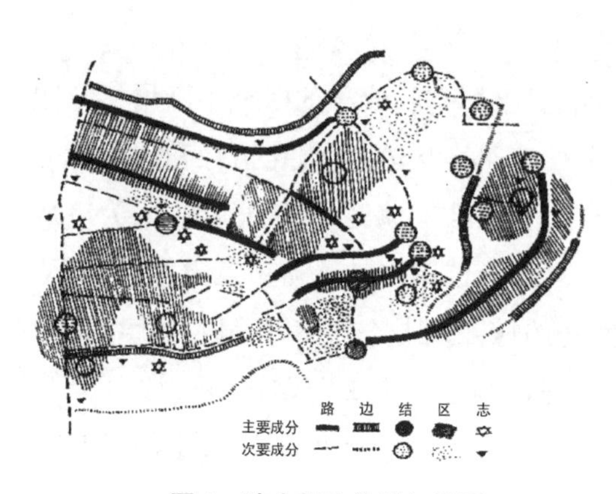

图 1　波士顿集体认知地图

注：资料来源[3]

健[12]、李郇[13]、刘祎绯[6]、罗德成[14]等。集体认知地图以频率分级表达的模式也逐渐形成，可分为全要素型（图 1）、分频次型（图 2）两类，但受制于调研区域特征、样本数等原因，显示出较大的差异性（表 1），其中全要素型能清晰表达集体认知的构成，分频次型对明晰主体结构、类型划分具有借鉴意义。

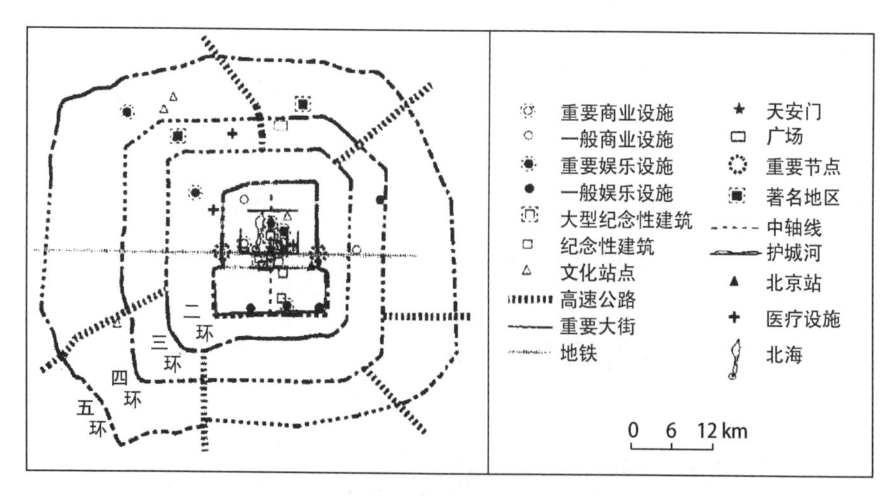

图 2　北京城市意象的空间结构（频率范围：1%～35%）

注：资料来源[12]

表 1　集体认知地图表达类型的研究案例

研究事例	对象地区	样本数量（份）	集体认知图表达		
			类型	划分比例	具体标注
李郇等（1993）	广州城区	276	分频次型	10%、20%、30%	—
冯健（2005）	北京市区	323	分频次型	1%、2%、4%、20%、35%	重要商业设施、重要娱乐设施、大型纪念性建筑等

（续表）

研究事例	对象地区	样本数量（份）	集体认知地图表达		
			类型	划分比例	具体标注
罗德成（2012）	重庆市主城区滨江地带	40（普通组）	全要素型	20%、60%	—
张梦琦（2013）	北京市区	43（普通组）	全要素型	—	天安门、火车站等
李巍（2013）	甘南郎木寺镇	108	分频次型	1%、10%、30%、60%、90%	旅游景点等
刘祎绯等（2018）	拉萨历史地区	68	全要素型	0%、25%、50%、75%、100%	—

2.1.2　集体认知地图的要素

集体认知地图的要素分析和个体认知要素具有一定的相似性，因此往往不作为分析的重点，现有研究偏向作为公共意象的框架总结，不涉及对于构成要素、要素间联系的具体分析。例如，费一鸣[15]解析苏州意象时提出，苏州集体认知是以区域为主划分，以人民路和干将路两条主要主干道为支撑，以各大园林、大型娱乐场所为节点，古塔等点缀其中的框架结构。顾朝林等[4]认为北京“公众意象”以二环路为界，“内城区”意象次结构明晰，“外城区”则次结构趋于模糊，由主干道和少数节点、地标构成。

2.1.3　集体认知类型

相较于个体认知类型的不断深化，集体认知类型划分尚处于起步阶段，主要因为调研对象往往是单一的城市或区域，缺乏可以横向划分类型的条件和参考。凯文·林奇在《城市意象》一书中对于个体的认知类型进行了初步分类：孤立结构、位置结构、弹性结构和刚性结构[3]，这对于本文集体认知类型的划分提供了参考方向。

2.2　案例特征

烟台市下辖82个建制镇，根据区位、风貌、乡镇职能、产业等特征，选取具有代表性特征的7个建制镇作为研究案例。

表 2　烟台调研小城镇基本概况

小城镇	镇区规模（hm^2）	区位	主导产业	镇区村庄数（含驻地村）	城镇风貌
刘家沟镇	158	东邻烟台开发区、西毗蓬莱城区	农业、海产养殖、葡萄酒产业	2	
桃村镇	1 020	烟台各市区中心，交通枢纽	工业、商贸和物流产业	2	
辛安镇	266	海阳市西南部，在青岛 1 小时经济圈内	生态农业、针织产业	2	
张格庄镇	84	福山区西南部	樱桃产业	2	
土山镇	400	莱州市西南部	制造业	8	

（续表）

小城镇	镇区规模（hm^2）	区位	主导产业	镇区村庄数（含驻地村）	城镇风貌
玲珑镇	110	招远市区东北方向，毗邻市区	黄金产业	1	
照旺庄镇	1 140	莱阳市东南7公里处	农业	2	

数据来源：数据来自当地政府2018年基础数据，照片为实地拍摄。

本次调查于2018年开展，采集到认知地图合计105份，受访者年龄以30～50岁（54%）为主，男女比例总体较为平衡（52∶53）；文化程度以初中（40%）和高中（29%）为主，其次为大专（14%）和小学（10%）；受访者职业则以经商者（45%）为主，其次是务农者、打工者和兼业者。

2.3 研究方法

本文将凯文·林奇的集体认知地图方法体系应用于烟台市的小城镇空间意象研究，通过与镇区居民面对面交谈并结合问卷的方式进行认知地图的收集。研究对地图中出现的要素进行分类、叠合、统计和分析，归纳出集体认知图，探讨集体认知地图的表达方式、构成认知要素、认知分类、规划应用。

3 小城镇空间的集体认知特征

集体认知地图是指，将单一的居民认知地图处理形成统一格式，与物质空间现状图进行比对叠合，以此来反映居民对于空间的综合性认知。在集体认知地图表达时，借鉴全要素型、分频次型（表 3），分别以直线、面、虚线、圈和点分别代表道路、区域、边界、节点和地标五大要素，根据不同要素的出现频率（0%、25%、50%、75%）进行区分。同时，图底区分表达镇区和村庄。

表 3　小城镇集体认知地图

小城镇	集体认知综合地图	集体认知意象结构 （频率范围：25%以上）
刘家沟镇		
桃村镇	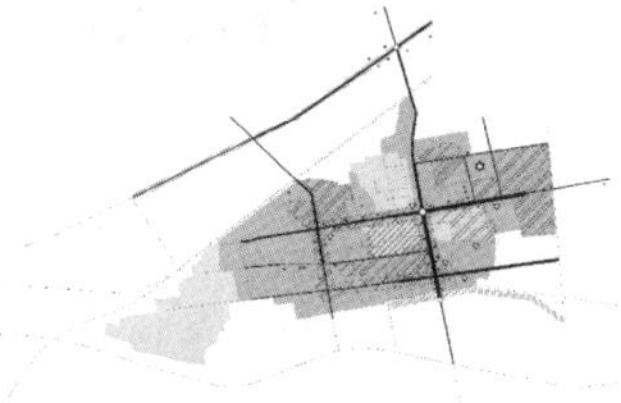	
辛安镇	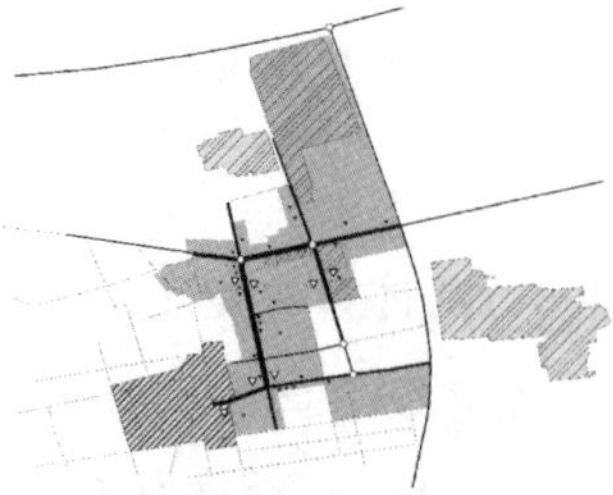	
张格庄镇	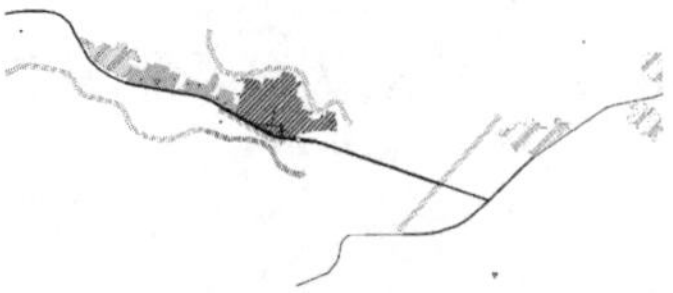	
土山镇		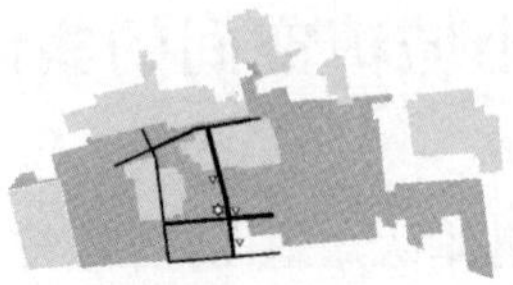

（续表）

小城镇	集体认知综合地图		集体认知意象结构 （频率范围：25%以上）
玲珑镇	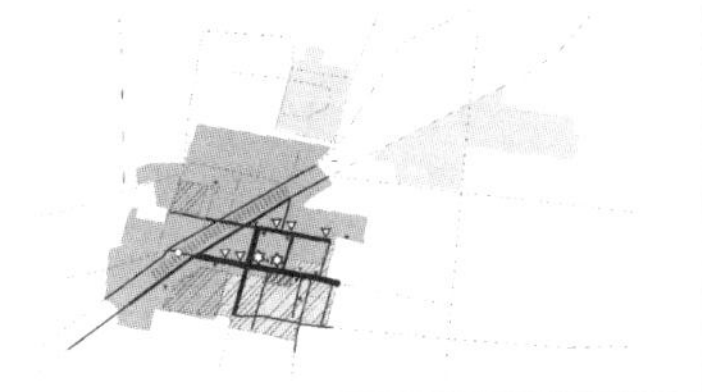		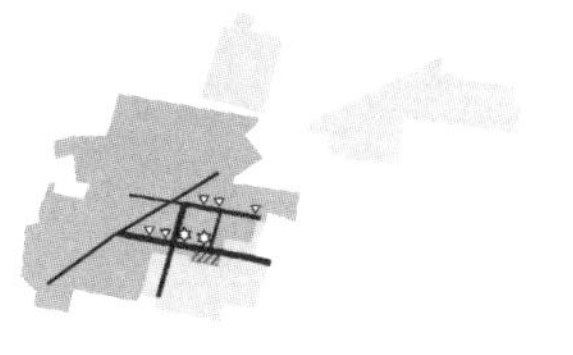
照旺庄镇	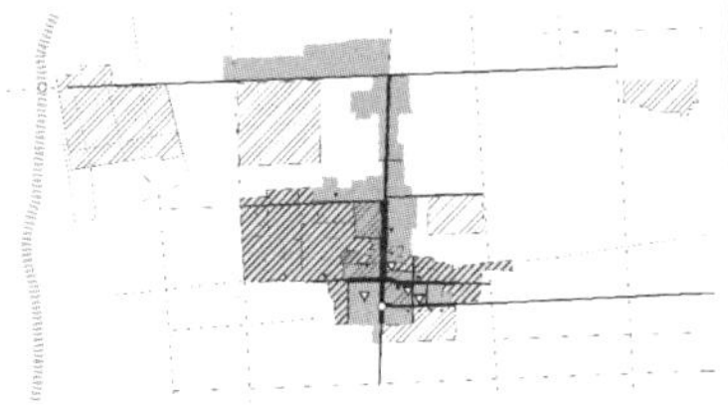		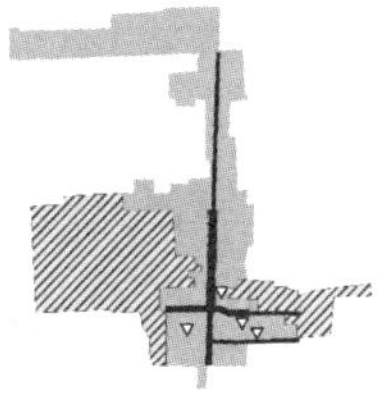
图例：	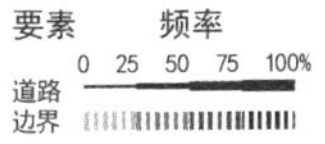 要素 频率 0 25 50 75 100% 道路 边界	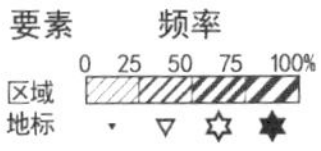 要素 频率 0 25 50 75 100% 区域 地标	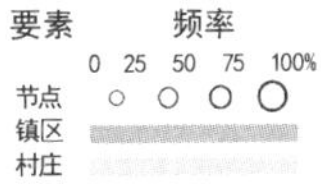 要素 频率 0 25 50 75 100% 节点 镇区 村庄

3.1 构成要素特征

烟台小城镇要素集体认知构成要素有相似性和差异性。首先，结合表3可知，集体认知的道路、地标、区域出现的频次较高，边界、节点不明显（出现频次为0～25%）。其次，各镇的集体认知要素呈现出“主街”“主村”“多地标”的特点，即各镇普遍存在出现频次75%以上的主要街道、出现频次50%左右的驻地村和若干个出现频次50%左右的关键地标（表4—表6）。其中，具体高频次地标多为镇政府、学校、医院（表7），表明在小城镇低层建筑为主、建筑风格体量相近的背景中，行政机关以及异质化的建筑功能形态更有助于集体认知。

表4 集体认知具体道路要素出现频次分布

小城镇	具体要素数量（均值）	出现频次分布			
		0～25%	25%～50%	50%～75%	75%～100%
刘家沟镇	21(1.24)	16	3	1	1
桃村镇	11(0.65)	7	1	2	1
张格庄镇	7(0.54)	5	1	0	1

（续表）

小城镇	具体要素数量（均值）	出现频次分布			
		0～25%	25%～50%	50%～75%	75%～100%
辛安镇	9(0.45)	4	2	2	1
土山镇	13(1.00)	9	1	1	2
玲珑镇	15(1.15)	10	2	1	2
照旺庄镇	8(0.67)	3	2	2	1

表 5　集体认知具体地标要素出现频次分布

小城镇	具体要素数量（均值）	出现频次分布			
		0～25%	25%～50%	50%～75%	75%～100%
刘家沟镇	24(1.41)	20	4	0	0
桃村镇	53(3.12)	52	1	0	0
张格庄镇	21(1.62)	19	2	0	0
辛安镇	44(2.20)	39	5	0	0
土山镇	15(1.15)	13	1	0	1
玲珑镇	30(2.31)	24	5	1	0
照旺庄镇	17(1.42)	14	3	0	0

表 6　集体认知具体区域要素出现频次分布

小城镇	具体要素数量（均值）	出现频次分布			
		0%～25%	25%～50%	50%～75%	75%～100%
刘家沟镇	16(0.94)	15	1	0	0
桃村镇	11(0.65)	11	0	0	0
张格庄镇	12(0.92)	11	0	1	0
辛安镇	36(1.80)	35	1	0	0
土山镇	9(0.69)	8	1	0	0
玲珑镇	6(0.46)	5	1	0	0
照旺庄镇	11(0.92)	8	3	0	0

表7 烟台小城镇集体认知高频次具体要素

小城镇	高频次具体要素		
	道路	区域	地标
刘家沟镇	中心街、G206	刘家沟村	小学、农行、××超市
桃村镇	北京路、海口路、西安路	—	镇政府、中学、医院、农贸市场
张格庄镇	龙泉路	张格庄村	镇政府、峆露寺
辛安镇	辛政街、辛民路	辛安村	镇政府、农业银行、邮政局、碧桂园
土山镇	府前路、土山集市路	民居	镇政府、电信局
玲珑镇	班仙街、聚仙街、留仙街	金罗华庭	沟上村委、镇政府
照旺庄镇	东西大街、南北大街	村庄	镇政府、中学、幼儿园

注:排名表示频次高低。

3.2 要素间的联系

集体认知要素联系,是不同要素间的空间对位关系和组合方式。本文借鉴苏南村落意象研究[16],根据集体认知地图(表3),将烟台小城镇五大要素间的主要联系进行分类(表8)。烟台小城镇道路和区域主要分为侧旁式、尽端式、穿过式,即镇区主要道路服务于驻地村、住宅区、工业区,其中侧旁式的组合更多;道路和边界平行式的组合,往往源于路网依托河流形成,而重合式则多发生于国道、过境道路;道路通常串联节点,即主要路口、桥头;道路和地标一般分为,道路两侧分布地标的侧旁式、地标在路口集聚的集中式、道路服务地标且地标体量较大的尽端式。此外,部分边界限定了村庄等区域的形态,故定义为限定式。综上可见,烟台小城镇要素间以道路为纽带,显示出带状发展的空间组合模式。

表8 集体认知要素间组合方式

要素	道路	区域	边界	节点	地标
道路	—				
区域	侧旁式、尽端式、穿过式	—			
边界	平行式、重合式	限定式	—		
节点	串联式	—	—	—	
地标	侧旁式、集中式、尽端式	—	—	—	—

3.3 集体认知分类

本文借鉴林奇对个体意象要素结构关系的划分，参考集体认知意象结构（表9），依据道路和地标、地标之间的连接紧密性，将地标密集区域定义为中心，以城乡关系为切入点，得出简化的集体认知模型，进而将小城镇空间意象分为三类：镇村融合型、镇村独立型和飞地开发型。

表9　小城镇集体认知的空间意象类型

类型	小城镇	简化模型
镇村融合型	桃村镇	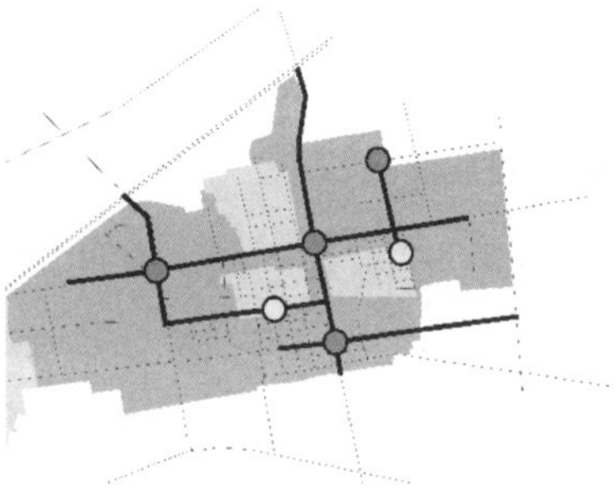
镇村独立型	张格庄镇	
	照旺庄镇	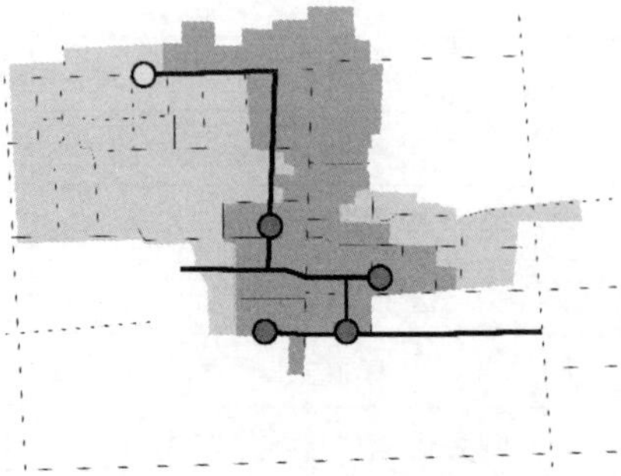

（续表）

类型	小城镇	简化模型
镇村独立型	土山镇	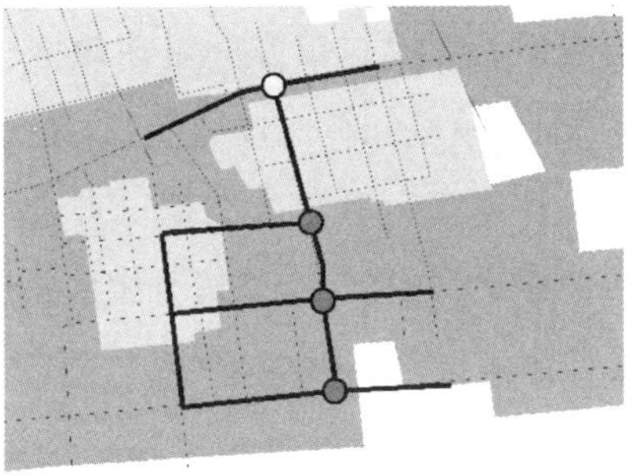
飞地开发型	玲珑镇	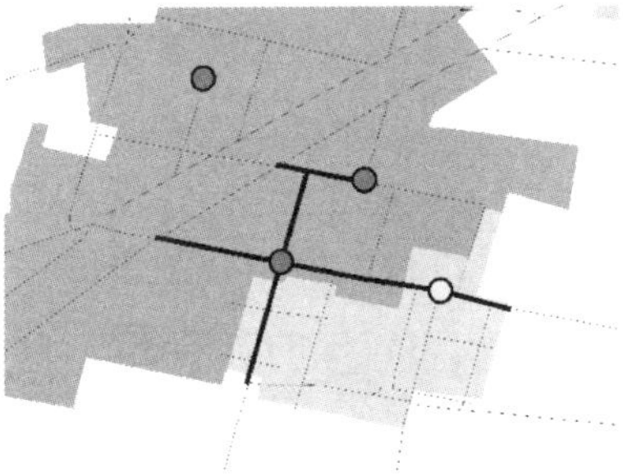
	刘家沟镇	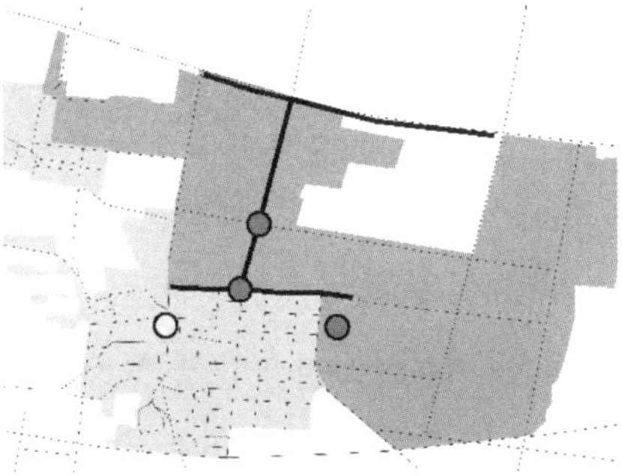
飞地开发型	辛安镇	
图例：		镇区中心　村庄中心　主要道路　镇区　村庄

(1) 镇村融合型

镇村融合型的小城镇空间意象特征是，镇区和村庄有较好的连通性并紧密结合形成中心。桃村镇空间呈现镇区包围村庄的形态，通过三条主街衔接镇村各中心，镇区和村庄连通性好，镇区部分结构清晰、中心明确，但村庄范围意象比较模糊。对于这类镇村融合型空间意象的小城镇，宜进一步强化主街和地标之间的联系，以提升镇区整体的可识别性。

(2) 镇村独立型

镇村独立型的小城镇空间意象特征是，镇区和村庄有一定的连通性，但各自形成中心。烟台市3个镇的镇区与村庄的相对关系为并列或被镇区包围。该结构表明，村庄的可识别性和中心性并不比镇区弱，而镇区意象的认知度相对不足，如土山镇建设用地粗放，进一步强化了这种镇村并行的空间结构。对于这类镇村独立型空间意象的小城镇，应提升镇区的土地利用集约度，重视镇区与周边村庄的统筹建设，改善镇区与近郊村的连通质量，提升标志性地标的可识别性，进一步加强镇区的方向性和可意象程度。

(3) 飞地开发型

飞地开发型的小城镇空间意象特征是，在镇区以外一定距离，有一定体量的开发建设，新的开发建设对传统镇区构成了空间意象的竞争。以刘家沟镇、玲珑镇和辛安镇为例，均是大体量建设(政府、公共设施、房地产)脱离镇区来选址建设，但新开发区域未能建立与老镇区的有效和紧密联系，客观造成了空间意象的脱离。对于这类飞地开发型空间意象的小城镇，应重视新区与旧区的连接性，重视旧区的街道活力建设，通过品质建设来提升空间的认知性，避免旧区的过度衰败。

4 小城镇集体认知的规划应用

集体认知地图的研究，可以为小城镇的风貌提升和规划建设提供参考启示。

4.1 提升镇区建设的集约度，提高可意象性

烟台市小城镇的集体认知地图的构成要素特征反映出，其小城镇多沿

道路呈带状建设，往往存在土地利用集约度低、要素过于分散的问题，并导致主街向心性不足、镇区可意象性不高。因此，应提升镇区的土地利用集约度，以“主街”“主村”“多地标”为重心逐步提升，逐步形成可以意象的要素空间。小城镇在进行建设资源的配置时，要根据各镇的其他集体认知要素的重要性，对要素提取、分级、印象级别排序，以分配对应的优化措施[14]。

4.2 统筹镇村建设，注重提升镇区活力

集体认知分类反映出大部分小城镇的镇区和周边村、新城等的连通性较低，如镇村独立型、飞地开发型两类。因此，城镇化过程中，对大型建设项目应谨慎选址，充分考虑、处理和旧镇区的有机关系；并注重对于城郊村、近郊村的统一规划和建设，强化设施辐射和交通联系；要注重提升旧镇区的活力，避免因新镇区建设而导致的旧镇区过度衰落。

4.3 重视自然本底的维育，改善镇区景观

我国的小城镇空间具有不同于城和乡的特质，但集体认知中“自然边界要素不清”表明：一方面，烟台地势变化较小、镇区选址等客观因素，自然山水对小城镇空间的影响不显著；另一方面传统山水人文的遗失、小城镇的人与自然环境的关系正在疏远。因此，应重视小城镇的自然本底维育，通过景观要素、开放空间、天际线等的优化设计与建设，改善镇区的景观廊道，重构镇区与山水农林的有机关系。

4.4 强化地标建设的设计建造，营建特色风貌

小城镇的集体认知要素呈现出“多地标”的特点，多为镇政府、学校、医院等。这些“地标”的一个共性特征是，仍以功能性为主。这表明，小城镇的地标并不明晰，较为分散，且风貌特色不足。因此，小城镇的风貌建设应强化对建筑高度、建筑色彩等方面的管控，引入传统营造方法和优秀的设计团队，为地标性建筑提供生产的土壤，以逐步形成自身的特色风貌。

5 结语

集体认知地图作为公共意象的表达，其广泛应用促进了城市空间环境

改善的相关实践与研究。但作为中国城镇体系中特殊一级的小城镇，其空间意象具有不同于城和乡的特征。本文基于烟台市的案例研究发现，集体认知和个体意象的要素频次相似，且呈现出“主街”“主村”“多地标”的特点；集体认知要素间以道路为纽带，显示出烟台市小城镇明显的带状发展的空间特征；从镇村关系切入，可以将小城镇的空间意象划分为镇村融合型、镇村独立型和飞地开发型三类；不同类型的空间意象对应于不同的风貌建设策略。

本文的案例探析，虽然对小城镇的集体认知研究提供了思路拓展和初步的框架，但是也受限于样本特性、数量等，在空间表达方式、认知要素构成、认知分类、规划应用等方面难以具备足够的普适意义，仍需更多样本和更多类型的深入研究。

参考文献

[1] 熊奕铭.长沙主城区城市意象元素与意象空间研究[D].长沙：湖南大学，2012.

[2] 张梦琦.北京市城市意象调查及解析[D].保定：河北农业大学，2013.

[3] 凯文·林奇.城市意象[M].方益萍，何晓军，译.北京：华夏出版社，2001.

[4] 顾朝林，宋国臣.北京城市意象空间调查与分析[J].规划广角，2001，17(2)：25-28+83.

[5] 李雪铭，李建宏.大连城市空间意象分析[J].地理学报，2006(8)：809-817.

[6] 刘祎绯，周娅茜，郭卓君，等.基于城市意象的拉萨城市历史景观集体记忆研究[J].城市发展研究，2018，25(03)：77-87.

[7] 蒋志杰，吴国清，白光润.旅游地意象空间分析——以江南水乡古镇为例[J].旅游学刊，2004(2)：32-36.

[8] 夏静.基于游客行为的大理旅游小城镇特色空间构建研究[D].昆明：昆明理工大学，2016.

[9] 李巍.民族地区旅游城镇意象空间结构整合优化研究——以甘南藏族自治州碌曲县郎木寺镇为例[J].冰川冻土，2013，35(1)：240-248.

[10] 范文艺.旅游小城镇中心区空间意象与空间整合——以阳朔镇为例[J].旅游学刊，2010，25(12)：53-57.

[11] Appleyard D. Styles and methods of structuring a city [J].Environment and Eehavior, 1970 (2):100-117.

[12] 冯健.北京城市居民的空间感知与意象空间结构[J].地理科学,2005(2):142-154.

[13] 李郇,许学强.广州市城市意象空间分析[J].人文地理,1993(3):27-35.

[14] 罗德成.城市设计视角下重庆山水城市意象塑造研究[D].重庆:重庆大学,2012.

[15] 费一鸣.苏州城市意象解析[D].苏州:苏州科技学院,2008.

[16] 武营营.苏南水网地区传统村落空间意象要素解构[D].苏州:苏州科技学院,2015.

空间规划视角下草原城镇历史环境风貌保护研究

——以巴彦浩特镇定远营古城及周边地区为例*

杨永胜　司　洋　张新敏

（内蒙古城市规划市政设计研究院）

【摘要】《中共中央 国务院关于建立国土空间规划体系并监督实施的若干意见》提出，国土空间规划应延续历史文脉、加强风貌管控、突出地域特色，通盘考虑历史文化传承要素，确定各类历史文化遗存的保护范围与要求，构建体现地方特色历史文化保护体系。可见，新时期国土空间规划背景下，应通过文化整合促进区域经济、社会整合，进而实现全域资源整合与调度；同时着力构建文化生态安全格局，促进国土空间高品质保护与开发，文化交流城乡一体化等。通过研究阿拉善巴彦浩特定远营古城及周边地区历史环境空间格局的形成与演变，总结出自然地理、历史文化、空间结构三项构成历史环境风貌的主体要素，分析归纳空间规划背景下草原城镇历史环境保护存在问题，并提出可借鉴的保护思路。

【关键词】 空间规划　草原城镇　历史环境　风貌保护　定远营

1　前言

历史环境（historic environment）首次提出于《威尼斯宪章》，强调保护历史环境与保护文物本身同等重要。国外相关研究主要运用集成概念或建立理论模型等手段，突出美学与历史原则，扩展物质形态保护范围，并做好经

* 基金支持：基于地域观的草原城镇形态演变与传统风貌保护研究（项目编号：NJZY18094），内蒙古自治区高等学校科学研究项目。

济发展与历史环境保护相协调，研究历史环境有机更新与活力重塑，鼓励公众参与和民主管理，把原住民与历史建筑视作保护共同体，具有一定借鉴意义[1-3]。我国对城镇历史环境保护的研究经历由保护艺术品本身，到保护其依托的物质空间环境，再向保护周边社会、文化等非物质环境逐步深入的过程。历史环境作为人们长期生存活动的重要场所，具有延续城市文脉的功能；同时发挥历史环境在塑造地区特色中的积极作用，并带来高品质和富有想象力的设计，尤其对历史文化型小城镇，建设中要高度重视历史风貌营造及历史地段整治[4-8]。综上，历史环境风貌保护应注重与城镇自然生态本底、传统民俗文化、空间结构形态有机结合，才能促进品质提升与高质量发展。

巴彦浩特镇位于内蒙古阿拉善盟阿左旗境内，属北纬40°草原游牧带，地处我国三大草原类型的荒漠草原地区，又背倚贺兰山这一西北气候环境分水岭，自然本底得天独厚。这里特殊的生态条件与地理格局造就了西部草原最为优良的天然马场，并孕育出灿烂多彩的民族文化，同时续写了围绕"定远营"展开的丰富传奇的历史故事。如今，这里更是构筑我国北疆生态安全屏障的重要组成部分，是守草阻沙的前沿阵地，是"草原丝绸之路"西去巴里坤的主要节点城镇，可见其历史空间环境研究对探索草原城镇高质量发展有着关键作用。

2 定远营古城历史环境形成与演变

2.1 定远营的设立与王府的修建

定远营古城位于巴彦浩特镇老城组团以北，始建于清代，最初为北疆防御体系的一处军事堡垒，由一个营城，三个寨堡组成。营城位于营盘山南部，依山势修建的由不规则矩形城墙围合而成，寨堡位于东、中、西三个方向，互为犄角之势(图 1)。雍正八年(1730)被清廷赏赐予和硕特旗札萨克多罗郡王阿宝，并命兴修王府，逐渐成为西部蒙古重要的封土之城和商业重镇，承担外通喀尔喀，内接河西走廊，东联北京的战略要务。

定远营建设之初，城内仅有守备府、钱粮官理事衙门和城隍庙三座建

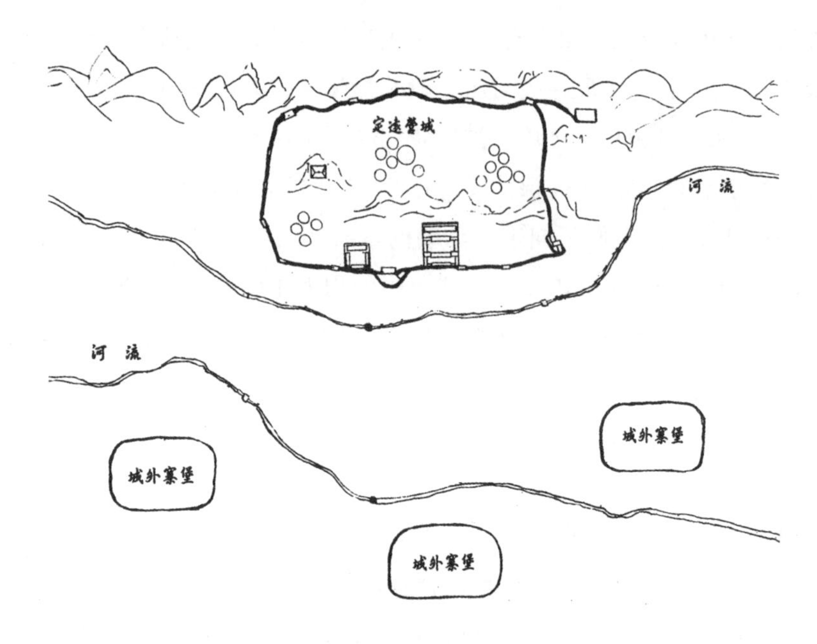

图 1　定远营城与城外寨堡分布图

筑，其余均是供八旗兵勇搭设毡帐及放牧牲畜的场所，标志着蒙古和硕特部从游牧生活逐步走向定居（图 2）。

图 2　雍正九年（1731 年）《阿宝梦城图》
图片来源：阿拉善左旗住房与城乡建设局。

定远营是仿照北京故宫形制进行建设，房舍数达五百余间，城外西南有颇具江南水乡风情的西府花园。随着王府的建成，城内空地发展为街道纵横的居民区与商业区，同时在城西南开设了集中的商业店铺和手工业作坊区。定远营因地处南入宁夏北通大漠的交通要冲，加之盐业矿业与日繁荣，人口进一步增加，城镇向城墙之外不断扩延，形成“东望贺兰，北依营盘，南跨三河、西揽鹿圈”的空间基础格局，引来文人墨客不绝赞誉①。此时的定远营因规模不断扩大，人口越聚越多，形成城内蒙满风格建筑群，以及城外来自后套、甘肃、山西等地的汉民族不同风格建筑群，显现出多元文化和谐共生的场景(图 3)。定远营于 2006 年被确定为第六批国家重点文物保护单位，现存的王爷府、延福寺、传统民居等均蕴藏着极为丰富的历史文化信息，是西部蒙古最具代表性的草原城镇之一。

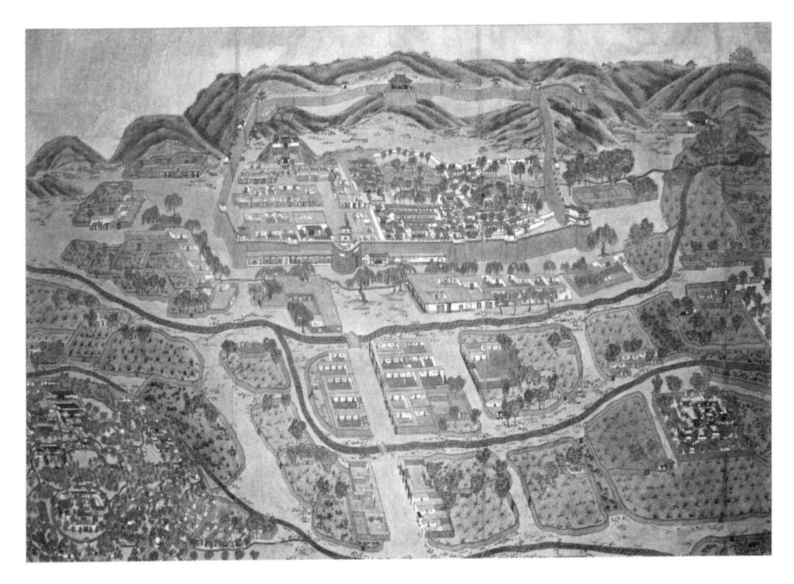

图 3　道光十一年(1831 年)定远营全图

图片来源:阿拉善左旗住房与城乡建设局。

2.2　清末定远营几经战乱破坏

同治八年(1869 年)，陕甘宁叛军白彦虎部攻打定远营，因城墙高大坚固

① 城池竣工之初郡王阿宝曾邀京师礼部文人作《赞定远营楼赋》曰:“登高眺西域，翘首望瀚海，千里定远营，万方安邦城。”

未能攻克，故而报复性地焚毁城东亲王祖茔，寺庙及西府花园，并破坏房屋，抢掠街市，大规模损毁城外建筑，即便战后有所修葺，其南大街、城西府邸也再无往日荣光；民国六年（1917 年）土匪卢占魁独立队突袭定远营，对城内房屋街市进行了又一轮破坏；民国二十七年（1938 年），时职宁夏军阀头目马鸿逵与国民党勾结强占定远营，软禁末代王爷达理札雅，并对当地百姓实施了横征暴敛[①]（图 4）。

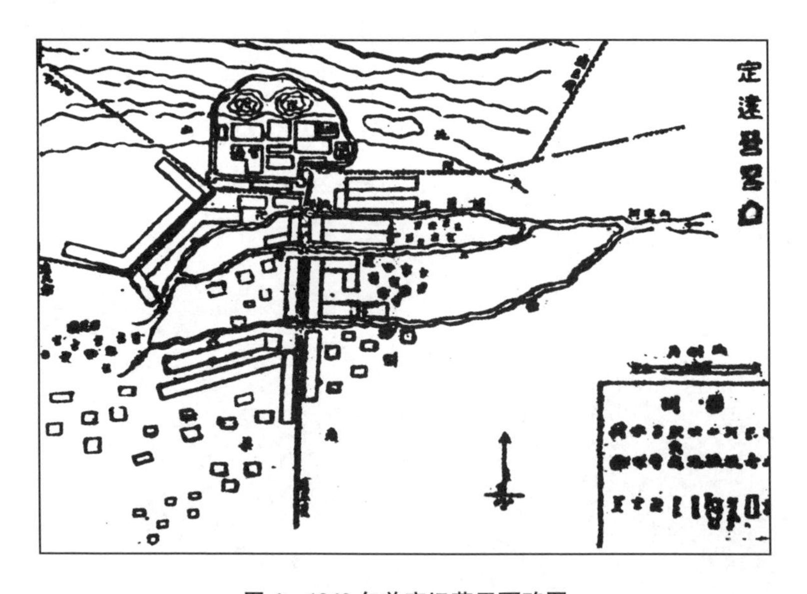

图 4　1949 年前定远营平面略图

2.3　新中国成立后定远营古建失存

1949 年 9 月阿拉善和硕特旗宣告和平起义，这之后三十年中进行了如火如荼的城市建设，然而定远营古城及周边建筑并没有得到重视与应有的保护。人口不断迁入使得古城内本已破败不堪的建筑不断被拆除或改建，加之“文革”破坏，原有的古城风貌已荡然无存。1952 年经中央政府确定，旗府由“定远营”更名“巴彦浩特”，意为“富饶的城”。1974 年夏，定远营内古建

---

① 据《阿拉善往事》记载：“在 1938 至 1949 年间，马鸿逵部在阿拉善肆意抓兵、派款、要马、要驼，使阿拉善全旗的经济遭受严重打击。定远营城内原有的 150 户中小商号和手工业作坊最后仅剩下 10 余户。大批的青壮年劳力逃亡在外，人口由原来的 7 000 人锐减至 3 000 余人，房屋破败，市井萧条，造成‘乡村无人烟，集镇无青壮’的惨况。”

被批准拆除，城墙也不复存在，王府被改建为学校，延福寺、东府花园、娘娘庙等也受损严重，换之以密集简陋的居住院落，或是办公用房及仓库，城南门空地依托两棵百年大树形成的凉荫地“大树底下”①也一去不返，古城自此失去中心地位，沦为城北一处残破脏乱的贫民区。然而其历史上形成的空间关系依然有所保留，如城墙拆除后被拓宽的王府前街，得以幸存的延福寺及城隍庙牌楼，以及城内原有的西部住区及东西向的三条窄巷(图5)。

西府花园　　定远营南门商业中心

图5　定远营全图(1831年)局部示意图

图片来源：阿拉善左旗住房与城乡建设局。

2.4　新时期定远营涅槃重生

2016年后，为响应国家文物局对古城历史价值的高度关注，对定远营王府进行恢复性重建。在复原提升往日风采的同时，注重保护历史环境中存储的空间格局、建筑功能与文化信息。城内的城墙、城门、王府、东花园、延福寺、城隍庙、西侧整齐的贵族住区、南侧商业街等找回了昔日风采，涅槃重生(图6)。

历史上的定远营先后经历了诞生，繁荣，消亡，重生四个阶段。它的空间生长轨迹遵循草原城镇发展的一般规律：①中心发育——由王府、召庙、衙署为中心，衍生出十字商业街；②圈层生长——以中心为核圈层式生长，

① “大树底下”是老一代人对定远营南门前中心广场的俗称，是当时最重要的室外公共活动空间。

图 6　复建后的定远营

并受"固结界限"影响，如山体、河流、沟壑、林田等；③飞地扩张——城镇发展突破"固结界限"并形成新的"边缘地带"（图 7）。这一过程好比树木在生长过程中形成的年轮，这些"空间年轮"是追溯不同时期城镇历史环境原貌的最佳场所。

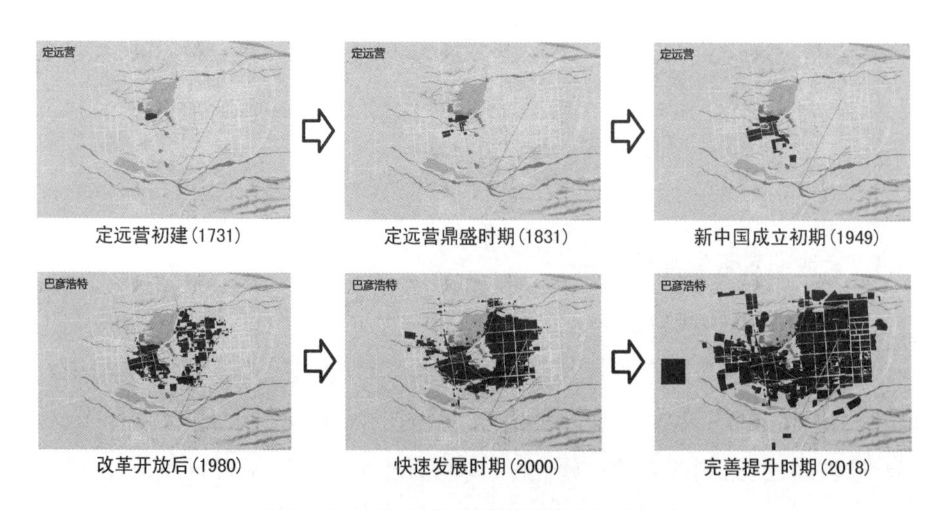

图 7　定远营-巴彦浩特城镇空间形态演变

3　定远营古城历史环境风貌主体要素

3.1　自然地理环境风貌要素

城镇历史环境中的自然地理风貌要素是其历史地理环境风貌印象的延

续。阿拉善属西北干旱气候区，昼夜温差大，降雨量少，境内森林、草原、沙漠、湖盆等自然斑块多样共存，构成蒙西山水林田湖草沙生命共同体。然而，因近年来生态环境退化迅速，使得这里风沙肆虐，戈壁千里，多是人迹罕至的“无人区”，只有少数绿洲适合长久居住，其中定远营便位于阿拉善东部水草最为丰美的贺兰草原绿洲。

山水格局决定城市的空间本底，作为“固结界线”贯穿城市空间形态演变全过程。定远营建成之初依山傍水，自然环境极好：宏观格局来看，贺兰山与祁连山脉形成的天然屏障阻挡了西北寒风南进，并因东南暖湿气流长期作用，使得山中多雨雪并常年不化，为西北麓绿洲带来源源不断的溪水滋养，且植被覆盖繁密，物种丰富。微观格局来讲，定远营在绿洲之中选址了极尽风水的建城宝地，其北是营盘山，东是巍峨的贺兰山，西南是鹿圈山，南侧又邻三条小河，为定远营带来温暖湿润的微气候，同时构成城市风貌的自然生态本底，是苍天眷顾的塞外乐土，有着不可替代的自然禀赋(图 8)。

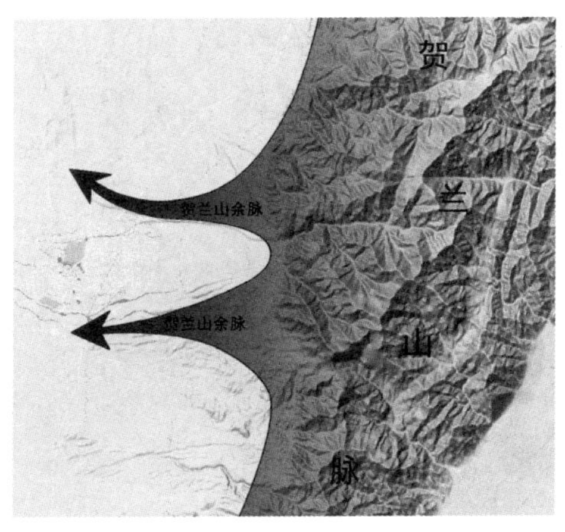

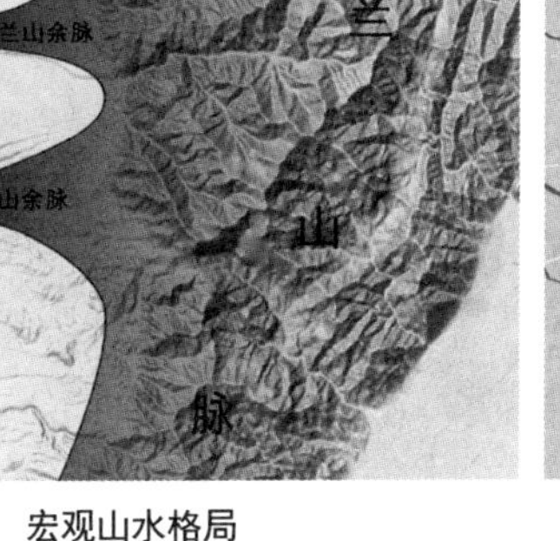

宏观山水格局

微观山水格局

图 8　巴彦浩特山水格局

3.2　历史文化环境风貌要素

作为蒙西最具传统民族文化特色，保存文化遗产最集中，文物资源最丰富的历史名城，定远营及周边地区的历史底蕴极为深厚。

3.2.1 京城特色浓郁的塞北重镇

定远营城依地势起伏而筑，墙体高广，上可奔马，垛口如锯，威严耸立，庙塔楼阁，错落有致。城内大到王府，小到民宿，规模不同，但形制相似，均是典型四合院建筑。两百余年中共有 12 位清廷格格下嫁阿拉善王爷，她们带来的京城文化曾留下深深印痕，定远营王府内院落布局、建筑形制、生活用品、文化娱乐无处不体现着与京城的紧密联系，因此定远营有“塞外小北京”的美誉。这样有着浓郁北京风貌的札萨克王府在整个西北也仅此一处，体现了中原主流文化与蒙古文化的融合(图 9)。

图 9　1950 年代定远营标志建筑

图片来源：阿拉善左旗住房与城乡建设局。

3.2.2 宗教文化盛行的草原佛都

清初黄教由青海传入阿拉善地区，在定远营及周边共形成延福寺、广宗寺、福音寺三大寺院系统。其中延福寺位于王府西北侧，是定远营的宗教中心；广宗寺位于城东南 23 公里贺兰山西麓，是阿拉善地区规模最大的寺庙，同治八年(1869 年)这里生活的喇嘛已达一千五百余名；福音寺位于定远营东北 25 公里的贺兰山谷之中，其间群峰环绕、鸟语花香，是高僧隐居之所。

这些寺庙不仅“地灵”且颇为“人杰”，先后有六世达赖仓央嘉措生活于广宗寺，又有著名佛学博士阿旺丹德尔主持福音寺，可谓“青烟缭绕、梵音悦耳、庙宇林立、僧侣不绝”（图 10）。现修缮后的王府、寺院内均可见浓重的藏传佛教色彩，同时，定远营内及城墙上还留存有城隍庙、娘娘庙等道教建筑，体现出多宗教信仰共存共荣的空间包容性。

福音寺

广宗寺

图 10 福音寺与广宗寺近景图

定远营古城及周边地区的传统文化主要通过文物实体与空间记忆等方式保存下来，共同组成古城的历史文化环境。包括现存的历史建筑或建筑群，被拆毁却仍具有空间识别性的历史建筑，保存原始形态的历史街区，已重建但仍具有历史空间格局的片区，或是发生特定历史故事或纪念历史人物的场所等。现存的历史建筑或街区可通过稳定的局部空间结构承载历史文化，并对新建片区产生影响；而无实物依托的历史遗存则可引导对原有历史文化进行整体认知与概括，使其更为直观地表达出来，从而增强空间的文化价值。

3.2.3 空间结构环境风貌要素

在我国北方广袤的草原地带，传统畜牧文化决定城镇分布相对分散且规模较小，难以形成区域职能分工与协同发展，城镇长期处在自给自足的封闭状态。然而随着和硕公主而来的京城风俗与工匠工艺影响了蒙古王府的建筑形制与建设风格，尤其是京剧戏台和西府花园的规划建设，改变了草原城镇传统的空间布局模式；此外，蒙古人对“乌热斯①”庙会的热爱，以及城外

① 和硕特蒙古族的传统节日盛会。

形似生土民居与庄郭院的院落，都是城镇空间风貌多元化的具体表现。

定远营经历了由西北军堡，札萨克王府，蒙西商贸中心，阿拉善盟府的城镇职能蜕变，其城镇空间结构形态也完成了适应空间发展需求的阶段性演变。城镇空间结构创造出流线、场所与肌理，承载了空间历史记忆，在自然底图上通过“点”“线”“面”等符号勾勒出城镇拓展历程，是历史环境必须依附的主体要素。本文将城镇空间结构归纳为五个主体部分。

(1)“核”

核是人们对空间环境特色的心理认知，其往往以空间坐标形式存在于常住民的共同意识中。定远营起初以王府为核心，由军事节点向地区政治、经济、文化中心过渡。王府建成后，逐渐产生围绕“核”分布的延福寺大雄宝殿、钟鼓楼、城隍庙牌楼、王府花园、西府花园等众多标志、节点性公共设施。改革开放后，因建设用地不足等原因，城市单核形态逐渐向双核双组团形态演变，在东部“老陵滩”建成以行署为核心的新城组团，形成双核并举的空间发展模式；2000 年后在两核交叠位置建成更具动能的“巴音绿心”，划定时间序列上以核为心，半径不同的空间环境风貌圈。

(2)“轴”

轴是空间环境中最具秩序感的构成要素，并具有明确方向性。同时，轴线还有显著象征意义，能够从形态、功能、社会中的优势地位衍生出意识形态上的空间宣言，通过合适的建筑及装饰控制，传递强有力的环境信息，如唐长安朱雀大街、巴黎香榭丽舍大街等。清初建设的定远营军堡本没有形成轴线，后因王府建设为其带来城内中轴对称的布局模式，形成依托“正府”衙署办公区为轴线的形式轴。后城镇突破城墙向外发展，轴线逐步转变为南城门向内、外两侧延伸并依托南大街的商业街式交通轴。改革开放后在东部组团形成依托腾飞大道并具有明确象征意义的交通轴(图 11)，以及如今串联东西两级与巴音绿心的形式轴，即城市发展轴，完成自古至今城镇轴线空间环境的发展演变。

(3)“架”

“架”是以道路为基础，依托“路径”建立空间联系通道，并形成相互交织的网络，在城镇历史环境发展中具有秩序限定作用。初建的定远营受地形

图 11 巴彦浩特腾飞路轴线
图片来源:阿拉善左旗住房与城乡建设局。

影响较大,城墙呈不规则,建设时序不一且缺乏整体规划,因此形成了自由式结构架。然而建设王府要求遵从朝廷制式,这又决定其必须考虑方格网状空间需求,因此形成混合式空间总体架构,即东侧依托王府、延福寺等形成的方格网状与西北平民住区内自由曲线式的折中结构模式。清中期定远营外延至城墙之外后,结合南大街与东西向三条河构成"主"字形架,但并不十分规整。改革开放后建设的新区采用严格的方格网状架构控制,因分处东西两组团,中部又有湿地农田的分隔,故而架的冲突并不显著(图 12)。如今随着巴音绿心建成与空间结构进一步完善,东西跨巴音绿心的道路架逐渐接合,构成较完整的城镇空间走廊,是展示历史环境的主要通道。

(4)"组织"

城镇空间环境是功能的物质载体,通过对不同功能空间进行组织、优化从而自我完善。城镇空间组织是空间环境的重要组成部分,通过集群、组团、片区实现规模递进。空间通过分离、比邻、叠合、派生等方式逐渐形成组织,进而由建筑群组织过渡到城镇功能组织,完成空间组织模式的演变。定远营在军堡时期的空间组织服从军事职能,城内守备府与钱粮官理事衙门分别为两进、三进式四合院。王府建成后,形成了三院五进式院落,集行政、居住、娱乐、宗教、景观五大功能于一体,是蒙地郡王府复合建筑空间组织的典范之作(图 13)。清中期随城外大片住区的建成,空间组织分离为边界明显的两个组团。改革开放后,城东组团迅速形成,空间组织进入全面多元发

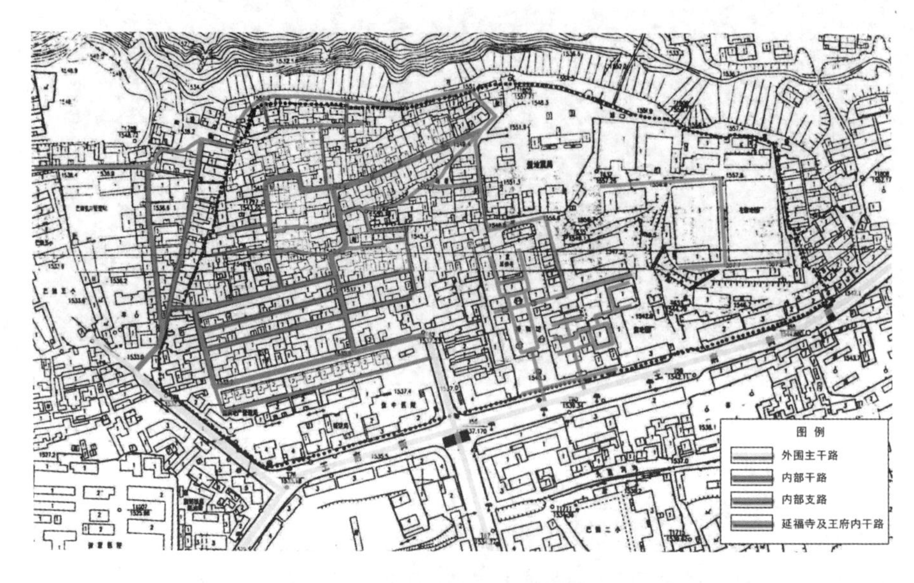

图 12　20 世纪 70 年代定远营道路“架”

展时期,并产生受苏联建设模式影响的三维空间组合形态。如今巴彦浩特已形成完善的片区、组团、集群三级组织模式,空间使用也进入四维层面。

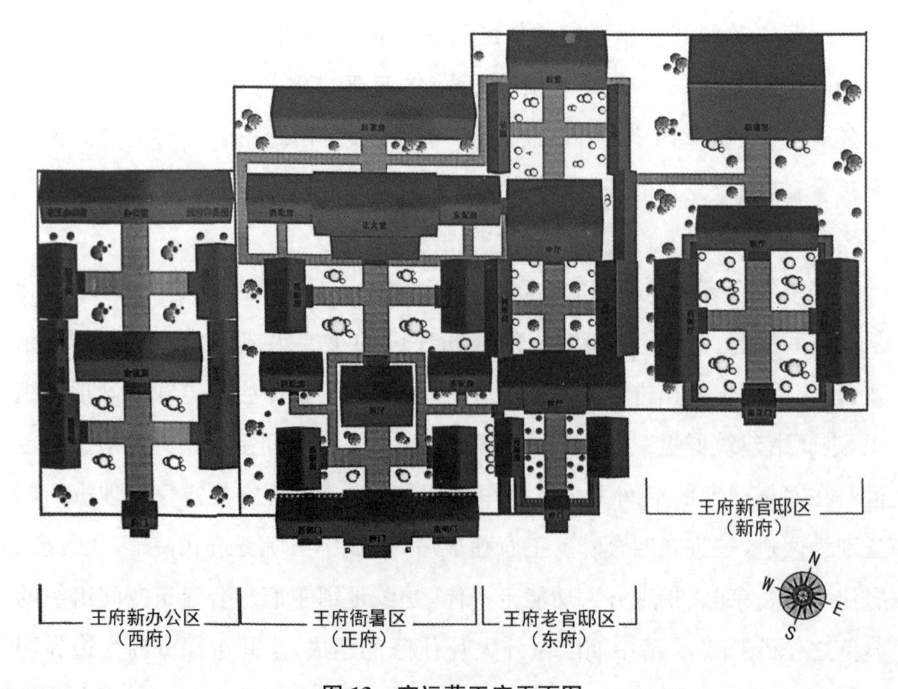

图 13　定远营王府平面图

（5）“界面”

界面是空间与建筑的竖向交接面，是城镇空间环境的主要立面结构，一般通过天际线与街景立面进行体现。界面是城市空间中具有连续性的线性结构，有一定秩序感与引导视线作用，彰显城镇竖向风貌，是空间环境中可进行设计引导的结构要素。定远营城坐落在营盘山南坡，地势北高南低，加之城内有许多高大树木，遥遥望去，色泽统一，形制各异的坡屋顶连绵不绝，其中不乏大雄宝殿、城隍庙的尖顶鹤立鸡群，使得天际线起伏有致、层次分明。城内、外还形成多处极具风貌价值的街景界面，如延福寺界面，西厢的官贵传统民居界面，南城墙下沿墙而置的商铺街界面，南大街及三道河交汇处的十字街界面，以及美轮美奂的西府花园界面等(图 14)。2010 年后，政府注重打造城市全景天际线，还复建、增建了一批极具观赏价值的建筑，并依托巴音绿心营造了诸多特色鲜明、水城交融的绿化景观，使界面进入多方位、多维度发展阶段，实现步移景异的空间风貌感受。

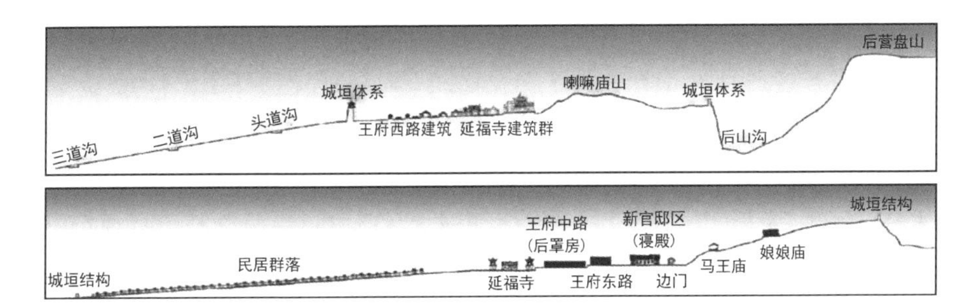

图 14　定远营城东、西界面

综上，结合定远营古城历史环境形成与演变，从自然地理环境、历史文化环境、空间结构环境三方面提炼出四类共 14 项环境风貌印象，是实施保护的重要抓手，具体如表 1 所列。

表 1　定远营风貌印象

环境风貌类型	环境风貌印象
自然本底	依山傍水、草原风光、山水格局
传统文化	民族交融、宗教和睦、大漠驼乡、蒙元文化

（续表）

环境风貌类型	环境风貌印象
意识形态	诗词歌赋、民间传说、对外开放
城市建设	树立标志、塞外京城、名寺古刹、古今相映

4 新时期历史空间环境保护存在问题

草原城镇作为我国北方特有的小城镇类型，有着独特的空间本底与演变历程。然而，近年来源自欧美新城市主义规划建设的主流观念使草原城镇普遍遭遇了推土机式的拆旧建新，加之人们对历史环境文化价值认识不足，大量极具历史风貌的场所空间被破坏或掩藏，失去了应有的空间文化形态。

4.1 对历史遗存缺乏主动保护与氛围营造

目前定远营古城及周边地区历史环境仍处在被动保存阶段，大部分历史建筑、历史街区、传统风貌区没有得到社会足够重视，物质空间实体中蕴藏的历史信息也缺乏必要的挖掘与展示，使得历史环境与现代社会空间需求逐渐脱轨，不能与人建立顺畅的文化共鸣与沟通机制，从而在市场经济的空间竞争中处于劣势。

同时，对历史环境的空间关系与乡土人文缺乏深入研究，放大传统空间“拥挤”“脏乱”“危险”等负面评价，造成不良的社会蝴蝶效应。历史环境是历史文化的物质空间载体，能够最真实反映地域文化特色与传统城市风貌，却被当作社会偏见的牺牲品，使得“老城区”逐渐陷入残破不堪、混乱无序的状态，最终难逃被拆除的厄运。

4.2 对历史三生空间缺乏必要的保护与关怀

城镇发展与规模扩增加速土地功能转换与空间性质变更，传统的城镇化是人口、土地、产业的城镇化，往往仅关注数量而缺乏品质与思考，是粗犷的不可持续的发展模式。定远营在清代中期随着城镇规模的阶段性完型，城镇历史环境中有山水格局、王府花园等生态空间，有近郊连片良田，手工业作坊区等生产空间[①]，还有以王府、寺庙、百姓居所为代表的生活空间，人地关系十分和谐（图 15）。如今的城镇建设对传统“三生”空间不断侵蚀，空间联系逐渐被钢筋水泥的工业化建筑阻隔，城镇历史环境中的循环系统被破坏。

图 15　巴彦浩特历史“三生”空间分布

4.3　缺乏统筹协调的空间风貌建存体系

巴彦浩特现状城镇环境风貌区可总体分为依托草原风光与现代文明建设的地域性现代风貌区；依托定远营、延福寺等文物遗存建设的历史环境与传统文化风貌区。然而，因对城市天际线与街道地平视角缺乏整体规划设计，没有形成可供远眺的良好环境风貌印象，对原住民及其生产形态也没有有效保存，使得环境风貌区感知度低，体验性差。草原城镇的整体空间风貌

① 据俄国探险家科兹洛夫在其著作《蒙古、安多和死城哈喇浩特》中所写：“（1908 年）在途径戈壁之后，看到定远营巨人般的兴山榆、杨树，王公们富饶美丽的园林，大片的庄稼地，觉得这简直是一个天堂般的所在。”

不能仅有一望无际的草地，同时要有地域建筑、空间肌理、人文要素等为重要补充。同时，现代风貌区也缺少民族文化转译，缺乏规划建设的地域性表达，城镇空间环境风貌建存体系没有形成。

5 空间规划视角下历史环境风貌保护策略

5.1 注重城镇历史三生空间保护与品质营造

定远营有着丰富但却脆弱的绿洲型生态本底，在以荒漠草原、沙漠、戈壁等地貌为主的行政疆域内，绿洲环境的好坏往往决定城镇的生长与衰亡。然而，在区域生态退化与工业化发展的背景下，如何打造坚实的绿色万里长城，扭转自然生态逐渐退化的局势，守住城镇无序蔓延的底线，是现阶段最紧迫的使命。首先，要以保护南田、东关、贺兰草原等现存生产-生态空间为导向，做到引绿入城，通过确定轴线、路径等方式将城外旖旎的草原风光延续入城，合理划定中心城区“五分钟见绿”生活圈，积极打造都市农业、组团绿地、口袋公园等，全面推进实施“城市双修”。其次，要划定城内各类“红线”，高效保护与利用水资源，加大绿化种植面积，发展生态环境友好型绿色产业等，也是助力历史三生空间环境稳步改善的有效方法（图 16）。

5.2 系统性保护历史空间环境

城镇空间在无意识的自我更新中往往会忽略蕴含的传统文化信息，只有进行必要的人为干预与管控，才能实现对历史环境最大化的保护与再利用。定远营古城及周边地区有着丰富且别具特色的历史风貌遗存，在进行历史环境保护时，应做到顺应历史格局，划定保护范围，制定梯度化的保护与控制方法。对于保存较好的历史建筑应给予最大限度的修缮，并努力维系其原始功能，对于破损较重的历史建筑，也应在后期的恢复建设中新旧并置，保留空间中的历史痕迹。同时，要努力挖掘城市历史环境中蕴含的非物质信息，如传统文化，纪念事件、英雄人物等，并通过营造场所，树立雕塑，全息投影等智能宣传方法将其在物质空间中“实体化”。

敖包生态公园

丁香生态公园

南田生态公园

沙生植物园

贺兰草原

图 16　定远营周边生产-生态空间

图片来源：阿拉善左旗住房与城乡建设局。

5.3　提升历史空间环境风貌品质

5.3.1　树立标志

标志物是空间中的代表性元素，不仅有利于建立总体风貌印象，且有助于对空间环境产生宏观感知并进行初步定位。营造标志物时要对其等级、类型进行系统划分，统筹安排布局方位，并在标志之间建设联系通道，达到“连点成网”的目标。另外，树立标志要从“高造价、多模仿”的传统观念转向“重设计，讲时效”的新观念，有的标志物甚至可以按时段被更新、替换，从而保持历史空间的新鲜感与内在活力。

5.3.2 控制界面

在对历史空间环境中控制界面进行引导与保护时，应充分尊重原有空间形态，做好古城与新区控制界面统一协调。可运用“突出重点”等方法，塑造核心建筑主要立面，并做好线性空间“连续性”控制，对周边沿街橱窗体量、楼层线、广告牌高度、屋顶线及建筑色彩进行控制，避免出现跳跃性过大的“个体”。天际线营造应注重对建筑高度的控制，维系定远营古城的空间突出地位，周边其他建设区内的居住、工业、市政设施等则应作为背景存在，打造天际线的空间层次感。

5.3.3 眺望系统

建立眺望系统要建设眺望点、打通眺望视廊，营造视域背景。目前定远营古城作为第一眺望点已基本确定，但东、南、西三个方向的眺望视廊没有建设完成，中间不乏出现个别“火柴盒”建筑阻挡观察者视线。同时，作为眺望背景的贺兰山、鹿圈山等也应在视域范围内保持可见，特别是“山脊线”这一视觉回归线，绝不能被近端建筑所遮挡。同时，还应打通联系历史标志物的线性通廊，充分发挥“对景”“借景”优势，使观察者不必登高远望，漫步于街巷便能欣赏历史环境之美。

参考文献

[1] Ievgeniia Zapunna. Conceptual and Theoretical Basis of Integration of Elements of Different Time Periods in the Historic Environment of Small Towns[J]. Architecture and Urban Planning, 2016, 12(1): 44-51.

[2] Jinge Luo, Wen Wang. The Protection of Cultural Environment and Historical Heritages in Malacca[P]. Proceedings of the 2019 3rd International Forum on Environment, Materials and Energy (IFEME 2019), 2019.

[3] Salvador Ruiz-Pino. Historical Precedents on the Protection or Defense of Natural Resources and salubritas in Rome. Towards an Administrative Environmental Roman Law[J]. Revista Digital de Derecho Administrativo, 2017(17).

[4] 阮仪三，沈清基.城市历史环境保护的生态学理念[J].同济大学学报(社会科学版)，2003(6):7-12.

[5] 蔡晓丰.城市风貌解析与控制[D].上海：同济大学，2006.

[6] 张松.城市历史环境的可持续保护[J].国际城市规划,2017,32(2):1-5.
[7] 阳建强.城市历史环境和传统风貌的保护[J].上海城市规划,2015(5):18-22.
[8] 茅路飞,徐杰,杨建军.行动计划下的小城镇历史风貌营建策略——以金华市佛堂镇环境综合整治为例[J].小城镇建设,2018(2):49-54.

后　　记

中国城市规划学会小城镇规划学术委员会自1988年成立以来已经走过31个春秋，为国家小城镇发展、规划和相关研究工作做出了积极贡献。2019年年会适逢国家建立国土空间规划体系的变革时期，选择“空间规划改革背景下的小城镇规划”为主题，契合了“我国到2035年基本形成生产空间集约高效、生活空间宜居适度、生态空间山清水秀，安全和谐、富有竞争力和可持续发展的国土空间格局”的国土空间治理要求。参加本次会议的有小城镇规划学术委员会委员、国家相关部门代表、国内知名专家、技术人员、管理人员、院校师生等共计400余人。本书收录的23篇论文是经过国内小城镇领域专家的严格审查，在年会征文投稿的161篇论文中遴选出来的，具有较高学术质量的优秀论文，其中8篇已在《小城镇建设》杂志上刊发。

本书的出版得到同济大学建筑与城市规划学院、《小城镇建设》编辑部、湖南城市学院、同济大学出版社的大力支持，在此表示诚挚的谢意。特别感谢《小城镇建设》编辑部张爱华主任、曲亚霖编辑和小城镇规划学委会秘书处陆嘉女士、谢依臻女士等为本书出版所做的辛劳工作，没有你们，本书无法按时出版。

本书所选的论文将被同时收录至中国知网(CNKI)会议论文库(已在《小城镇建设》刊发的8篇论文收录于学术期刊库)。

读者对本书有何建议，可以发送邮件至小城镇规划学委会邮箱 town@planning.org.cn。

关于小城镇发展、规划、建设与研究的实践和学术前沿，读者可以扫描关注中国城市规划学会小城镇规划学委会公众号。